U0415148

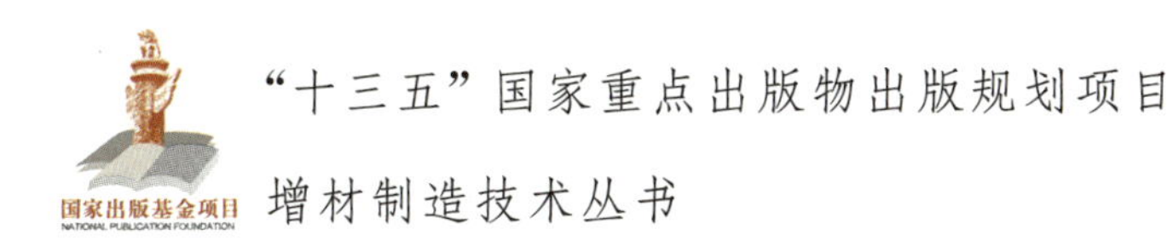

"十三五"国家重点出版物出版规划项目

增材制造技术丛书

陶瓷光固化增材制造技术

Stereo Lithography-Based Additive Manufacturing of Ceramics

李涤尘　连　芩　卢秉恒　著

国防工業出版社

·北京·

内 容 简 介

本书以陶瓷光固化增材制造成形工艺为主线，重点介绍陶瓷光固化增材制造技术的成形原理、典型打印材料制备方法、设备体系、典型打印工艺与优化方法以及后处理工艺与评估方法，并展示了目前在生物医疗、航空航天、电子器件等领域的应用案例与发展趋势。

本书既可作为机械、材料等专业科研和工程人员的参考用书，也可作为相关专业的研究生教材。

图书在版编目(CIP)数据

陶瓷光固化增材制造技术 / 李涤尘，连芩，卢秉恒著. —北京：国防工业出版社，2021.11
(增材制造技术丛书)
"十三五"国家重点出版项目
ISBN 978-7-118-12434-7

Ⅰ.①陶… Ⅱ.①李… ②连… ③卢… Ⅲ.①陶瓷固化-快速成型技术 Ⅳ.①TL941 ②TB4

中国版本图书馆 CIP 数据核字(2021)第 212760 号

※

国防工業出版社 出版发行
(北京市海淀区紫竹院南路 23 号 邮政编码 100048)
雅迪云印（天津）科技有限公司印刷
新华书店经售

*

开本 710×1000 1/16 **印张** 13¼ **字数** 262 千字
2021 年 11 月第 1 版第 1 次印刷 **印数** 1—3 000 册 **定价** 116.00 元

国防书店：(010)88540777 书店传真：(010)88540776
发行业务：(010)88540717 发行传真：(010)88540762

总 序

—
Foreward

增材制造(additive manufacturing，AM)技术，又称为3D打印技术，是采用材料逐层累加的方法，直接将数字化模型制造为实体零件的一种新型制造技术。当前，随着新科技革命的兴起，世界各国都将增材制造作为未来产业发展的新动力进行培育，增材制造技术将引领制造技术的创新发展，加快转变经济发展方式，为产业升级提质增效。

推动增材制造技术进步，在各领域广泛应用，带动制造业发展，是我国实现强国梦的必由之路。当前，推动制造业高质量发展，实现传统制造业转型升级等，成为我国制造业发展的重中之重。在政府支持下，我国增材制造技术得到了迅速的发展，增材制造技术与世界先进水平基本同步，高性能复杂大型金属承力构件增材制造等部分技术领域已达到国际先进水平，已成功研制出光固化成形、激光选区烧结成形、激光选区熔化成形、激光净成形、熔融沉积成形、电子束选区熔化成形等工艺装备。增材制造技术及产品已经在航空航天、汽车、生物医疗等领域得到初步应用。随着我国增材制造技术蓬勃发展，增材制造技术在各领域方向的研究取得了重大突破。

增材制造技术发展日新月异，方兴未艾。为此，我国科技工作者应该注重原创工作，在运用增材制造技术促进产品创新设计、开发和应用方面做出更多的努力。

在此时代背景下，我们深刻感受到组织出版一套具有鲜明时代特色的增材制造领域学术著作的必要性。因此，我们邀请了领域内有突出成就的专家学者和科研团队共同打造了这套能够系统反映当前我国增材制造技术发展水平和应用水平的科技丛书。

“增材制造技术丛书”从工艺、材料、装备、应用等方面进行阐述，系统梳理行业技术发展脉络。丛书对增材制造理论、技术的创新发展和推动这些技术的转化应用具有重要意义，同时也将提升我国增材制造理论与技术的学术研究水平，引领增材制造技术应用的新方向。相信丛书的出版，将为我国增材制造技术的科学研究和工程应用提供有价值的参考。

卢秉恒

卢秉恒，中国工程院院士，西安交通大学教授。

前 言

Preface

面向陶瓷成形的增材制造为单件或小批量的陶瓷产品提供快速制造方法，对促进产品创新具有显著作用。陶瓷光固化法（ceramics stereo lithography，CSL）是目前成形精度和表面质量最高的工艺之一，已取得巨大进展。国外对陶瓷光固化增材制造技术的研究始于美国密歇根大学安娜堡分校材料科学与工程学院，国内以西安交通大学为代表，在此方面的基础研究与应用研究已处于世界前沿，本书综合西安交通大学近三十年科研成果而成。内容侧重介绍成形工艺，并以典型陶瓷成形工艺为主，兼顾最新科研动态，注重介绍学术前沿知识，融合工程应用实例。

为了促进陶瓷增材制造技术的推广与应用，本书作者结合研究团队多年的研究成果，对陶瓷增材制造技术分类、成形原理、典型材料、装备和后处理方法诸方面做了较系统全面的介绍。全书共分 6 章，第 1 章概述陶瓷增材制造技术的原理、特点及发展趋势；第 2 章阐述典型专用打印陶瓷浆料的制备方法；第 3 章阐述陶瓷光固化增材制造设备的基本体系与典型加工平台；第 4 章阐述陶瓷光固化成形工艺原理与典型制造工艺方法；第 5 章阐述成形坯体的后处理方法与性能评估方法；第 6 章列举了陶瓷光固化相关实例。本书编写分工：第 1～2 章由李涤尘撰写；第 3～5 章由连芩撰写；第 6 章由李涤尘、卢秉恒撰写。全书由李涤尘统稿。在本书的撰写过程中，关志强协助整理了初稿文献，陈张伟、周伟召、隋文泉、杨飞等共同编写了一部分内容，在此一并表示感谢！

由于作者水平有限，书中难免有疏漏之处，恳请广大读者批评、指正。

作者

2020 年 4 月 16 日

目　录

Contents

第1章 绪 论

1.1 陶瓷快速制造技术的研究现状

陶瓷材料是一种无机非金属材料，与金属材料和高分子材料并称为当今三大固体材料。陶瓷材料具有高温强度突出、耐磨性能优越、隔热性好、密度低、质量小和防腐性能佳六大优势，在众多性能各异的工程材料中独树一帜；结构陶瓷和功能陶瓷，已在微电子技术、激光技术和光电子技术等领域应用十分广泛。但是由于陶瓷材料硬度高、韧性差，导致复杂陶瓷构件的可加工性差、成本高，这严重阻碍了陶瓷材料在工程领域的推广应用，因此复杂陶瓷件的近净成形是当前的一个研究热点。

传统的成形方法如干压成形、注浆成形等已不能满足各行业对陶瓷材料用途和制品形状的要求，新的成形工艺不断涌现。陶瓷胶态成形工艺(如凝胶注模)可有效控制颗粒的团聚，制备均匀、高质量的坯体，能够制造复杂的陶瓷零件。但是这类工艺需要模具来制造陶瓷构件，导致复杂陶瓷件的制造周期长、成本高，无法满足产品研发阶段单件小批生产和零件原型快速制造的需求。快速成形技术的发展为复杂陶瓷件的制造提供了一种新途径，基于快速成形技术的陶瓷制造工艺摆脱了胶态成形工艺对于模具的依赖，能够快速制造复杂的陶瓷件，非常适合单件小批量和零件原型的制造。

陶瓷材料的快速制造(rapid manufacturing，RM)研究已成为工程陶瓷制造的一个重要组成部分，各种主流快速成形技术如光固化工艺(stereolithography，SL)、选区激光烧结工艺(selective laser sintering，SLS)等都已被用于陶瓷材料的快速制造，并取得了巨大进展。本书根据成形过程采用的材料类型，将当前的陶瓷快速制造工艺分为基于浆料的成形方法、基于粉末的成形方法、基于板材的成形方法和基于丝材的成形方法。

1.1.1 基于浆料的成形方法

基于陶瓷浆料的成形方法主要包括直接陶瓷喷墨打印(direct ceramic ink-jet printing，DCIJP)工艺、陶瓷光固化(ceramic stereo lithography，CSL)工艺、浆料逐层沉积(layer-wise slurry deposition，LSD)工艺、陶瓷激光熔合(ceramic laser fusion，CLF)工艺、自动注浆(robcasting)成形和陶瓷浆料挤出冷冻成形(freeze-form extrusion fabrication，FEF)工艺，以下介绍其中5种。

1. DCIJP 工艺

DCIJP 工艺以陶瓷浆料为墨水，通过喷头直接喷射陶瓷浆料，从而逐层累加成形三维陶瓷零件。该工艺中使用的喷墨打印机分为两类：连续喷墨(continuous ink-jet)打印机和脉冲喷墨(drop-on-demand)打印机，图1-1为两种喷墨打印机工作原理图。

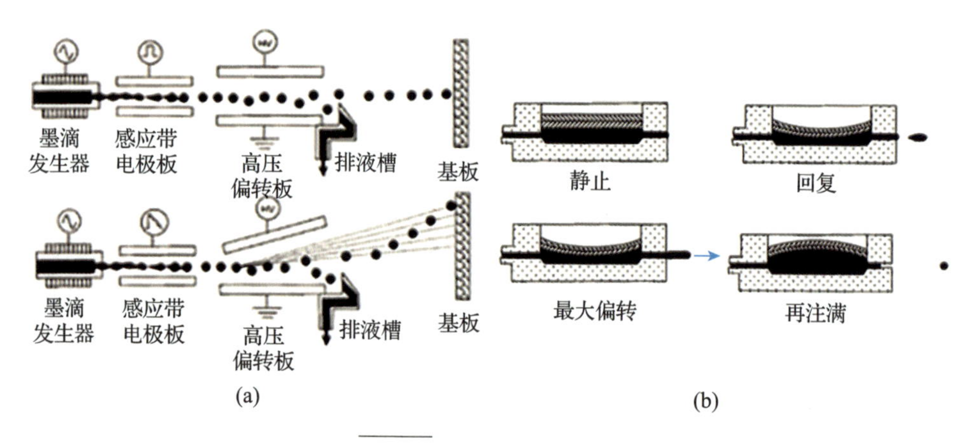

图1-1 喷墨打印原理图

(a)连续打印原理图；(b)脉冲打印原理图。

针对连续喷墨方式，W. D. Teng、M. J. Edirisinghe 和 J. R. G. Evans 研究了氧化锆陶瓷浆料沉降、黏度和导电性，得出体积分数2.4%的氧化锆陶瓷墨水可得到最好打印效果的结论，但是固相含量太低会导致陶瓷坯体因收缩而变形[1-2]。为此 P. Blazdell 和 S. Kuroda 研究了级配氧化锆陶瓷“墨水”，陶瓷粉末的体积分数从2%增至5%[3]。在脉冲喷墨方式方面，D. H. Lee 和 B. Derby 研究了锆钛酸铅(piezoelectric ceramic lead zirconate titanate，PZT)陶瓷浆料的制备问题，发现温度会影响 PZT 陶瓷浆料的可重复性及可靠的喷射效果[4]。N. Reis、C. Ainsley 和 B. Derby 认为决定打印能力的关键因素是黏度，实验验证 45%体积分数的氧化铝陶瓷浆料能够通过传统的打印头喷射[5]。N. Ramakrishnan、R. K. Rajesh 和 P. Ponnambalam 等研究了氧化铝粉末及氧化锆陶瓷浆料微滴的形成、喷射、扩展及在微喷嘴内的流动过程，实验结果表明随着陶瓷浆料中固相体积分数增加，沉积填充密度和表观黏度都会增加[6]。P. S. R. Krishna Prasada、A. Venumadhav Reddy 和 P. K. Rajesha 研究了氧化铝陶瓷浆料(体积分数 7.5%～15%)和氧化锆陶瓷浆料(体积分数 7.5%～15%)的流变性，并对陶瓷墨滴的扩展、沉积都通过照相方法进行观察[7]。图 1－2 展示了陶瓷墨水在滴落过程中的变化及落在基体上完全扩展后的陶瓷墨滴。

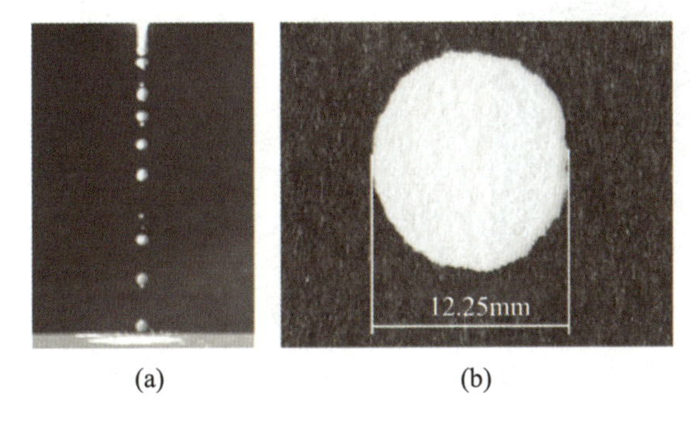

图 1－2　陶瓷墨水在滴落过程中的变化及落在基体上的陶瓷墨滴

(a)陶瓷墨水在滴落过程中的变化；(b)落在基体上的陶瓷墨滴。

改进现有的成形设备从而提高成形性能也是一个研究方向，M. Mott、J. H. Song 等改进了 IBM 3852/2 彩喷打印机(按需喷墨)，并利用具有合适黏度和表面张力的氧化锆和碳粉悬浮液制造微型工程零件[8]。图 1－3为改进的打印机及所制造的陶瓷微结构。

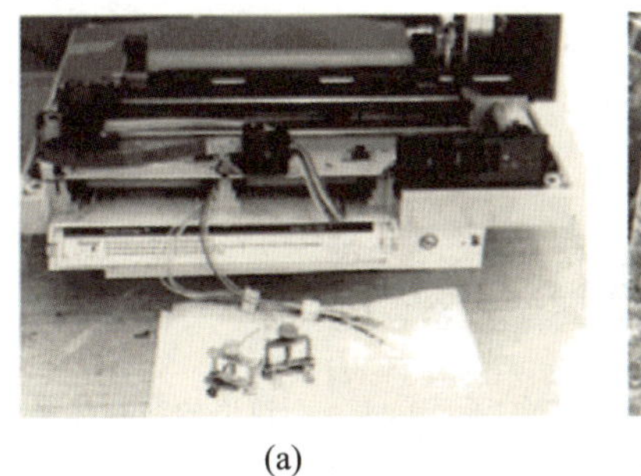

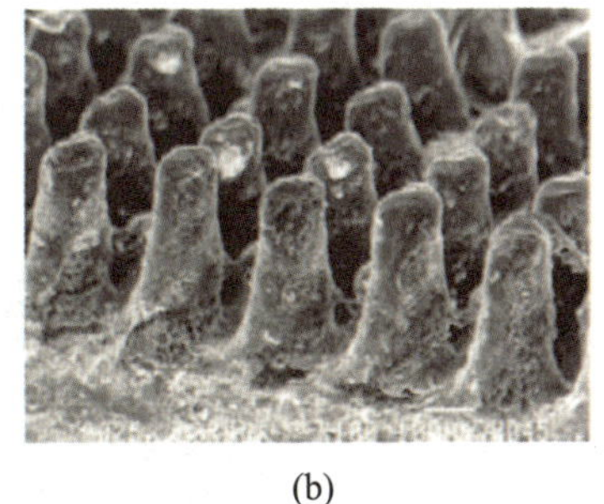

图 1－3　改进的喷墨打印机及所制作的陶瓷微结构

(a)改进的喷墨打印机；(b)陶瓷微结构。

直接喷墨打印工艺的主要缺点在于陶瓷浆料的固相体积分数较低，导致陶瓷件的收缩率较高，影响陶瓷件成形精度，因此不适合用于陶瓷零件的制造。

2. LSD 工艺

LSD 主要工艺过程：将高浓度水基陶瓷浆料经过刮刀涂平，使其干燥，利用激光进行逐层烧结后得到陶瓷制件，最后放入水中使未烧结的部分与已烧结部分脱离。A. G. 和 J. G. Heinrich 发现当氧化铝处于特定质量分数，且采用特殊的激光扫描参数时，才能得到陶瓷零件[9]，图 1－4 为工艺原理图及所制的陶瓷零件。

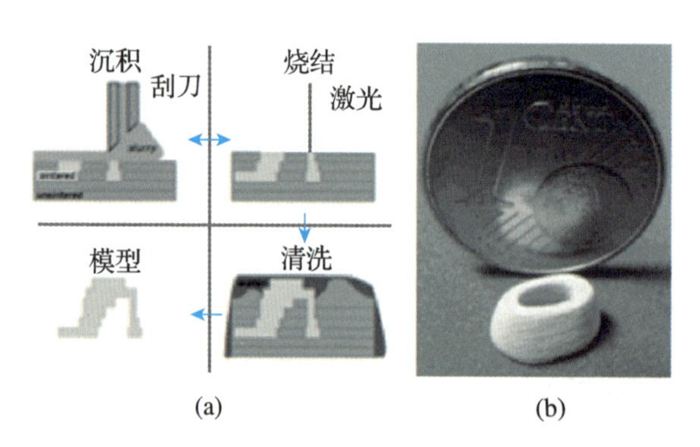

图 1－4
LSD 工艺
(a)LSD 工艺原理图；(b)陶瓷零件。

Z. Sadeghian 研究 LSD 工艺制造羟基磷灰石(hydroxyapatite，HA)陶瓷骨支架的方法，并讨论了激光参数(激光功率和光斑扫描速度)对 LSD 工艺和形成 HA 陶瓷不同相的影响；A. M. Waetjen、D. A. Polsakiewicz 和 I. Kuhl 等人针对传统铺粉 SLS 工艺存在的致密度低的问题，提出利用喷枪将高固相体积分数的陶瓷浆料与空气混合，喷在陶瓷基体上，通过红外线干燥和激光烧结，可获得单层陶瓷浆料厚度小于 100 μm、微结构分布均匀、层厚均匀的陶瓷坯体。但是由于缺乏玻璃相，仍然无法获得完全致密的陶瓷件[10]，图 1－5 为改进的浆料铺层设备与素坯陶瓷微观结构。

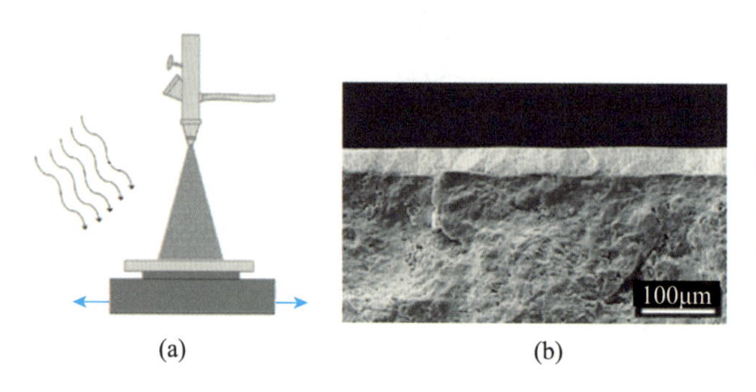

图 1－5
改进的浆料铺层设备及所得素坯陶瓷微观结构
(a)喷涂式浆料铺层设备；
(b)素坯断面微观结构。

田小永、J. Günster 和 J. Melcher 等利用正交实验设计方法，研究了激光烧结工艺参数(激光功率、扫描速度和扫描线间距)及后处理工艺参数(升温速率、烧结温度和保温时间)对陶瓷的物理属性和力学性能的影响。实验结果表明，低激光功率密度和大扫描线间距有利于增加陶瓷制件最终力学性能，最终得到适合的激光烧结参数和后处理工艺参数，所制陶瓷试样最大抗弯强度是 34.0MPa ± 4.9MPa。对于激光烧结的陶瓷零件来说，具有较高最终抗弯强度的零件比具有较低最终抗弯强度的零件具有更为松散的微观结构，为此，田小永提出了应力释放机制来解释这种现象。图 1-6 为得到的陶瓷零件。

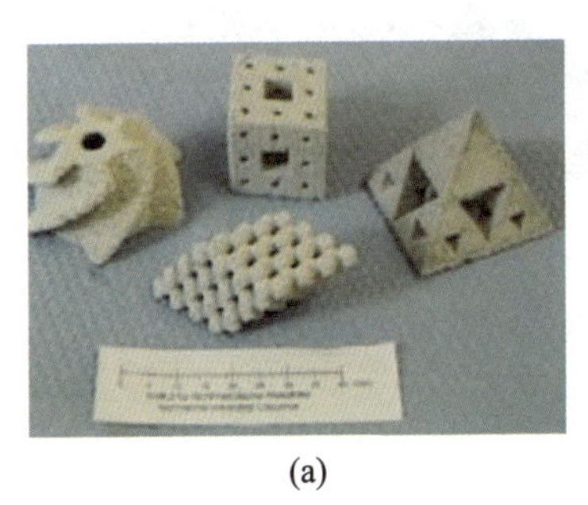
(a)

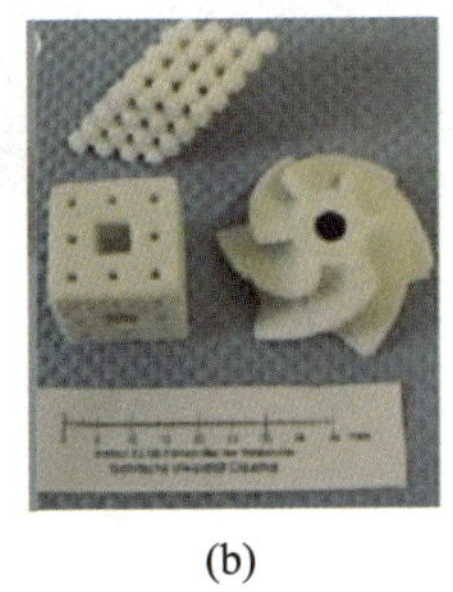
(b)

图 1-6
陶瓷零件
(a)烧结前；(b)烧结后。

LSD 工艺优点在于成形过程无需支撑，材料适应性强，陶瓷坯体致密度高，无需有机黏结剂，但是其缺点是成形精度低，需要大功率的激光器。

3. CLF 工艺

CLF 基本工艺过程与 LSD 工艺类似，包括陶瓷浆料制备、刮平、干燥、激光烧结及后处理，最终得到陶瓷零件，图 1-7 为该工艺的技术路线及获得的陶瓷零件。

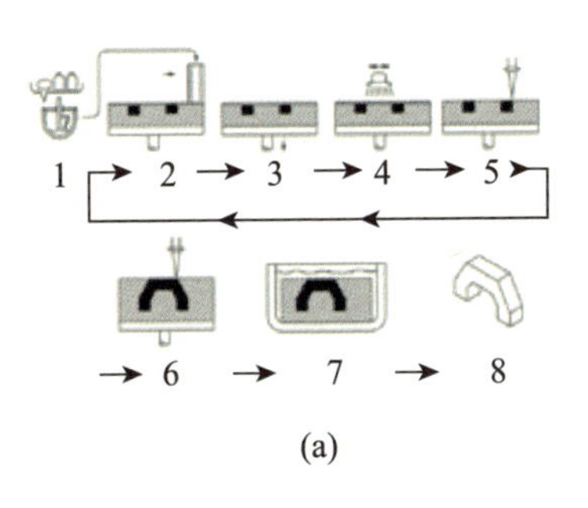

(a)

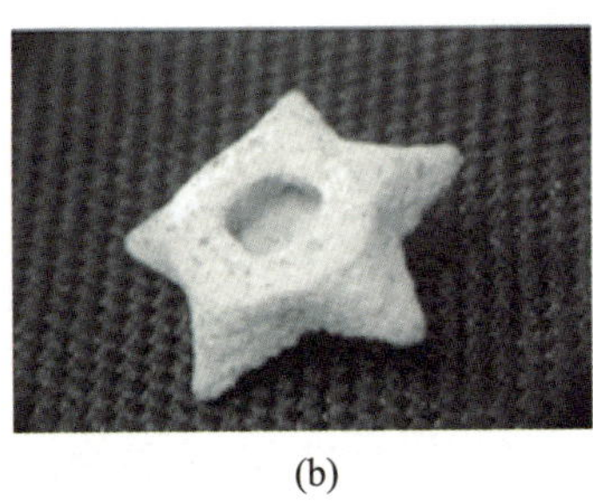
(b)

图 1-7
CLF 工艺原理图及陶瓷零件
(a)工艺技术路线；(b)陶瓷零件。

H. C. Yen、M. L. Chiu 和 H. H. Tang 对液相烧结过程中的工艺参数影响陶瓷零件制造过程的规律进行了研究[11-12]；通过对工艺参数的控制，使陶瓷浆料不被烧结，而是变成凝胶形状，相对于陶瓷激光烧结成形，消耗更少的能量。图 1-8 为实验设备及制作的陶瓷零件。

台北科技大学侧重于研究成形工艺过程及工艺参数，德国一些研究机构更注重于研究微观结构，CLF 工艺优点和缺点与 LSD 工艺类似。

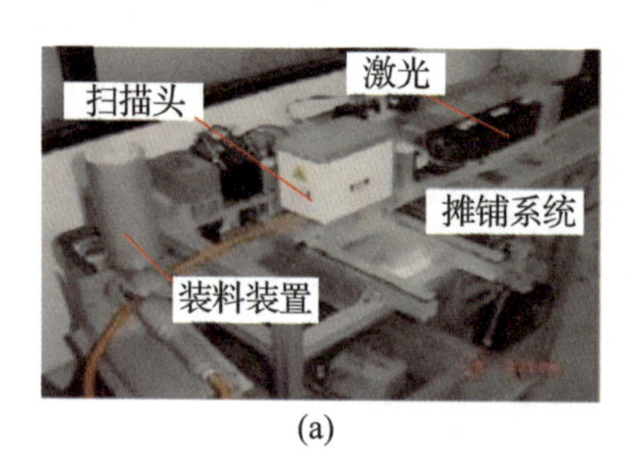

(a)

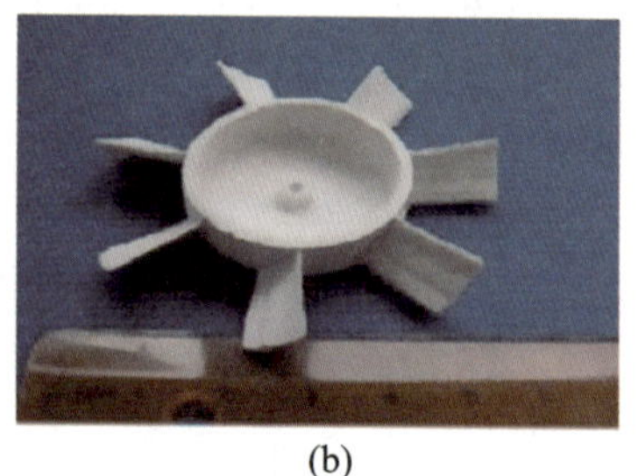

(b)

图 1-8　陶瓷激光熔合设备及陶瓷零件

(a)陶瓷激光熔合设备；(b)陶瓷零件。

4. 自动注浆工艺

自动注浆工艺以高固相体积分数水基陶瓷浆料为对象，通过层叠方式注浆成形制备复杂三维结构。该工艺对陶瓷浆料的流变性要求较高，既需要在挤压作用下能从成形管口流出，又需要浆料在流出挤压力作用消失后迅速从假塑性变为膨胀性流体，能够支撑自身的重量。J. E. Smay 等制备的水基凝胶浆料满足了构造具有跨度(无支撑)的三维周期结构的要求，该凝胶浆料需要满足两个标准：首先浆料必须具有很好的黏弹性，即浆料能够在剪切力的作用下从注浆成形管口流出，然后立即固化以保持预定的注浆成形形状；其次浆料必须具有高固相体积分数(可达 60%～65%)，尽量降低由于干燥引起的收缩或开裂，即颗粒网络必须能够抵抗由毛细作用引起的分压力。由于陶瓷浆料的固相体积较高，其中的有机物较少(体积分数 1%～4%)，因此干燥和脱脂过程进行较快，一般可在 24h 内得到致密的陶瓷件(可达理论密度的 95%)。该技术陶瓷的材料适应性强，已在生物陶瓷、结构陶瓷和功能陶瓷等多个领域得到应用，图 1-9 为自动注浆成形设备及陶瓷零件的示意图。

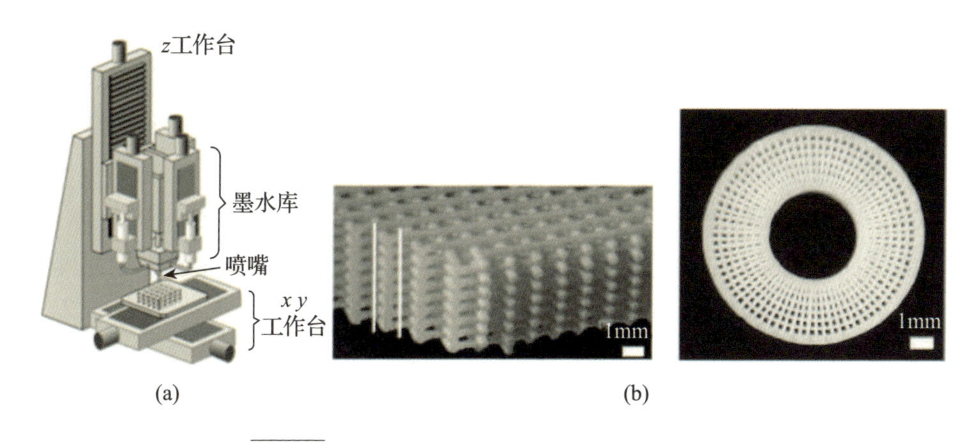

图 1－9　**自动注浆成形装置示意图及陶瓷零件**

(a)自动注浆设备；(b)陶瓷零件。

5. FEF 工艺

H S. Michael 和 T. Huang 等将高固相体积分数水基陶瓷浆料的挤出成形工艺与快速冷冻原型工艺结合，提出了 FEF 工艺，该方法与自动注浆工艺类似，但 FEF 工艺对素坯进行冷冻干燥，以防陶瓷素坯在干燥过程中出现变形和裂纹。T. Huang 和 M. S. Mason 等研究了挤出过程的动态特性，实验发现陶瓷膏状物的流变特性、稳定性、挤出速率等都会强烈地影响到陶瓷件的性能[13-14]，并研究了一种自适应的控制器以便调整挤出力，防止挤出过程中气泡及浆料团影响陶瓷浆料性质，图 1－10为该工艺的成形设备及成形的陶瓷零件。

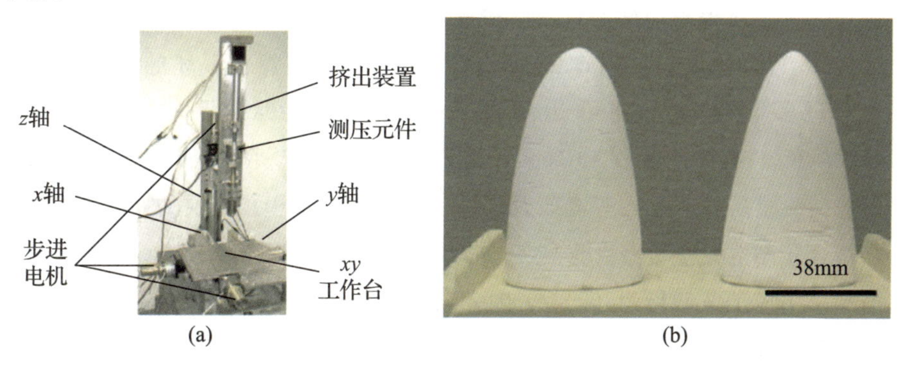

图 1－10　**FEF 成形设备及陶瓷零件**

(a)FEF 成形设备；(b)所得陶瓷零件。

基于浆料的成形方法是目前陶瓷零件成形的重要工艺方法，在目前的各种成形方法中，直接喷墨打印工艺的缺点在于陶瓷浆料的固相体积分数较低。而 LSD 和 CLF 等则是在 SLS 工艺基础上的改进，其优点在于可使用多种材料，成形精度不高则是这种成形方法的缺点。自动注浆和 FEF 工艺采用挤出原理，可使用高固相体积分数的水基陶瓷浆料，难以成形精细的陶瓷零件，两者之间的差别在于陶瓷浆料挤出后的干燥方式不同。陶瓷光固化工艺继承了光固化成形精度高的特性，有助于提高成形精度。

1.1.2 基于粉末的成形方法

1. 三维印刷工艺

麻省理工学院开发了三维印刷(three dimensional printing，3DP)工艺，Soligen 公司购买该专利后，开发了直接铸模铸造(direct shell production casting，DSPC)工艺来制造陶瓷型芯和型壳。

B. Utela、D. Storti 和 R. Anderson 等对 3DP 工艺粉末、黏结剂两者之间相互作用及后处理方面的进展进行了归纳分析[15]；J. Yoo 和 K. Cho 等研究了制造梯度氧化锆增强的氧化铝(ZTA)陶瓷试样和具有梯度复合材料的多层 ZTA 试样[16]；S. Uhland 和 R. Holman 等人研究了利用 3DP 工艺制造电子陶瓷元件，通过研究工艺参数，获得了具有良好尺寸公差的电介质射频元件[17]；R. Chumnanklang、T. Panyathanmaporn 和 K. Sitthiseripratip 等研究了羟基磷灰石陶瓷粉末预涂层中的黏结剂体积分数对零件强度的影响[18]。

3DP 工艺所得陶瓷件的致密度较低，因此一般需要采用后处理工艺(如等静压)改善其致密度。J. Yoo 和 M. J. Cima 等研究了陶瓷素坯的等静压及热解，发现氧化铝陶瓷件可达到理论密度的 99.2%，平均抗弯强度达 324MPa[19]；W. Sun 和 D. J. Dcosta 等研究了 Ti_3SiC_2 陶瓷的一体化制造工艺，包括三维层打印、冷等静压及烧结。研究表明基于预涂层的 Ti_3SiC_2 陶瓷粉末适合于制造完全致密、形状复杂的结构件[20-21]。图 1-11 为 3DP 工艺原理图和采用该工艺所得的 Ti_3SiC_2 陶瓷结构件。

目前对 3DP 工艺的研究主要集中于成形的陶瓷零件能否满足应用，而陶瓷粉末、黏结剂选择及工艺参数的优化已不是研究热点。该工艺优势在于可加工的陶瓷材料选择范围广，对陶瓷材料的性质没有限制，并且在同一层中可以根据要求放置不同的材料，能够满足梯度功能材料的制造，但是其致密度较低，需采用后续的等静压工艺改善其致密度。

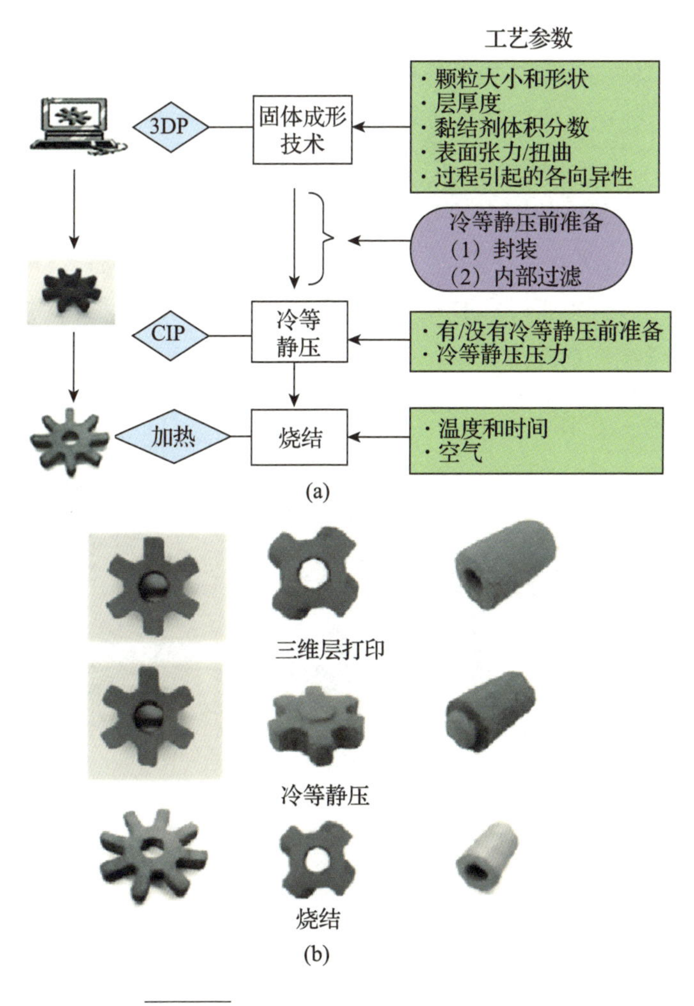

图 1-11 3DP 工艺制造的 Ti_3SiC_2 陶瓷

(a)工艺原理图；(b)Ti_3SiC_2 陶瓷件。

2. 选区激光烧结工艺

SLS 工艺可加工粉末材料的范围大，如金属、陶瓷和聚合物。其优点在于加工过程中不需支撑材料，可加工的对象范围宽，但是零件的致密度低，需采用烧结和热等静压工艺来提高陶瓷零件的致密度。与分层实体制造(laminated object manufacturing，LOM)工艺类似，该工艺无需支撑结构。

P. K. Subramanian 研究了将黏结剂与氧化铝陶瓷粉末混合后再利用 SLS 工艺制造陶瓷零件[22]的工艺。赵靖、马文江和曹文斌等研究了氮化硅陶瓷粉末的 SLS 工艺，韩召、曹文斌和林志明等研究了激光烧结参数及坯体后处理工艺对陶瓷零件精度和性能的影响[23-24]。P. Bertrand、F. Bayle 和 C. Combe 等发现经雾化处理的球形氧化锆陶瓷粉末能够获得致密度为 56% 的氧化锆陶瓷零件[25]。D. L. Bourell、N. R. Harlan 和 R. Reyes 等利用 SLS 工艺直接制造氧化锆模具，制造钛合金铸件[26]。T. Friedel、N. Travitzky 和 F. Niebling 等将 SiC 陶瓷与聚硅氧烷粉末混合制造 Si－O－SiC 陶瓷零件，热解后其相对密度会降至32%～50%，采用后期渗透液态硅的方法，可得到致密的陶瓷零件，大幅提高其抗弯强度。该工艺可以用来制造具有复杂外形的陶瓷零件，图 1－12 为所制的涡轮机叶轮陶瓷件。

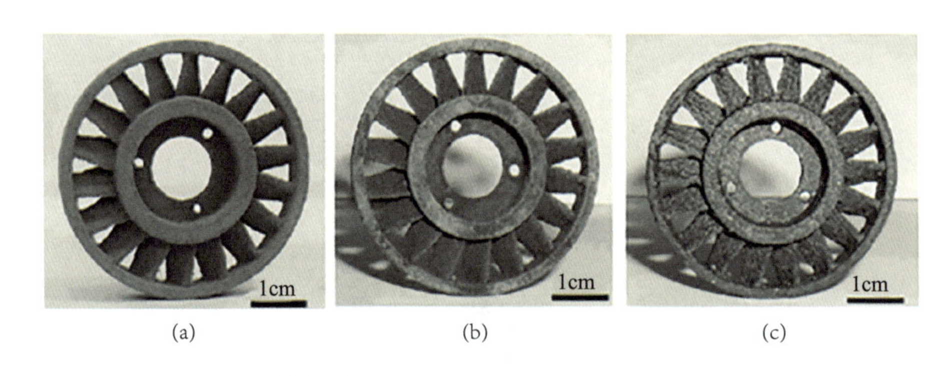

图 1－12　缩小比例的涡轮机叶轮陶瓷件
(a)素坯件；(b)热解后；(c)硅渗透后。

M. M. Savalani、L. Hao 和 Y. Zhang 等研究了基于 SLS 工艺快速制造定制的具有生物活性的羟基磷灰石陶瓷骨支架的方法。该工艺将羟基磷灰石和聚酰胺粉末混合，利用激光照射使其固化成形，然后通过热解得到 HA 假体[27]。该工艺最大的优点在于可加工材料的多样性，但是其缺点同样明显，即精度差，零件的致密度低，导致其强度低，直接烧结陶瓷粉末需要高功率激光器。为此多采用包覆的陶瓷粉末或者使陶瓷粉末与高分子材料粉末混合，利用低功率激光器使黏结剂融化结接，可降低成形成本，因此一般要采用渗透等工艺。

1.1.3 基于板材的成形方法

LOM 工艺加工从前对象主要包括纸、金属片、聚合物，后来将其扩展到陶瓷。基于 LOM 工艺的陶瓷成形工艺，研究内容包括陶瓷薄片的加工工艺及陶瓷片的累加成形工艺。

张宇民等采用挤出工艺制备了厚度为 0.2mm 的三氧化二铝（Al_2O_3）和碳化硅（SiC）的陶瓷薄片，利用辊轧成形工艺（roll - forming technique）制备了厚度为 0.7mm 的 Al_2O_3 陶瓷薄片，并得到了陶瓷零件素坯[28-29]；A. Das、G. Madras 和 N. Dasgupta 等利用流延法制备了厚度为0.5～0.55mm 的 Al_2O_3 陶瓷薄片[30]。目前应用于 LOM 的陶瓷薄片基本上都是平面，而 D. A. Klosterman、R. P. Chartoff 和 N. R. Osborne 等针对平面陶瓷薄片存在的阶梯效应问题，提出了曲面陶瓷薄片的 LOM 工艺，提高陶瓷制件的精度。图 1 - 13 为采用平面和曲面 LOM 工艺制备的 SiC 陶瓷试样对比。

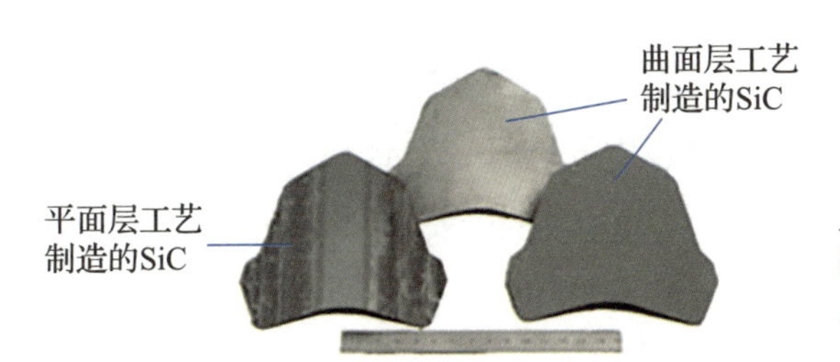

图 1 - 13
平面和曲面 LOM 工艺制造的 SiC 陶瓷薄片对比

崔学民等利用流延法制造了可用于 LOM 工艺的可盘绕的柔性陶瓷薄片，该薄片具有表面平整、高韧性和结构均匀等特点。由于所采用的乳胶原料玻璃化转变温度 T_g 点低于室温，因此在常温下可以盘绕。图 1 - 14 为制备的柔性陶瓷薄片。

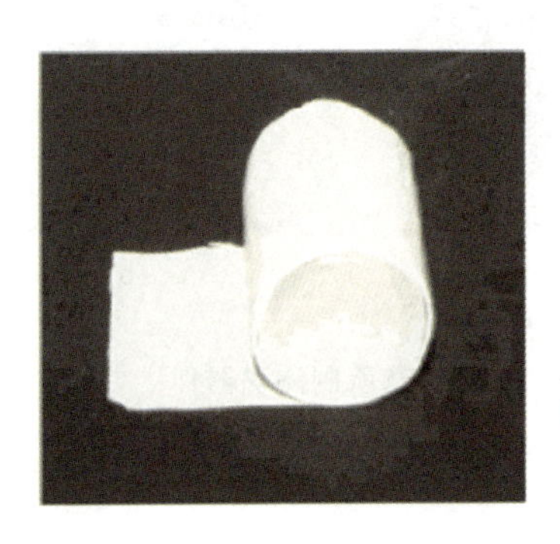

图 1 - 14
柔性陶瓷薄片卷

为提高成形精度，出现了改进的 LOM 工艺，包括孤峰工程公司开发的 CerLOM 工艺，该工艺程序是曲面陶瓷膜相叠加，因制备曲面陶瓷/纤维复合材料的需要而产生；美国凯斯西储大学开发的 CAM - MET 工艺主要改进在于先将陶瓷薄片切成需要的形状，然后再进行后续堆积。

基于 LOM 的陶瓷成形方法适用于大尺寸陶瓷件的制造，只是当采用平面 LOM 方式时，倾斜表面的台阶效应非常明显，影响成形精度。改进的 LOM 方法，虽有利于提高成形精度，但工艺复杂。

1.1.4 基于丝材的成形方法

Stratasys 公司提出并商业化熔融沉积成形（fused deposition modelling，FDM）工艺，该工艺应用于制造陶瓷制件时被称为陶瓷熔丝成形（fused deposition of ceramics，FDC）工艺，制造合适的陶瓷细丝是该工艺的关键环节。罗格斯大学将 FDM 的加工领域扩展到陶瓷；T. F. McNulty 和 D. J. Shanefield 等研究了适合于 FDC 工艺的表面活性剂在 PZT 陶瓷粉末表面的吸附问题，发现硬脂酸是一种合适的表面活性剂[31]；S. R. 和 G. Qi 等研究了基于 FDC 工艺制造氮化硅（Si_3N_4）陶瓷的工艺，包括粉末的加工、流变性和力学性能等[32]。G. M. Lous 和 I. A. Cornejo 等研究了制作压电陶瓷/聚合物复合材料变换器的问题[33]；M. Allahverdi 和 S. C. Danforth 等提出了净成形的 FDC 工艺，并将其用于光子晶体结构、变换器[34]，如图 1 - 15 所示。

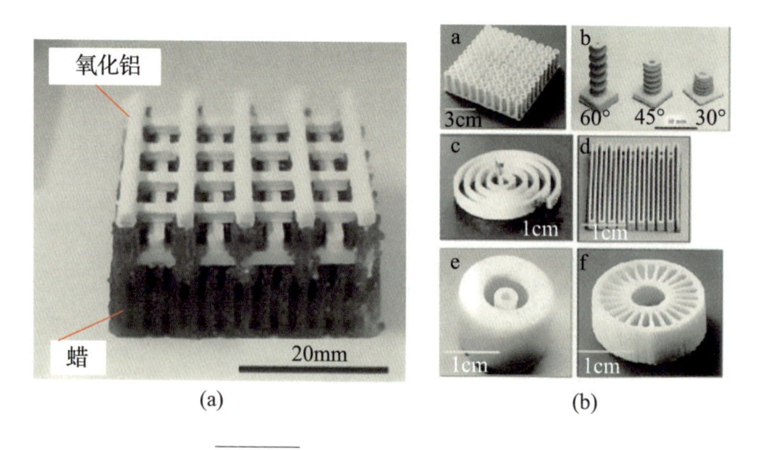

图 1 - 15 FDC 工艺所制陶瓷器件

(a)木堆结构光子晶体；(b)变换器。

为解决中间体(细丝)的问题，A. Bellini 和 L. Shor 等提出了一种微型挤压成形系统，其原料为粉末和黏结剂的混合物，研究了液化器入口温度、出口温度和喷嘴的尺寸及设计、室温、沉积速度对于挤压过程及挤压出的细丝间黏结程度的影响[35]，这种微型挤压系统实现了细丝的实时成形，图 1-16 为微型挤压成形系统。

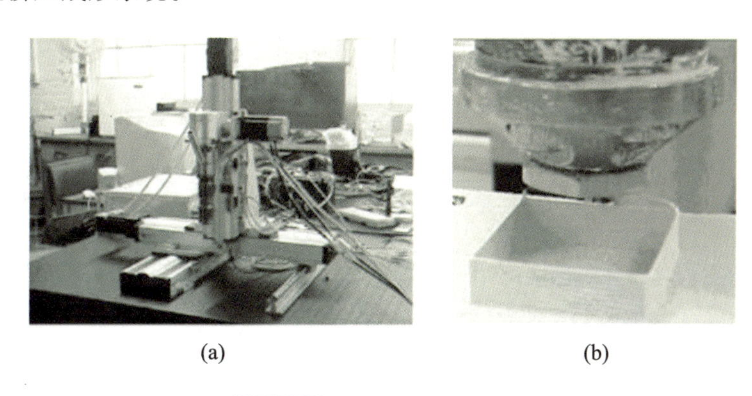

(a) (b)

图 1-16 微型挤压成形系统

(a)微型挤压成形系统外观；(b)液化器喷嘴图。

基于挤出原理的成形工艺中，FDC 与自动注浆、FEF 这些工艺相比，成形原料不同，采用细丝导致了较高的制作成本，且其中有机物体积分数较高，采用陶瓷浆料虽然有利于提高固相体积分数，但是需防止堵塞喷嘴及浆料的沉降。

1.2 陶瓷光固化技术研究现状

光固化(stereo lithography，SL)法是目前应用最为广泛的一种增材制造工艺。光固化采用光敏液体为原料，在计算机控制下的激光按预定零件各分层截面的轮廓轨迹对光敏液体扫描，使被扫描区的液体薄层产生光聚合反应，从而形成零件的一个薄层截面，然后逐层累加，成为实体零件，常用材料为光敏树脂或光敏的陶瓷浆料，陶瓷光固化成形原理如图 1-17 所示。

1996 年，美国 Michigan 大学的 M. L. Griffith 和 J. W. Halloran 首先提出了将光固化成形技术和陶瓷制造工艺相结合的思路，并进行了初步的实验验证[36]。随后，陶瓷光固化成形工艺得到了广泛研究。

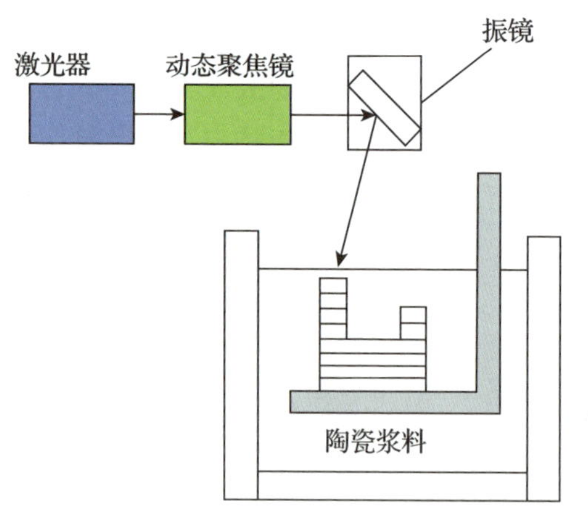

图 1-17
光固化成形原理示意图

T. Chartier 等研究了氧化铝陶瓷的光固化成形工艺，配制了树脂基陶瓷浆料，并研究光引发剂、单体质量分数、粉末粒径等因素对陶瓷浆料流变性的影响，最终获得了体积分数 60%的陶瓷浆料配方，陶瓷光固化成形零件尺寸误差达到 0.5%，最高精度达 230 μm，平均力学强度为 275MPa，成形零件如图 1-18 所示。

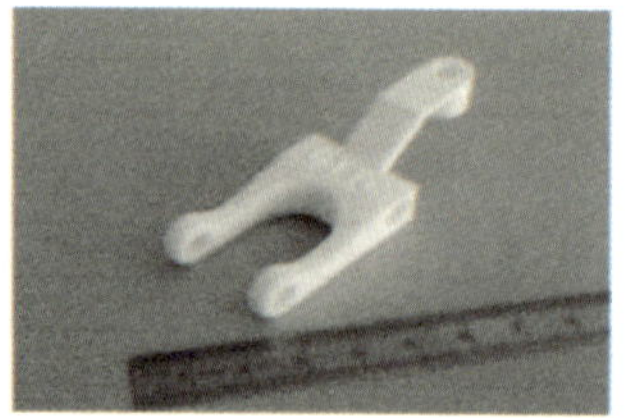

图 1-18　光固化成形氧化铝陶瓷零件

A. Licciulli 等人在氧化铝陶瓷浆料中加入了有机金属化锆盐，研究了此成分对于浆料的分散效果和流变性的影响，并且研究了此种浆料的烧结工艺，经三点弯曲强度测试，陶瓷零件力学强度达到 175MPa，成形零件如图 1-19 所示。

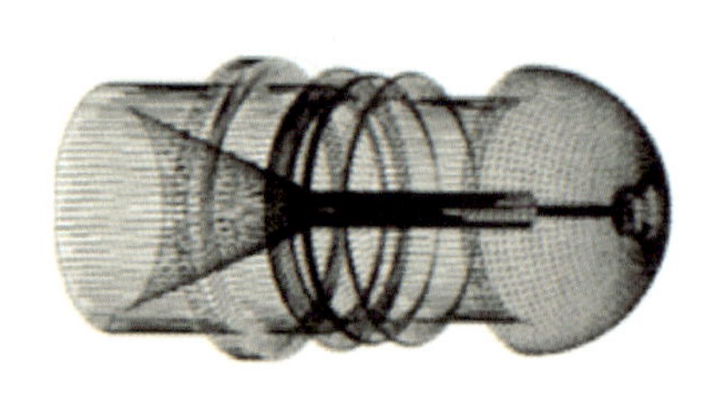

图 1-19　光固化成形复杂陶瓷零件

周伟召提出了一种基于硅溶胶的水基陶瓷浆料光固化成形工艺，研究了基于硅溶胶的水基氧化铝陶瓷浆料制备工艺、陶瓷浆料的光固化成形机理以及陶瓷零件的光固化成形工艺，并对光固化直接成形陶瓷零件的干燥和焙烧工艺进行了研究，制造出了多种陶瓷零件，其中氧化铝叶轮 CAD 模型及素坯如图 1－20 所示。

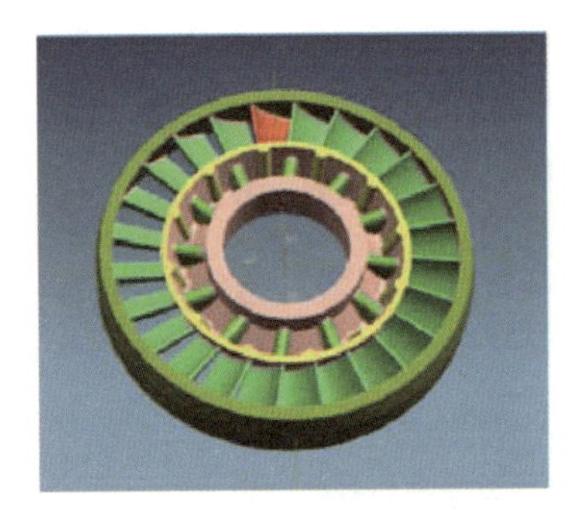

图 1－20　氧化铝叶轮 CAD 模型及素坯

Z. C. Eckel 等采用光固化成形工艺，配制树脂基光固化陶瓷浆料，以氧化硅（SiO）、碳化硅（SiC）、碳氧化硅（SiOC）等多种材料作为陶瓷基体，成形了网状和蜂窝状等复杂形状的陶瓷零件，成形零件如图 1－21 所示。对不同材料成形零件的力学强度和体积收缩情况进行了对比分析，并采用透视电子显微镜对零件进行微观观察，从晶相机理的角度分析了几种陶瓷零件力学性能的影响因素，及其热处理前后零件物质的变化情况。其中，碳氧化硅材料的综合性能明显好于其他几种材料，采用碳氧化硅材料制造的蜂窝状陶瓷零件具有良好的力学性能，达到了目前市售陶瓷零件力学强度的 10 倍，具有良好的应用前景。

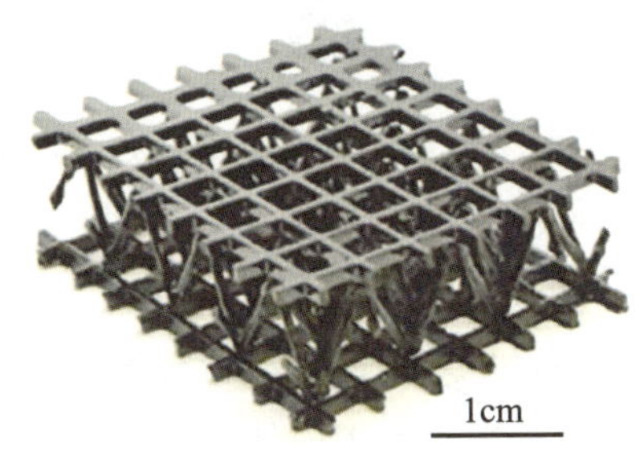

图 1－21　光固化成形陶瓷零件

法国国立高等工业陶瓷学校将氧化铝、氧化锆和氧化硅等陶瓷粉末加入到不同的树脂中进行实验，得出了固化厚度和固化宽度随粉末直径、折射率差、曝光能量、引发剂体积分数、粉末体积分数等参数的变化关系，制得了最小直径为 230 μm 的圆孔。制得的陶瓷零件经过烧结后，强度为 265MPa，如图 1-22 所示。

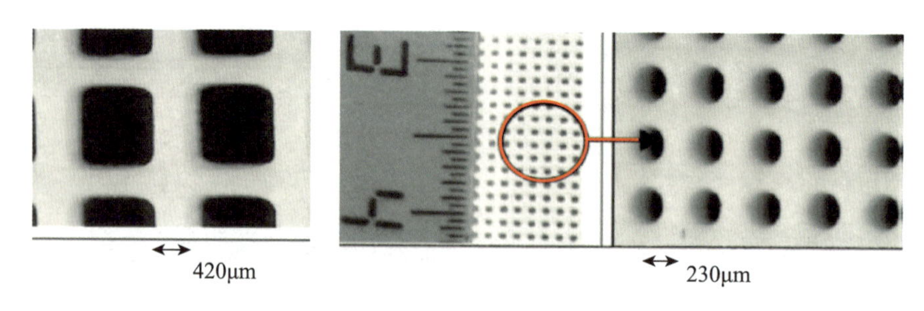

图 1-22　法国国立高等工业陶瓷学校制备的陶瓷

法国巴黎国立高等化工学院则主要以锆钛酸铅压电陶瓷(PZT)粉末进行研究，研究了浆料的流变性，分析了各主要因素对浆料特性的影响，并研究了主要的参数对浆料固化厚度的影响，制作了最小直径为 100 μm 左右的圆柱结构，如图 1-23 所示。

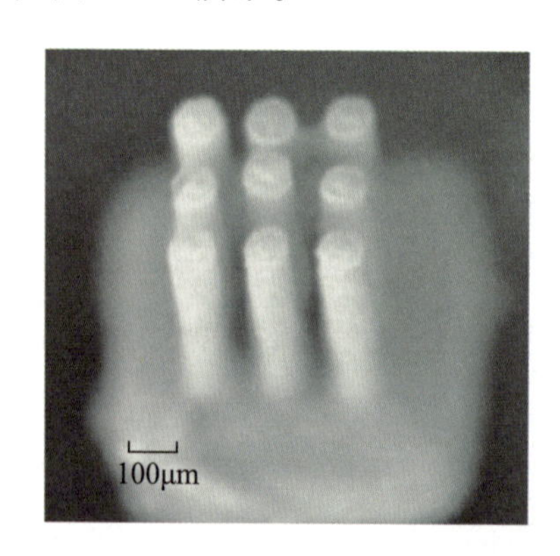

图 1-23
法国巴黎国立高等化工学院利用快速成形技术制作的电子陶瓷

相比于其他增材制造工艺，光固化成形的主要优点在于成形精度较高，主要缺点为成形零件孔隙率较大，相对密度不足，但这个缺点可以通过合理的后处理克服，因此，陶瓷光固化成形工艺具有很高的应用价值。目前，对陶瓷光固化成形的研究中，多采用氧化铝、二氧化硅、β-TCP 等材料，而对氧化锆的研究尚存在空白，未见有国内外研究成果公开报道。

光固化陶瓷浆料根据预混液溶剂的不同，可分为树脂基陶瓷浆料和水基陶瓷浆料。C. P. Jiang将钇稳定氧化锆陶瓷粉与复合光敏树脂按质量比13∶5混合，制备了树脂基氧化锆陶瓷浆料，其复合光敏树脂中含有两种树脂基体：二甲基丙烯酸三甘醇酯(triethyleneglycol dimethacrylate，TEDGMA)、氨基甲酸乙酯二甲基丙烯酸酯(urethanedimethacrylate，UDMA)和同光引发剂樟脑醌(camphorquinone，CQ)、共引发剂N,N-二甲氨基甲基丙烯酸乙酯(dimethylaminoethylmethacrylate，DMAEMA)。他采用面曝光的方式，研究了曝光时间和固化厚度之间的关系。H. Liao采用丙烯酸树脂和环氧树脂以及二氧化硅、莫来石、氧化铝等材料制备了多种树脂基陶瓷浆料，研究了高固相体积分数陶瓷浆料的流变性，以及浆料固化深度与曝光量之间的关系。Y. Abouliatim研究了光固化树脂基氧化铝浆料中紫外光漫反射，并采用库贝尔卡-蒙克模型对光透射率进行测量。Y. Abouliatim的研究发现，紫外光漫反射在不同固相体积分数的陶瓷浆料中是普遍存在的，而随着粉末粒径的增大，透射率提高，反射率降低，但对于固化深度和宽度未见显著影响。T. Chartier采用丙烯酸树脂和1,6-己二醇二丙烯酸酯制备了氧化铝陶瓷浆料，并研究了浆料的流变性及固化深度、固化宽度等光固化特性。M. L. Griffith制备了水基二氧化硅陶瓷浆料，研究了固相体积分数对于浆料黏度和光固化性能的影响。周伟召制备了水基二氧化硅陶瓷浆料，研究了分散剂用量和固相体积分数对于浆料黏度的影响，以及光引发剂用量对于浆料光固化成形的影响。

参考文献

[1] TENG W D，EDIRISINGHE M J，EVANS J R G. Optimization of dispersion and viscosity of a ceramic jet printing ink[J]. J Am Ceram Soc，1997，80(2)：486-494.

[2] TENG W D，EDIRISINGHE M J. Development of ceramic inks for direct continuous jet printing[J]. Journal of the American Ceramic Society，1998，81(4)：1033-1036.

[3] BLAZDELL P，KURODA S. Bimodal ceramic ink for continuous ink-jet printer plasma spraying[J]. Journal of the American Ceramic Society，2001，84(6)：1257-1259.

[4] LEE D H, DERBY B. Preparation of PZT suspensions for direct ink jet printing[J]. Journal of the European Ceramic Society, 2004, 24(6): 1069 - 1072.

[5] REIS N, AINSLEY C, DERBY B. Viscosity and acoustic behavior of ceramic suspensions optimized for phase-change ink-jet printing[J]. Journal of the American Ceramic Society, 2005, 88(4): 802 - 808.

[6] RAMAKRISHNAN N, RAJESH R K, PONNAMBALAM P, et al. Studies on preparation of ceramic inks and simulation of drop formation and spread in direct ceramic inkjet printing[J]. Journal of Materials Processing Technology, 2005, 169(3): 372 - 381.

[7] KRISHNA PRASADA P S R, VENUMADHAV REDDYA A, RAJESH P K, et al. Studies on rheology of ceramic inks and spread of ink droplets for direct ceramic ink jet printing[J]. Journal of Materials Processing Technology, 2006, 176(1-3): 222 - 229.

[8] MOTT M, SONG J, EVANS J. Microengineering of ceramics by direct ink-jet printing[J]. Journal of the American Ceramic Society, 1999, 82(7): 1653 - 1658.

[9] GAHLER A, HEINRICH J G. Direct laser sintering of Al_2O_3-SiO_2 dental ceramic components by layer-wise slurry deposition[J]. Journal of the American Ceramic Society, 2006, 89(10): 3076 - 3080.

[10] WAETJEN A M, POLSAKIEWICZ D A, KUHL I, et al. Slurry deposition by airbrush for selective laser sintering of ceramic components[J]. Journal of the European Ceramic Society, 2009, 29(1): 1 - 6.

[11] YEN H C, TANG H H. Developing a paving system for fabricating ultra-thin layers in ceramic laser rapid prototyping[J]. International Journal of Advanced Manufacturing Technology, 2008, 36(3 - 4): 280 - 287.

[12] YEN H C, CHIU M L, TANG H H. Laser scanning parameters on fabrication of ceramic parts by liquid phase sintering[J]. Journal of the European Ceramic Society, 2009, 29(8): 1331 - 1336.

[13] HUANG T M, MICHAEL S H, GREGORY E L, et al. Freeze-form

extrusion fabrication of ceramic parts [J]. Virtual and Physical Prototyping, 2006, 1(2): 93-100.

[14] HUANG T, MASON M S, ZHAO X, et al. Aqueous-based freeze-form extrusion fabrication of alumina components [J]. Rapid Prototyping Journal, 2009, 15(2): 88-95.

[15] UTELA B, STORTI D, ANDERSON R, et al. A review of process development steps for new material systems in three dimensional printing (3DP) [J]. Journal of Manufacturing Processes, 2008, 10 (2): 96-104.

[16] YOO J, CHO K M, BAE W S, et al. Transformation-toughened ceramic multilayers with compositional gradients[J]. Journal of the American Ceramic Society, 1998, 81(1): 21-32.

[17] UHLAND S, HOLMAN R, DEBEAR B, et al. Three-dimensional Printing, 3DP™, of electronic ceramic components [C]. Austin: Proceedings of the Solid Freeform Fabrication Symposium, 1999.

[18] CHUMNANKLANG R, PANYATHANMAPORN T, SITTHISERIPRATIP K, et al. 3D printing of hydroxyapatite: Effect of binder concentration in pre-coated particle on part strength[J]. Materials Science & Engineering C-Biomimetic and Supramolecular Systems, 2007, 27(4): 914-921.

[19] CIMA M J, YOO J J, KHANUJA S, et al. Structural ceramic components by 3D printing[C]. Texas, Austin: Proceedings of the Solid Freeform Fabrication Symposium, 1995.

[20] DCOSTA D. Freeform fabrication of Ti_3SiC_2 powder-based structures Part II: Characterization and microstructure evaluation[J]. Journal of Materials Processing Technology, 2002, 127(3): 352-360.

[21] SUN W, DCOSTA D J, LIN F, et al. Freeform fabrication of Ti_3SiC_2 powder-based structures: Part I—Integrated fabrication process[J]. 2002, 127(3): 343-351.

[22] SUBRAMANIAN P K. Selective laser sintering of alumina [D]. Austin: The University of Texas, 1995.

[23] 韩召，曹文斌，等. 陶瓷材料的选区激光烧结快速成型技术研究进展[J].

无机材料学报，2004，(04)：705－713.
[24] 赵靖，马文江，等. 氮化硅陶瓷粉末的选区激光烧结[J]. 北京科技大学学报，2006，(11)：1038－1041.
[25] BERTRAND P, BAYLE F, COMBE C, et al. Ceramic components manufacturing by selective laser sintering[J]. Applied Surface Science, 2007, 254(4): 989－992.
[26] HARLAN N R, BOURELL D L, BEAMAN J J, et al. Titanium castings using laser-scanned data and selective laser-sintered zirconia molds[J]. Journal of Materials Engineering and Performance, 2001, 10(4): 410－413.
[27] SAVALANI M M, HAO L, ZHANG Y, et al. Fabrication of porous bioactive structures using the selective laser sintering technique[J]. Proceedings of the Institution of Mechanical Engineers Part H－Journal of Engineering in Medicine, 2007, 221(H8): 873－886.
[28] ZHANG Y M, HE X, HAN J. Ceramic green tape extrusion for laminated object manufacturing[J]. Materials Letters, 1999, 40(6): 275－279.
[29] ZHANG Y M, HE X, DU S, et al. Al_2O_3 ceramics preparation by LOM (laminated object manufacturing)[J]. International Journal of Advanced Manufacturing Technology, 2001, 17(7): 531－534.
[30] DAS A, MADRAS G, DASGUPTA N, et al. Binder removal studies in ceramic thick shapes made by laminated object manufacturing[J]. Journal of the European Ceramic Society, 2003, 23(7): 1013－1017.
[31] MCNULTY T F, SHANEFIELD D J, DANFORTH S C, et al. Dispersion of lead zirconate titanate for fused deposition of ceramics[J]. Journal of the American Ceramic Society, 1999, 82(7): 1757－1760.
[32] RANGARAJAN S, GANG Q, VENKATARAMAN N, et al. Powder processing, rheology, and mechanical properties of feedstock for fused deposition of Si_3N_4 ceramics[J]. Journal of the American Ceramic Society, 2000, 83(7): 1663－1669.

[33] LOUS G M, CORNEJO I A, MCNULTY T F, et al. Fabrication of piezoelectric ceramic/polymer composite transducers using fused deposition of ceramics[J]. Journal of the American Ceramic Society, 2000, 83(1): 124-128.
[34] ALLAHVERDI M, DANFORTH, S C, JAFARI M, et al. Processing of advanced electroceramic components by fused deposition technique [J]. Journal of the European Ceramic Society, 2001, 21(10-11): 1485-1490.
[35] BELLINI A, SHOR L, GUCERI S I. New developments in fused deposition modeling of ceramics[J]. Rapid Prototyping Journal, 2005, 11(4): 214-220.
[36] GRIFFITH M L, HALLORAN J W. Freeform fabrication of ceramics via stereolithography[J]. Journal of the American Ceramic Society, 1996, 79(10): 2601-2608.

第2章 光固化陶瓷浆料制备

陶瓷浆料的性质包括固相体积分数、黏度、光固化性能和稳定性，这几种性质对陶瓷光固化成形具有重要的影响。浆料的固相体积分数对最终的零件密度和力学强度有直接影响。在同等条件下，提高浆料的固相体积分数有利于提高陶瓷零件密度和力学强度；反之，则有可能导致陶瓷零件孔隙率大，力学强度不足，还易造成在干燥烧结等后处理工艺中发生较大收缩形变甚至出现裂纹、粉碎等现象。但过高的固相体积分数会导致陶瓷浆料的黏度大幅提高。浆料黏度是流变性的主要指标，也是影响零件成形精度的关键因素。当黏度较低时，浆料能够快速流平，有利于保证成形零件的再涂层精度；而黏度较高时，浆料难以流平，导致涂层厚度不均匀，易发生分层现象。

陶瓷浆料的光固化性能，主要考察的是浆料固化厚度，固化厚度直接影响单层固化的情况，进而影响整个零件的成形精度。固化厚度不足时，陶瓷零件难以成形。陶瓷浆料的稳定性，主要考察的是浆料中陶瓷粉的沉降情况，考察指标是沉降率，沉降现象的本质是由于粉料在悬浊液中受到的重力大于布朗运动作用力所导致的，此现象对陶瓷浆料的稳定性造成影响，最终会影响光固化成形工艺的质量。

预混液中的单体质量分数会影响陶瓷浆料的黏度和光固化性能。陶瓷浆料的粉末粒径和固相体积分数会影响黏度和稳定性，通常情况下，浆料的固相体积分数相同时，粉末粒径越大，黏度越低，稳定性越差；反之，黏度提高，稳定性好。而当粉末粒径相同时，浆料固相体积分数越低，黏度越低，稳定性越差；反之，黏度提高，稳定性好。根据文献中的研究结果，不同粉末粒径之间级配可以改善陶瓷浆料流动性，提高固相体积分数，降低素坯收缩率。分散剂可以起到降低浆料黏度，改善浆料稳定性的作用。

这里主要针对上段提到的影响陶瓷浆料黏度的几个重要因素进行研究，根据研究结果确定光固化氧化锆陶瓷浆料配方和制备流程，之后测定此种陶瓷浆料的流变性和稳定性。

2.1 水基二氧化硅陶瓷浆料制备

2.1.1 实验材料和设备

制备水基陶瓷浆料所需的实验材料及其特性如表 2-1 所示。

表 2-1　实验材料及其性能

实验材料	等级	用途	生产厂家	备注
去离子水	工业级	溶剂	市售	—
硅溶液	工业级	溶剂	济南多维桥	—
丙烯酰胺	分析级	单体	天津科密欧	—
N,N-二甲基双丙烯酰胺	分析级	交联剂	天津科密欧	—
二氧化硅微粉	工业级	陶瓷原料	郑州海龙微粉厂	中径 1.8 μm、5 μm 和 8 μm
六偏磷酸钠	分析级	分散剂	市售	—
聚乙烯吡咯烷酮	分析级	分散剂	市售	—
聚丙烯酸钠	分析级	分散剂	市售	—
Darocur-1173	工业级	光引发剂	靖江宏泰化工	透明液体
Irgacure-2959	工业级	光引发剂	北京英力科技	白色粉末

在表 2-1 中，生产厂家仅提供了陶瓷粉末的中径 D_{50}，未提供陶瓷粉末的粒径分布情况，但陶瓷粉末的粒径分布对于陶瓷浆料的黏度、稳定性都有影响，因此利用激光粒度分析仪对二氧化硅粉末的粒度分布进行测量。图 2-1为 1.8 μm 和 8 μm 二氧化硅陶瓷粉末的粒径分布测量结果。

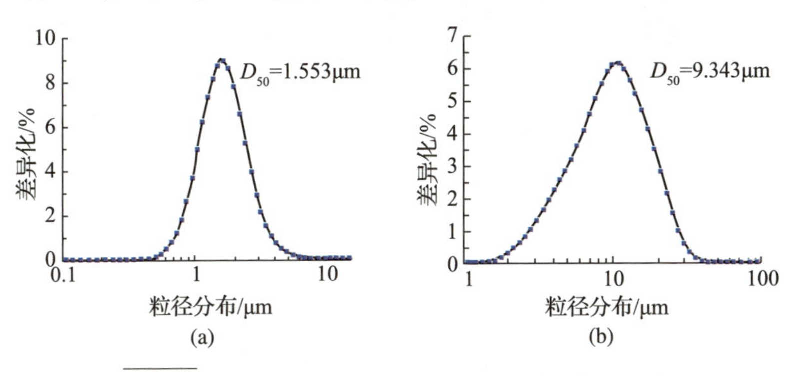

图 2-1　1.8μm 和 8μm 二氧化硅陶瓷粉末的粒径分布

(a)1.8 μm；(b)8 μm。

在制备水基陶瓷浆料过程中，使用的实验设备和仪器如表 2－2 所示。其中，水基陶瓷浆料光固化成形的实验平台为 SPS450B 型光固化成形机(陕西恒通智能机器公司)，为便于开展实验，设计了一个小型树脂槽，图 2－2 为搭建的实验平台。

表 2－2　实验设备与仪器

实验设备	型号	生产厂家	用途
球磨机	KQM－X4Y/B	陕西金宏机械厂	陶瓷浆料制备
黏度计	NDJ－8S	上海精密仪器制造有限公司	黏度测量
电子天平	JD300－3	上海精密仪器制造有限公司	微量物品精密称量
激光粒度分析仪	RS－2800	济南润之科技有限公司	陶瓷粉末粒径分布测量
光固化成形机	CPS250	陕西恒通智能机器公司	浆料光固化特性实验
光固化成形机	SPS450B	陕西恒通智能机器公司	陶瓷浆料成形
千分尺	0～500mm	上海恒量量具有限公司	尺寸测量
阿贝折射仪	2WAJ	上海申光仪器仪表有限公司	测量溶液折射率

(a)

(b)

图 2－2　搭建的实验平台

(a)光固化成形机；(b)设计的小型树脂槽。

2.1.2　黏度

为使陶瓷浆料具有良好的流平性，必须使其具有较低的黏度。影响陶瓷浆料黏度的因素远比均匀液相复杂，其中包括分散剂、陶瓷粉末固相体积分数、粒径大小、pH 值等，下文研究这些因素对于陶瓷浆料黏度的影响规律。

1. 分散剂

选择六偏磷酸钠(sodium hexametaphosphate，SHMP)、聚乙烯吡咯烷酮(polyvinylpyrrolidone，PVP)及聚丙烯酸钠(sodium polyacrylate，PAAS)3 种常用分散剂比较分散效果。实验条件：单体质量分数 30%，单体丙烯酰胺(AM)和交联剂 N,N－亚甲基双丙烯酰胺(MBAM)的质量比为 9∶1，二氧化硅陶瓷粉末粒径 1.8μm，固相体积分数 40%，将陶瓷粉末分批加入预混液中球磨 6h，温度25℃。按照不同的比例加入分散剂，球磨后利用 NDJ－8S 黏度计测量其黏度，实验结果如表 2－3 所示。

根据表 2－3 中的数据可得图 2－3 所示的分散剂分散效果对比。

表 2－3　不同分散剂下陶瓷浆料的黏度

分散剂质量分数/%	陶瓷浆料黏度/(mPa·s)		
	PVP	PAAS	SHMP
0	1473	1479	1464
0.1	1122	588	1269
0.2	924	345	1137
0.3	579	264	855
0.4	594	396	687
0.6	528	555	576
0.8	480	885	912
1.0	612	1701	1560

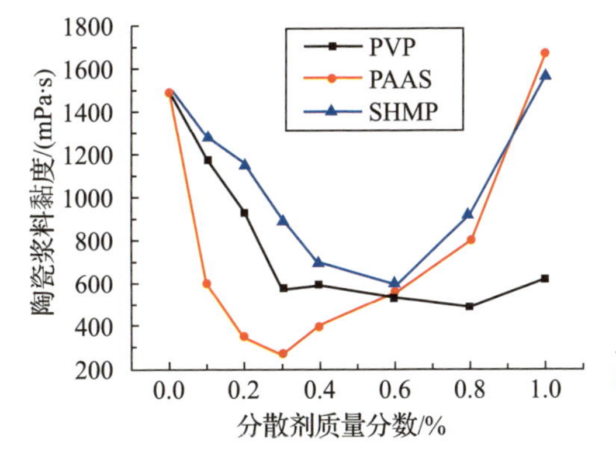

图 2－3
3 种常用分散剂分散效果对比

在分子链发生交叠时，还可引入空间排斥作用，阻止陶瓷颗粒间的团聚，使陶瓷浆料的黏度降低，因此聚丙烯酸钠的分散效果优于六偏磷酸钠和聚乙烯吡咯烷酮；随着陶瓷浆料中聚丙烯酸钠质量分数增加，被聚丙烯酸根包覆的陶瓷粉末增加，陶瓷粉末间的静电斥力和空间位阻作用改善了陶瓷粉末的分散效果，使陶瓷浆料的黏度逐渐降低；当聚丙烯酸钠质量分数超过 0.3% 后，陶瓷粉末对于聚丙烯酸根的吸附达到饱和；聚丙烯酸钠质量分数继续增加，聚丙烯酸根的长链结构会在陶瓷颗粒间形成桥接，使陶瓷浆料黏度增加，C. Hinczewski 和 S. Corbel 等的实验也证实了这个结果，因此在后续实验中采用聚丙烯酸钠作为分散剂。

2. 陶瓷粉末粒径及级配

陶瓷粉末粒径是影响陶瓷浆料黏度的一个重要因素，这已被国内外研究者证实[1-2]。实验条件：将陶瓷粉末粒径 1.8 μm、5 μm 和 8 μm 与单体质量分数 30%，AM 与 MBAM 的质量比为 9：1 的预混液混合，分散剂采用聚丙烯酸钠，质量分数为 0.3%，制备固相体积分数不同的陶瓷浆料。图 2-4 为陶瓷粉末粒径对陶瓷浆料黏度的影响规律。

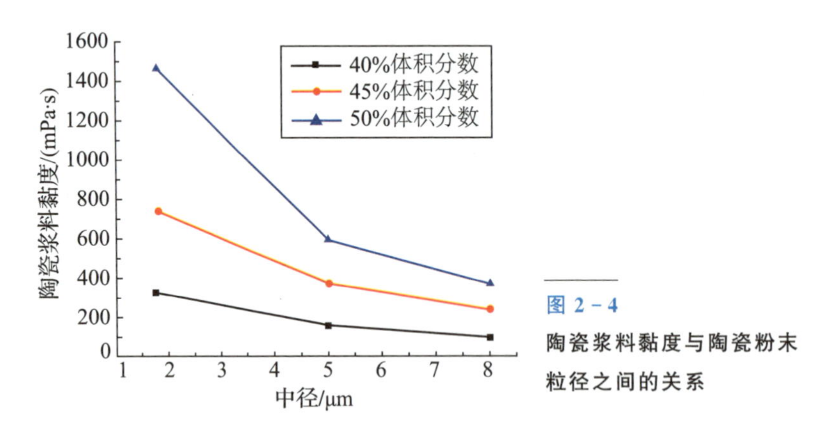

图 2-4 陶瓷浆料黏度与陶瓷粉末粒径之间的关系

从图 2-4 可知，在相同体积分数下，陶瓷粉末粒径增加使陶瓷浆料黏度迅速降低。其原因在于，当陶瓷粉末在水中分散时，会在粉末表面形成一层水膜，细粉末颗粒的比表面积大于粗粉末颗粒，因此在陶瓷粉末体积分数相同的条件下，细颗粒吸附的水膜总量多，从而使陶瓷浆料中的自由水减少，粉末间的摩擦力增加，导致陶瓷浆料的黏度增加。陶瓷粉末间的级配（质量比）是提高陶瓷浆料固相体积分数的有效手段[3-4]，A. A. Zaman 和

C. S. Dutucher 认为双峰分布颗粒有助于降低陶瓷浆料黏度[5]。为此选择 1.8 μm和 8 μm 两种陶瓷粉末，研究不同级配对陶瓷浆料黏度的影响。实验条件：预混液中单体质量分数 25%，甘油质量分数 20%；将 8 μm 和 1.8 μm 两种粉末进行级配，两者质量比从 4∶6 变至 9∶1，固相体积分数 50%。将陶瓷粉末逐批加入预混液中，球磨后得到均匀分散的陶瓷浆料，图 2-5 为陶瓷粉末级配对陶瓷浆料黏度的影响。

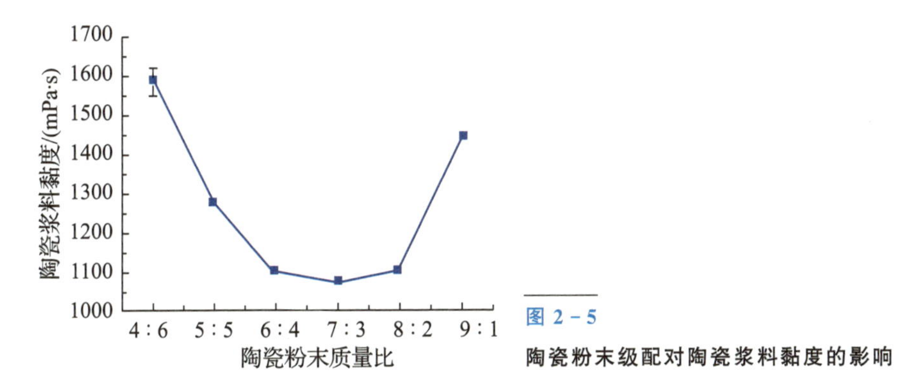

图 2-5

陶瓷粉末级配对陶瓷浆料黏度的影响

由图 2-5 可知，陶瓷浆料的黏度随 8 μm 和 1.8 μm 两种粉末质量比的改变先降低而后增加，当两者质量比为 7∶3 时，二氧化硅陶瓷浆料的黏度最低，其黏度为 219mPa·s。其原因在于随着陶瓷浆料中粗颗粒的增加，其中的自由水相对增加，因此陶瓷颗粒间的摩擦减小，陶瓷浆料的黏度降低，当陶瓷浆料中粗颗粒超过 80%，陶瓷浆料的流变类型发生变化，由 Bingham 流体变为膨胀性流体，因此陶瓷浆料的黏度增加。因此在后续实验中均采用 8 μm和 1.8 μm 两种粉末，且其质量比为 7∶3。

3. 陶瓷粉末固相体积分数

随着固相体积分数的增加，影响陶瓷浆料黏度的主要因素由预混液黏度转变为陶瓷粉末的固相体积分数。实验条件：预混液中 AM 和 MBAM 的质量比为 9∶1，二者在预混液中的质量分数为 30%，二氧化硅粉末有 1.8 μm、5 μm和 8 μm 三种，分散剂为聚丙烯酸钠，其占粉末质量分数的 0.3%。制备不同固相体积分数下的陶瓷浆料并测其黏度，实验结果如表 2-4 所示。

由表 2-4 可得二氧化硅陶瓷浆料黏度与陶瓷粉末固相体积分数的关系曲线，见图 2-6。

表 2-4　二氧化硅粉末固相体积分数对陶瓷浆料黏度的影响

固相体积分数/%	陶瓷浆料黏度/(mPa·s)		
	中径 8μm	中径 5μm	中径 1.8μm
40	20	25	25
45	55	65	120
47	80	80	200
50	160	175	440
52	225	300	720
54	385	640	1160
55	565	1150	1680

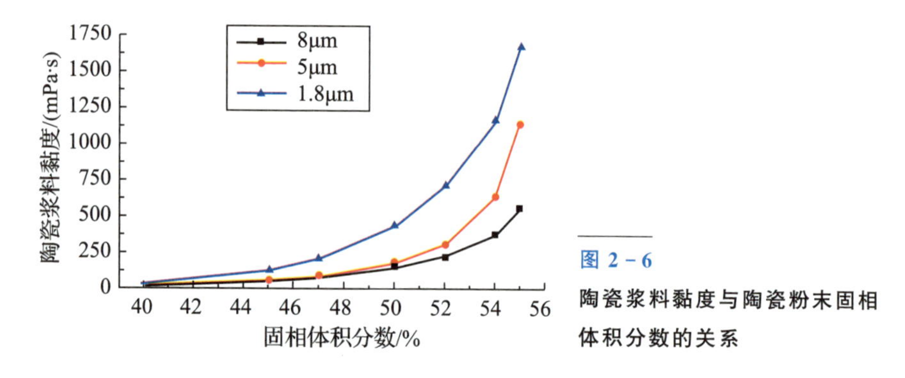

图 2-6
陶瓷浆料黏度与陶瓷粉末固相体积分数的关系

由图 2-6 可知，对于不同粒径的二氧化硅陶瓷粉末，陶瓷浆料黏度均随陶瓷粉末固相体积分数的增加而增加，尤其是当二氧化硅陶瓷粉末固相体积分数超过 50%时，陶瓷浆料的黏度呈指数关系增加，这个规律已被不同的研究者证实[6-7]。在陶瓷浆料球磨过程中，陶瓷颗粒充分分散，其表面吸附了大量有机高分子和水分子，随着陶瓷粉末增加，被吸附的液体总量增加，自由水相对减少，同时陶瓷浆料中颗粒间的距离变小，吸附在颗粒表面的有机物链相互搭接，使陶瓷颗粒间的摩擦力增加，因此陶瓷浆料的黏度增加[8]。

4. pH 值

根据 DLVO① 理论，通过改变陶瓷浆料的 pH 值可影响陶瓷浆料的 ζ 电

① 一种关于胶体稳定性的理论，是带电胶体溶液理论的经典描述分析。由德亚盖因(Derjguin)和兰多(Landau)于 1941 年，弗韦(Verwey)与奥弗比克(Overbeek)于 1948 年各自提出。因此，通常以 4 人名字的首字母命名该理论。

位，进而影响陶瓷浆料的黏度，因此下文研究陶瓷浆料的黏度与其 pH 值之间的关系。实验条件：陶瓷粉末体积分数 40%，陶瓷粉末粒径 5 μm，预混液中单体质量分数 30%，单体和交联剂比例为 9∶1，分散剂采用聚丙烯酸钠，占陶瓷粉末质量的 0.3%。在二氧化硅陶瓷浆料中添加 0.1mol/L 的氢氧化钠溶液来调节陶瓷浆料的 pH 值，测量二氧化硅陶瓷浆料的黏度随 pH 值变化的关系规律，实验结果如表 2-5 所示。

表 2-5　陶瓷浆料黏度与 pH 值的关系

pH 值	黏度/(mPa·s)	标准差
7	264	3.325
8	208	2.875
9	186	2.725
10	258	3.200

由表 2-5 可得二氧化硅陶瓷浆料黏度与其 pH 值间的关系曲线，如图 2-7所示。

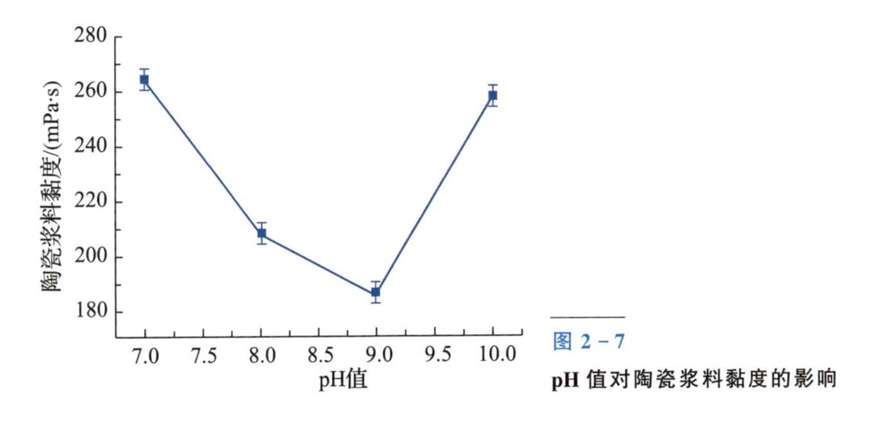

图 2-7
pH 值对陶瓷浆料黏度的影响

由图 2-7 可知，二氧化硅陶瓷浆料的黏度随 pH 值的增加呈现先降低后增加的现象，当 pH 值为 9.0 时，陶瓷浆料的黏度达到最小值。其原因在于 SiO_2 在水介质中的等电点约等于 2，当 pH 值小于 3，颗粒表面的 ζ 电位绝对值较小，粒子间的静电斥力不足以与粒子间的引力相抗衡，分散稳定性较差；当 pH 值大于 3 以后，随着 pH 值增加，二氧化硅陶瓷颗粒表面的 ζ 电位绝对值不断增大，颗粒间的静电斥力增加，使粒子相对独立，分散性改善，陶瓷浆料的黏度降低；pH 值在 9～11 之间时，ζ 电位的绝对值达到最大值，浆料中陶瓷颗粒间的静电排斥力也达到最大，陶瓷颗粒的分散性最好，从而在此范围内，陶瓷浆料的黏度最小。当 pH 值继续增加，pH 调整剂(NaOH)的质量分数增加，压缩双电层厚度，ζ 电位绝对值开始降低，静电斥力减小，使陶瓷浆料分散性变差，陶瓷浆料黏度增加[9]。

5. 预混液质量分数

预混液的黏度越低，高固相陶瓷浆料的黏度越低。影响预混液黏度的因素主要是甘油和丙烯酰胺单体质量分数，下面讨论这两个因素对陶瓷浆料黏度的影响。

1)单体的质量分数

单体和交联剂二者用量之和在预混液中所占质量分数为单体质量分数。实验条件：陶瓷粉末体积分数 40%，粒径 5 μm，甘油质量分数 10%，陶瓷浆料单体质量分数从 25%增至 50%，间隔 5%，制备 5 组水基陶瓷浆料，测量陶瓷浆料的黏度，单体质量分数对于陶瓷浆料的黏度的影响规律如图 2－8 所示。

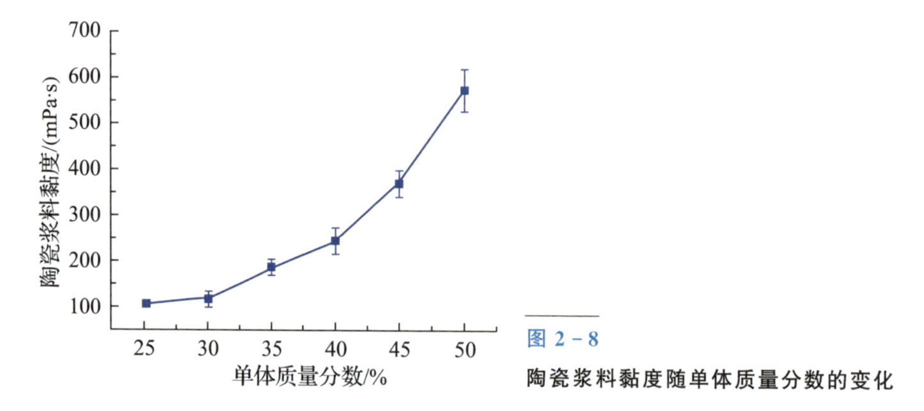

图 2－8
陶瓷浆料黏度随单体质量分数的变化

由图 2－8 可知，当单体 AM 质量分数位于 25%～50%范围内时，随着单体质量分数的增加，陶瓷浆料的黏度迅速增加，尤其是当单体 AM 的质量分数超过 45%后，陶瓷浆料的黏度基本呈指数增长。由于陶瓷浆料黏度越低，流平性越好，有利于陶瓷浆料的铺层，因此在满足陶瓷浆料固化特性的前提下，尽量选择较低的单体 AM 质量分数。一般情况下，单体质量分数可选为25%～40%。

2)甘油质量分数

甘油在水基陶瓷浆料中的主要作用是调整预混液的折射率，但是其黏度较高，可使预混液黏度增加。实验条件：陶瓷粉末粒径 5 μm，固相体积分数 40%，单体质量分数 30%，预混液中单体和交联剂比例 9∶1，将甘油质量分数从 0%增至 30%，制备均匀分散的水基陶瓷。由图 2－9 可知，二氧化硅陶瓷浆料黏度随甘油质量分数增加而迅速增加，尤其是甘油质量分数大于 20%后，陶瓷浆料黏度的增加几乎呈指数关系。因此预混液中甘油的质量分数最好低于 20%。M. L. Griffith 认为低黏度的预混液能获得低黏度的陶瓷浆料[10]，这与本书的研究结果相符。

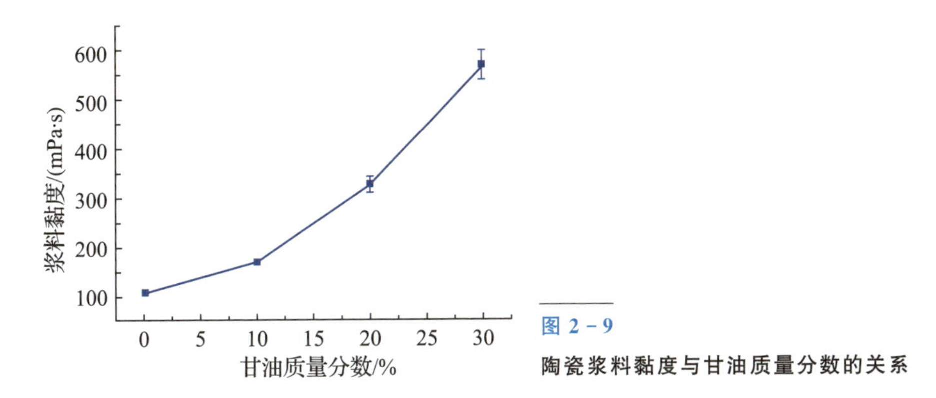

图 2－9
陶瓷浆料黏度与甘油质量分数的关系

本节研究了分散剂、陶瓷粉末粒径及级配、固相体积分数等因素对于陶瓷浆料黏度的影响规律，研究发现陶瓷粉末的固相体积分数、粒径大小和分散剂是影响陶瓷浆料黏度的主要因素，国外研究者提出了多种陶瓷浆料的经验公式[11-12]，均以固相体积分数作为主要参数。研究结果表明：聚丙烯酸钠作为一种聚电解质分散剂，具有静电-位阻稳定机制，可取得最佳的分散效果，其合适的加入量为陶瓷粉末质量的 0.3%。John W. Halloran 认为0.05 μm至10 μm 是合适的陶瓷粉末粒径范围[6]，陶瓷粉末不仅易于烧结，而且陶瓷浆料不易沉降，因此选择 1.8 μm、5 μm 和 8 μm 3 种粒径的陶瓷粉末研究水基陶瓷浆料的制备工艺，研究发现当在 8 μm 和 1.8 μm 两种粒径间进行级配，两者质量比为 7∶3 时，高固相体积分数(50%)的二氧化硅陶瓷浆料黏度最低。由于使用的硅溶胶呈碱性，其 pH 值在 9 附近，因此可满足降低陶瓷浆料黏度的要求，在制备过程无须加入 NaOH 调整水基陶瓷浆料的 pH 值。单体和甘油的质量分数主要改变预混液黏度，进而影响陶瓷浆料的黏度，根据实验结果，单体质量分数一般选择 25%～40%，而甘油质量分数一般为 20%以下，以避免预混液黏度的快速增加。

2.1.3 光固化特性

在陶瓷光固化工艺中，一般通过测量陶瓷浆料的固化厚度可以快速判断该浆料是否满足光固化成形要求，而穿透深度和临界曝光量则是反映陶瓷浆料光固化特性的两个重要参数，因此本节将水基陶瓷浆料的固化厚度、穿透深度和临界曝光量作为评价其光固化特性的性能指标。由于激光扫描速度、陶瓷颗粒的散射、光引发剂的吸收及单体质量分数等因素都会影响激光的曝光量在陶瓷浆料的分布及陶瓷浆料的固化过程，因此下面将研究这些工程因素对陶瓷浆料单层固化厚度、光敏参数的影响规律，作为优化陶瓷浆料配方的依据。陶瓷浆料光敏参数(即穿透深度和临界曝光量)测量采用与光敏树脂相同的 Windowpans 方法。

1. 光引发剂

光引发剂是影响聚合反应速率和聚合物相对分子量的重要因素，因此下文研究光引发剂对于陶瓷浆料光固化特性的影响。选择两种常用光引发剂 2-羟基-2-甲基-1-苯基-1-丙酮(1173)和 2-羟基-4-(2-羟乙氧基)-2-甲基苯丙酮(2959)对比水基陶瓷浆料的固化效果。实验条件：陶瓷粉末固相体积分数 50%，粉末粒径为 8μm 和 1.8μm，两者质量比为 7:3，有机单体质量分数 30%；逐次加入光引发剂，然后将陶瓷浆料在光固化成形机上进行单层固化；扫描速度 100mm/s，扫描线间距 0.1mm，采用光引发剂 2959 时激光功率为 270mW，采用光引发剂 1173 时激光功率为 190mW，将获得的单层干燥后测量其单层的固化厚度，图 2-10 为陶瓷浆料固化单层及其厚度与光引发剂质量分数的关系。

由图 2-10 可知，随着光引发剂 2959 质量分数的增加，陶瓷浆料固化厚度随之增加，当光引发剂质量分数达到预混液质量的 3.5%时，固化厚度达到最大值 0.390mm，然后随光引发剂质量分数增加而下降。其原因在于光引发剂质量分数的增加使单位体积内产生的自由基数量增加，聚合反应速率提高，更多单体参与链式反应，使陶瓷浆料的固化厚度增加；但是当光引发剂质量分数继续增加时，陶瓷浆料表面光引发剂的吸收作用使入射激光严重衰减，导致陶瓷浆料固化厚度降低。光引发剂 1173 对固化厚度的影响与其相似，但是两者的固化厚度、曝光量和质量分数不同。1173 的质量分数达到 1.6%时，固化厚度达到最大值 0.520mm。由图 2-10(b)知，光引发剂 1173 质量分数位于 0.8%～2.0%范围内，水基陶瓷浆料的固化厚度仅有小幅变化，因此在后续实验中采用光引发剂 1173，其质量分数范围为 0.8%～2.0%。

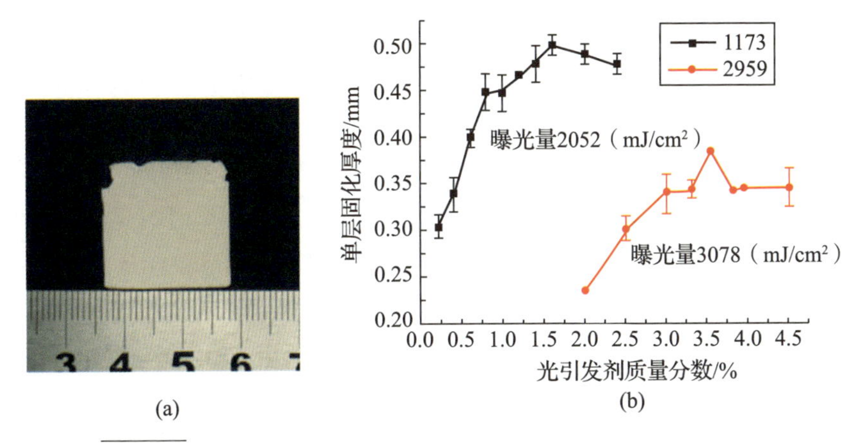

图 2-10　陶瓷浆料固化单层及其厚度与光引发剂质量分数的关系

(a)固化单层；(b)光引发剂质量分数对单层固化厚度的影响。

下文研究光引发剂质量分数对陶瓷浆料光敏参数的影响。实验条件同上，光引发剂质量分数选择 0.5%至 2.0%，间隔 0.5%。图 2-11 为不同光引发剂质量分数下单层固化厚度随曝光量的变化关系及由此得到光敏参数与光引发剂质量分数的变化。

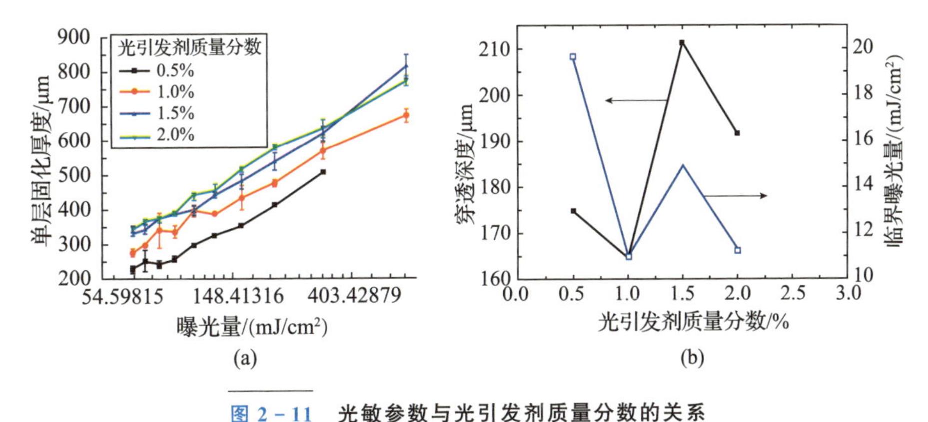

图 2-11　光敏参数与光引发剂质量分数的关系

(a)固化厚度与曝光量的关系；(b)光敏参数与光引发剂质量分数。

由图 2-11(a)可知，当光引发剂 1173 质量分数在 0.5%～2.0%范围内，水基陶瓷浆料的单层固化厚度与曝光量对数值成正比。在不同引发剂质量分数下，单层固化厚度曲线的斜率基本相同，但其截距随光引发剂 1173 质量分数增加而减小。由此可知，在上述实验条件下，陶瓷浆料的穿透深度无明显变化，而临界曝光量随光引发剂质量分数增加而减小。利用 Windowpans 方法对图 2-11(a)中数据进行拟合得到图 2-11(b)，可发现随着光引发剂 1173 质量分数的增加，陶瓷浆料的穿透深度从 165μm 增至 210μm，但是临界曝光量则从20mJ/cm^{2}降至 11mJ/cm^2，穿透深度仅出现波动，而临近曝光量则降至原来的 50%，这个结果与前述分析基本相符。其原因在于光引发剂质量分数的增加，使单位体积陶瓷浆料内自由基的质量分数增加，参与反应的有机单体多，使聚合产物的相对分子量快速到达凝胶态，因此陶瓷浆料的临界曝光量降低[13]；光引发剂质量分数对光敏材料穿透深度的影响原因可能在于水基陶瓷浆料的临界曝光量降低使入射激光的曝光量在降为液面曝光量的 1/e 前，可传播更远距离。

2. 单体质量分数和单体与交联剂比例

单体质量分数和单体与交联剂的比例影响到链式反应过程及其聚合产物相对分子量，从而影响到预混液和陶瓷浆料的固化厚度，下文研究两者对固化厚度的影响。

首先研究预混液的固化厚度与单体质量分数之间的关系。实验步骤：将单体 AM 与交联剂 MBAM 加入去离子水中使其完全溶解，质量比为 9∶1；然后在预混液中加入光引发剂 1173，其加入量为预混液质量的 0.8%；最后将预混液在光固化成形机上直接固化，将固化后的单层预混液小心取出，利用千分尺测量固化厚度。实验平台采用 CPS250B 型光固化成形机，紫外光源功率 15mW，光斑直径 0.2mm。表 2-6 为单体质量分数对于预混液固化厚度的影响。

表 2-6　预混液随单体质量分数增加时的固化厚度

单体质量分数/%	预混液固化厚度/mm		
	扫描速度 10mm/s	扫描速度 20mm/s	扫描速度 50mm/s
30	3.54	2.52	0.98
35	3.98	2.88	1.08
40	4.36	3.16	1.20
45	4.68	3.46	1.38
50	4.92	3.68	1.50

由表 2-6 可得出预混液的固化厚度与单体质量分数之间的关系如图 2-12 所示。

图 2-12 中可看出，预混液固化厚度与单体质量分数基本呈正比，随扫描速度增加而降低。其原因在于单体质量分数的增加可使聚合反应速率提高，同时单位体积内参与链式反应的单体增多，聚合产物分子量随单体质量分数升高而增大[14]，因此预混液的固化厚度增加。与预混液不同，陶瓷浆料中陶瓷颗粒的散射作用将会影响陶瓷浆料的固化厚度，下文研究单体质量分数对陶瓷浆料固化厚度的影响。实验条件：单体丙烯酰胺与交联剂 N,N-亚甲基双丙烯酰胺的质量比为 9∶1，陶瓷粉末中径 D_{50} 为 1.8 μm，体积分数为 50%。表 2-7 为单体质量分数对陶瓷浆料固化厚度影响的实验结果。

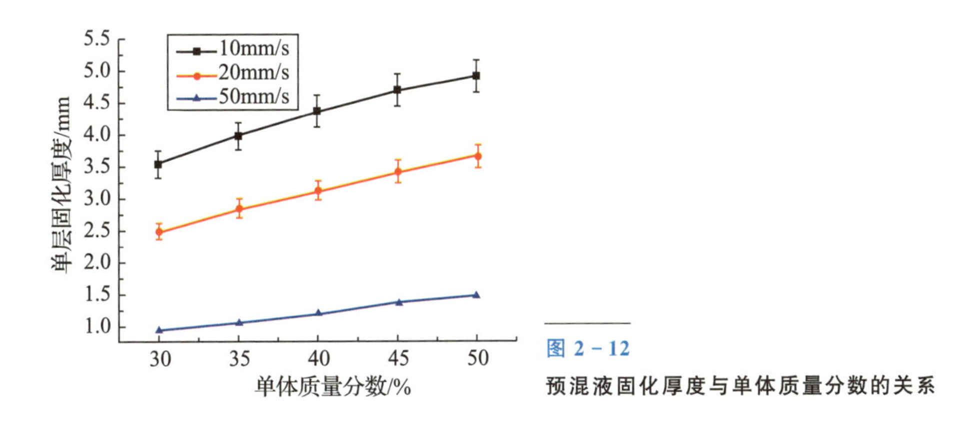

图 2-12
预混液固化厚度与单体质量分数的关系

表 2-7　不同单体质量分数时陶瓷浆料的固化厚度

单体质量分数/%	陶瓷浆料固化厚度/mm		
	扫描速度 10mm/s	扫描速度 20mm/s	扫描速度 50mm/s
30	0.203	0.171	0.122
35	0.241	0.207	0.149
40	0.273	0.232	0.173
45	0.296	0.249	0.187
50	0.300	0.262	0.195

根据表 2-7 可得二氧化硅陶瓷浆料固化厚度与单体质量分数之间的关系，如图 2-13 所示。

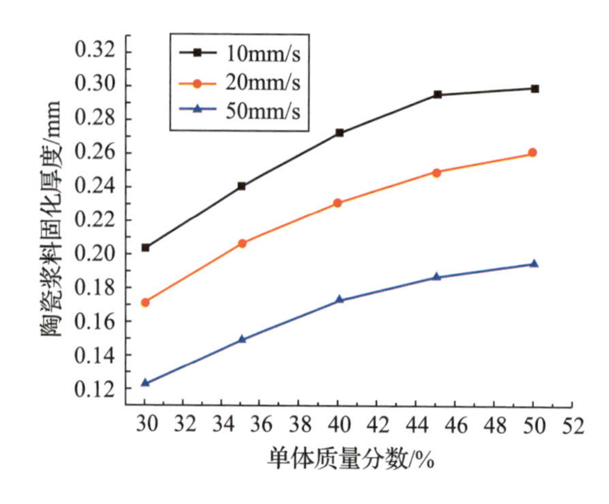

图 2-13
陶瓷浆料固化厚度与单体质量分数的关系

由图 2-13 可知，陶瓷浆料固化厚度随着单体质量分数增加而增加，与图 2-12 类似，但是预混液和陶瓷浆料两者之间的固化厚度随单体质量分数的趋势变化不同，一是预混液固化厚度与单体质量分数基本呈线性关系，而陶瓷浆料固化厚度在单体质量分数小于 40%时基本呈线性关系，而当单体质量分数大于 40%后，固化厚度的增长低于预期的线性增长；二是预混液固化厚度远大于陶瓷浆料固化厚度，陶瓷浆料固化厚度仅为预混液固化厚度的 1/15～1/20，这应该是陶瓷颗粒散射造成的结果。陶瓷浆料固化厚度随单体质量分数增加而增加的可能原因在于预混液的折射率随单体质量分数增加而增加，从而使陶瓷浆料的固化厚度增大[1]。预混液折射率采用阿贝折射仪测量，预混液折射率随单体质量分数变化的实验结果如表 2-8 所示。

表 2-8　预混液折射率与单体质量分数的关系

单体质量分数	0%	10%	20%	30%	40%	50%
预混液折射率	1.3325	1.3493	1.3659	1.3824	1.3991	1.4159

下文研究单体质量分数对陶瓷浆料光敏参数的影响，实验条件同上，通过调整扫描速度改变陶瓷浆料液面的曝光量，在每个曝光量下制备 5 个试样，待干燥后测量陶瓷浆料单层固化厚度，陶瓷浆料单层固化厚度和曝光量之间的关系如图 2-14 所示。

由图 2-14(a)无法推断穿透深度的变化规律，但可发现临界曝光量应随单体质量分数增加而下降，图 2-14(b)证实陶瓷浆料的穿透深度和临界曝光量均随单体质量分数增加而降低。其原因在于单体质量分数的增加使单位体积内参与链式反应的单体增多，聚合反应速率提高，因此仅需更低的曝光量就可使陶瓷浆料出现凝聚态，代表临界曝光量降低。穿透深度降低的原因在于单体质量分数的增加使链式反应速度加快，上层固化后阻碍了入射激光在陶瓷浆料中的传播，因此陶瓷浆料的穿透深度下降。

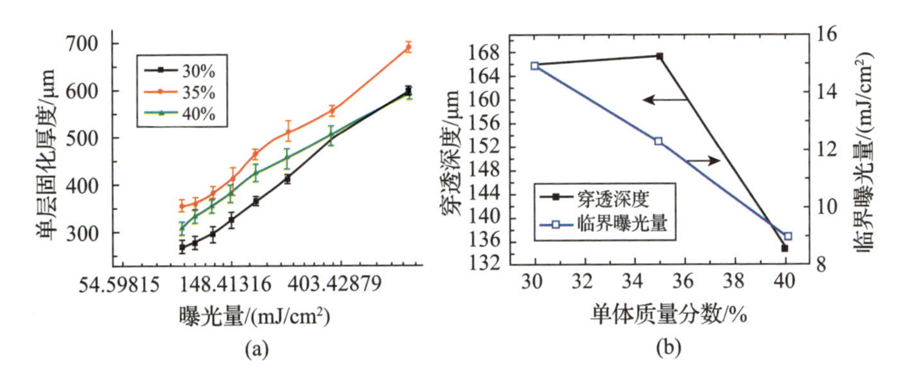

图 2-14　不同单体质量分数下陶瓷浆料单层固化厚度与曝光量的关系

(a)陶瓷浆料单层固化厚度与曝光量的关系；(b)单体质量分数对光敏参数的影响。

根据表 2-9 中数据可得预混液中单体与交联剂质量比和陶瓷浆料固化厚度之间的关系曲线，如图 2-15 所示。

表 2-9　单体与交联剂质量比对陶瓷浆料固化厚度的影响

单体与交联剂质量比	4：1	9：1	24：1	49：1
固化厚度/mm	0.20	0.191	0.184	0.176

由图 2-15 可知，陶瓷浆料单层固化厚度随着单体与交联剂质量比增加而降低。其原因在于 AM 长链和 MBAM 发生交联反应得到三维网状聚合物[15]，随着 AM 和 MBAM 两者质量比的变化，MBAM 在预混液中的质量分数降低，使聚合产物中交联反应所得的聚丙烯酰胺水凝胶减少，而 AM 间的链式反应所得的长链具有良好的水溶性，故陶瓷浆料的固化厚度随 AM 和 MBAM 质量比增大(由 4：1 变至 49：1)而降低。由于交联剂 MBAM 在水中的溶解度仅为 0.01～0.1g/(100mL)(18℃)，当 AM 和 MBAM 质量比为4：1 时，MBAM 在水中完全溶解难度较大；当 AM 和 MBAM 质量比为 49：1 时，AM 和 MBAM 聚合产物固化强度较低，且陶瓷浆料的固化厚度太低，因此单体与交联剂质量比宜选择在 9：1 和 24：1 之间。

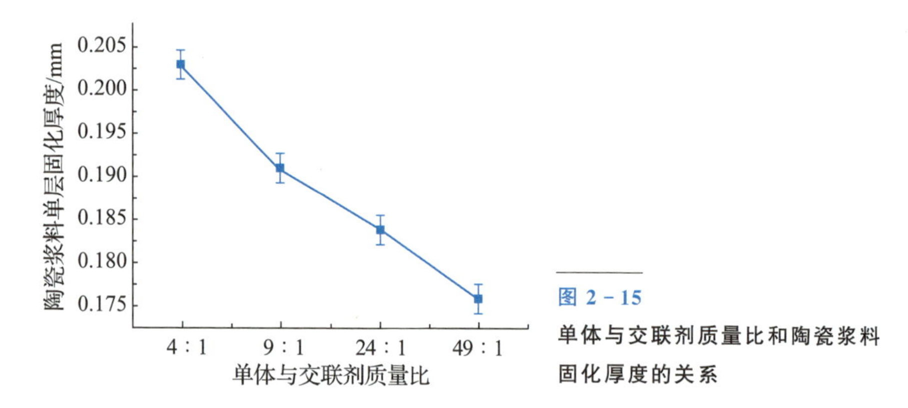

图 2－15 单体与交联剂质量比和陶瓷浆料固化厚度的关系

下一步研究单体与交联剂质量比对陶瓷浆料光敏特性的影响。实验条件：单体质量分数 30%，甘油质量分数 20%，陶瓷粉末体积分数 50%，陶瓷粉末为 8μm 和 1.8μm 两者的混合，其质量比为 7：3。选择 AM 和 MBAM 质量比为 4：1、9：1 和 19：1。实验设备采用 SPS450B 型光固化成形机，激光功率 105mW，通过改变扫描速度调整入射激光的曝光量，每组实验重复 5 次，将得到的固化单层干燥后测量固化厚度。图 2－16 为单体与交联剂质量比对陶瓷浆料单层固化厚度和光敏参数的影响。

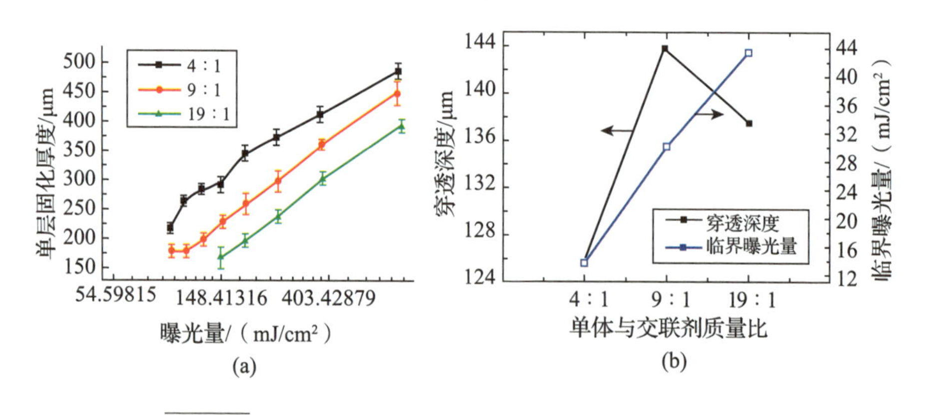

图 2－16 单体与交联剂质量比对陶瓷浆料光敏参数的影响

(a)单层固化厚度与曝光量的关系；(b)单体与交联剂质量比和光敏参数的关系。

由图 2－16(a)可知，随着单体 AM 与交联剂 MBAM 的质量比由 4：1 变 19：1，陶瓷浆料的固化厚度与曝光量间的曲线斜率相近，说明陶瓷浆料的穿透深度无显著变化，x 轴上的截距变化说明随两者质量比由 4：1 变至 19：1，水基陶瓷浆料的临界曝光量增加。由图 2－16(b)可知，陶瓷浆料的穿透深度和临界曝光量均随质量比的变化而增加，可见上述推断基本正确。而关于单体与交联剂质量比对陶瓷浆料光敏参数影响的研究尚未见到报道。

3. 甘油质量分数

陶瓷浆料固化厚度和陶瓷粉末与预混液折射率差的平方的倒数成正比，即微粒与周围媒介的折射率差会影响陶瓷浆料对入射激光的消光效果，因此要增加陶瓷浆料固化厚度，可从减小陶瓷粉末和预混液二者的折射率之差着手。二氧化硅陶瓷粉末的折射率无法改变，而预混液折射率可通过增加预混液中甘油质量分数来提高，下文研究增加甘油对固化厚度的影响。实验条件：单体质量分数 40%，预混液中加入不同比例的甘油后，利用阿贝折射仪测量预混液的折射率，实验结果如表 2-10 所示。

表 2-10　预混液折射率与甘油质量分数的关系

甘油质量分数/%	0	10	20	30	40
预混液折射率	1.3991	1.4069	1.4150	1.4238	1.4322

根据表 2-10 数据可知预混液的折射率随甘油质量分数增加而增加。表 2-11给出了预混液中陶瓷浆料固化厚度与甘油质量分数的关系，实验条件：单体质量分数为 40%，单体与交联剂质量比为 9∶1，陶瓷粉末中径 D_{50} 为 1.8μm，陶瓷粉末体积分数为 45%，实验平台采用 CPS250B 型光固化成形机。根据表 2-11可得陶瓷浆料固化厚度与甘油质量分数间的关系曲线，如图 2-17 所示。

表 2-11　陶瓷浆料固化厚度与甘油质量分数的关系

甘油质量分数/%	陶瓷浆料固化厚度/mm			
	扫描速度 10mm/s	扫描速度 20mm/s	扫描速度 50mm/s	扫描速度 80mm/s
0	0.225	0.211	0.180	0.157
10	0.279	0.245	0.198	0.170
20	0.289	0.263	0.220	0.191
30	0.327	0.279	0.231	0.200

由图 2-17 可知，陶瓷浆料的固化厚度随预混液中甘油质量分数增加而增加，这说明缩小陶瓷粉末和预混液间折射率差确实可以增加陶瓷浆料的固化厚度。其原因在于通过提高预混液的折射率，缩小预混液和陶瓷粉末间折射率差，可改变入射激光的散射，使其前向散射增强，从而使陶瓷浆料的固化厚度增加。

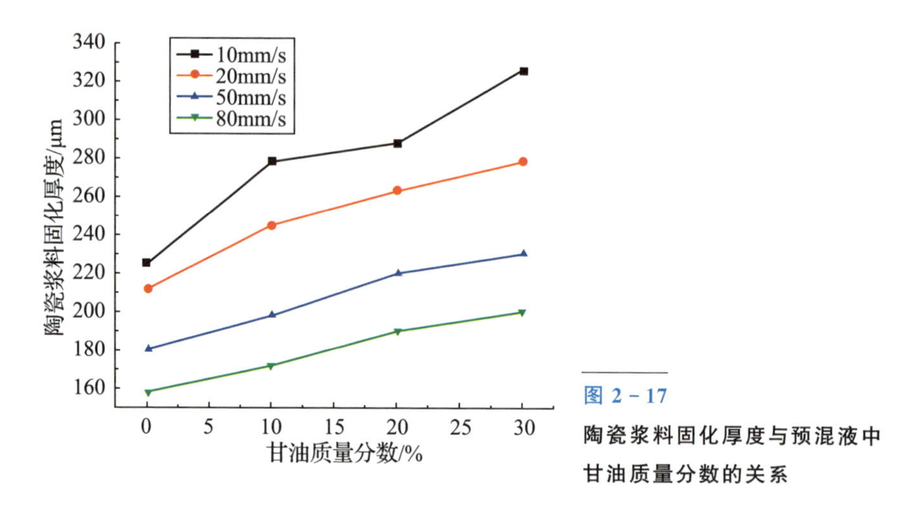

图 2-17
陶瓷浆料固化厚度与预混液中甘油质量分数的关系

4. 陶瓷粉末固相体积分数

水基陶瓷浆料中陶瓷粉末的散射使陶瓷浆料的固化厚度显著降低，H. Liao 研究了树脂基陶瓷浆料中固相体积分数对陶瓷浆料穿透深度的影响，但是未讨论临界曝光量的变化规律，因此下文研究陶瓷粉末固相体积分数对陶瓷浆料的固化厚度及光敏参数的影响。实验平台采用 CPS250B 型光固化成形机，陶瓷浆料配方：单体质量分数为 30%，单体与交联剂质量比为 9∶1，制备 3 种不同粒径的陶瓷浆料，紫外线扫描速率为 20mm/s。表 2-12给出了水基陶瓷浆料固化厚度随固相体积分数的变化关系。

表 2-12　水基陶瓷浆料固化厚度与固相体积分数之间的关系

固相体积分数/%	陶瓷浆料固化厚度/mm		
	粒径 1.8μm	粒径 5μm	粒径 8μm
40	0.239	0.288	0.375
45	0.215	0.262	0.342
47	0.203	0.250	0.320
50	0.191	0.236	0.304
52	0.182	0.225	0.293

根据表 2-12 数据可得到图 2-18 所示曲线，随着陶瓷粉末体积分数增加，陶瓷浆料的固化厚度随之迅速下降。导致这种现象产生的原因是随着陶瓷浆料中陶瓷粉末固相体积分数的增加，陶瓷颗粒间的距离减小，使得入射

激光在陶瓷浆料传播过程中产生多次散射，使入射激光的前向散射强度降低，从而造成固化厚度下降。

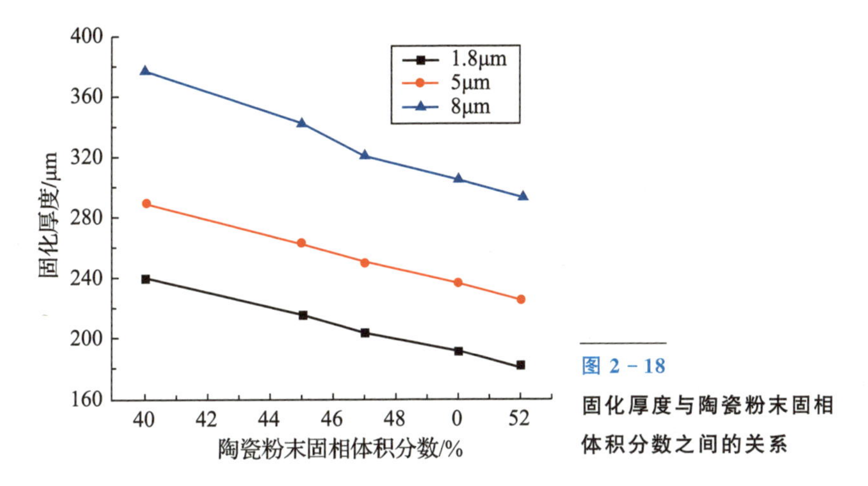

图 2-18　固化厚度与陶瓷粉末固相体积分数之间的关系

下文讨论陶瓷浆料光固化特性与固相体积分数的变化规律。实验条件：单体质量分数 30%，AM 和 MBAM 比为 19∶1，固相体积分数 50%、35% 和 40%，陶瓷粉末粒径 5 μm。图 2-19 为陶瓷浆料单层固化厚度与光敏参数的关系。

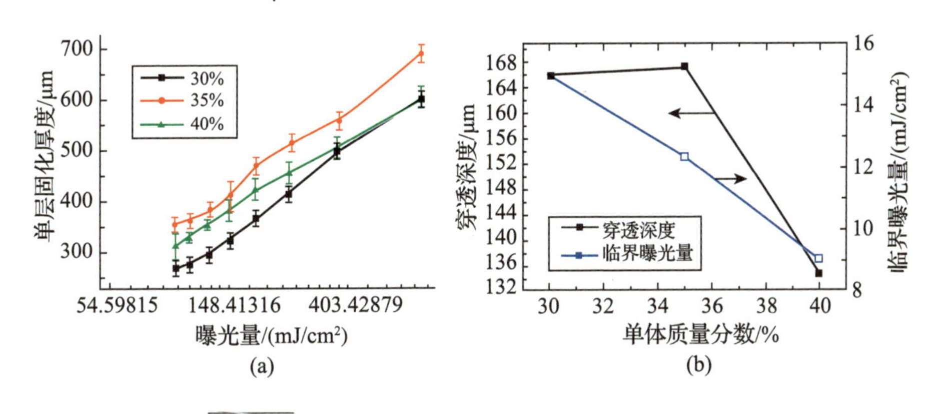

图 2-19　陶瓷浆料单层固化厚度与光敏参数的关系

(a)固化厚度与曝光量的关系；(b)光敏参数与单体质量分数的关系。

由图 2-19(a)可知，对于 3 种固相体积分数的陶瓷浆料，在同样的入射曝光量下，单层固化厚度随陶瓷浆料固相体积分数的增加先增加后减小，当固相体积分数为 35%时，单层固化厚度最大。由此可推断，随固相体积分数增加，陶瓷浆料的穿透深度仅有轻微变化，而临近曝光量的变化趋势不明显。根据图 2-19(a)中数据拟合得到图 2-19(b)所示结果可知随着单体质量分数增加(陶瓷粉末固相体积分数减少)，陶瓷浆料的穿透深度先增加后降低，而临界曝光量单调降低，但变化幅度较小。其原因在于随着陶瓷浆料中固相体积分数增加，陶瓷颗粒的散射作用增强，使入射激光的曝光量更快衰减，从而导致其穿透深度降低；而临近曝光量降低的原因暂时无法解释。

5. 陶瓷粉末粒径

根据微粒散射定理[1,16]，微粒直径是影响陶瓷颗粒对入射激光散射作用的重要因素之一，下文研究陶瓷粉末粒径对陶瓷浆料光固化特性的影响。实验平台采用 CPS250B 型光固化成形机，陶瓷浆料配方：陶瓷粉末固相体积分数 50%，单体质量分数 30%，单体 AM 和交联剂 MBAM 的质量比为 9∶1，分别利用 1.8μm、5μm 和 8μm 三种粒径的二氧化硅粉末制备陶瓷浆料。表 2 - 13 给出了固相体积分数相同条件下，陶瓷浆料固化厚度与粉末粒径的关系。

表 2 - 13　不同粉末粒径下陶瓷浆料的固化厚度

粉末粒径/μm	陶瓷浆料固化厚度/mm	
	扫描速度 20mm/s	扫描速度 50mm/s
1.8	0.191	0.148
5	0.236	0.189
8	0.304	0.237

根据表 2 - 13 可得陶瓷粉末固相体积分数一定的情况下，陶瓷浆料固化厚度与陶瓷粉末粒径的关系，如图 2 - 20 所示。

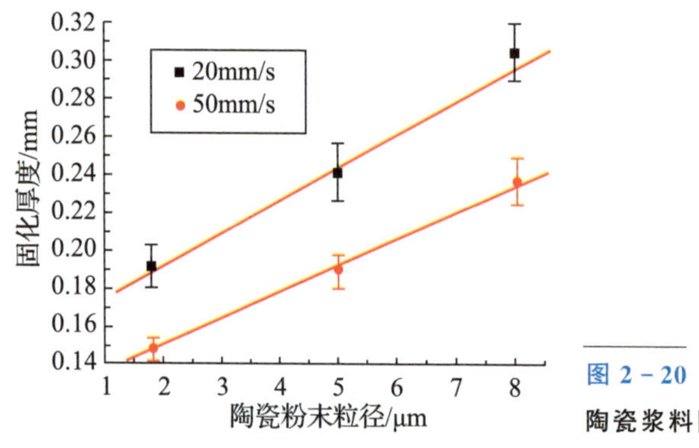

图 2 - 20
陶瓷浆料固化厚度与陶瓷粉末粒径的关系

由图 2 - 20 可知，陶瓷浆料的固化厚度与陶瓷粉末中径呈线性关系，随着陶瓷粉末粒径增大，陶瓷浆料固化厚度增加，这与密歇根大学(Michigan

University)提出的陶瓷浆料固化厚度公式相符。其原因在于入射激光在陶瓷浆料传播过程中，单位体积陶瓷浆料内粗粉末颗粒数量低于细粉末颗粒数量，导致其中的入射激光前向散射强度更高，从而增加陶瓷浆料的固化厚度。

下文讨论陶瓷粉末粒径对水基陶瓷浆料光敏参数的影响。实验条件：单体质量分数 30%，单体与交联剂质量比为 19∶1，甘油质量分数 20%，固相体积分数 45%，采用 1.8 μm、5 μm 和 8 μm 陶瓷粉末粒径制备水基陶瓷浆料，然后将陶瓷浆料在光固化成形机上进行单层固化，待陶瓷浆料固化的单层干燥后，测量其固化厚度。图 2 - 21 为不同粒径时，陶瓷浆料单层固化厚度与曝光量间的关系及陶瓷粉末粒径对陶瓷浆料光敏参数的影响。

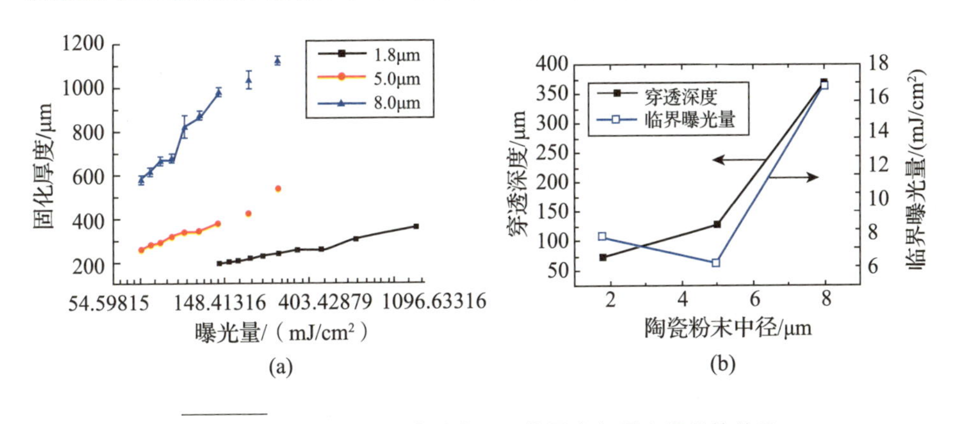

图 2 - 21　不同粒径粉末的单层固化厚度与曝光量间的关系

(a)固化厚度与曝光量间的关系；(b)光敏参数与陶瓷粉末粒径的关系。

由图 2 - 21(a)可知，随陶瓷粉末粒径增加，陶瓷浆料固化厚度与曝光量之间 3 条曲线的斜率和 x 轴截距均增加，因此可判断陶瓷浆料的临界曝光量和穿透深度均随粉末粒径增加而增加。根据图 2 - 21(a)实验结果拟合得图 2 - 21(b)，陶瓷浆料的穿透深度随着陶瓷粉末中径的增加而增加，临界曝光量先减小后增加。当粒径从 1.8 μm 增至 5 μm 时，临界曝光量的变化幅度较小，其原因可能在于拟合产生的误差，而粒径从 5 μm 增至 8 μm 时，其变化幅度超过 100%，基本证明上述推论正确。导致该结果的原因可能在于随着陶瓷粉末粒径的增加，陶瓷浆料中单位体积内陶瓷颗粒减少，入射激光在陶瓷浆料中的前向散射增强，从而导致穿透深度增加。临界曝光量随陶瓷粉末粒径增加而增加的现象，目前无合理解释，且陶瓷浆料的光敏参数与陶瓷粉末粒径的影响未见相关文献报道。

2.1.4 曝光量

曝光量指入射紫外激光在液面的能量密度，其公式为

$$E=\sqrt{\frac{2}{\pi}}\frac{P}{v\cdot h_s} \tag{2-1}$$

式中 E——液面激光的能量密度(mJ/cm²)；

P——入射激光功率(mW)；

v——激光扫描速度(mm/s)；

h_s——扫描间距(mm)。

由式(2-1)可知，入射激光的曝光量主要由3个因素决定：入射激光功率、扫描速度和扫描间距。激光功率一般为定值，一般通过调整扫描速度或扫描间距来改变陶瓷浆料液面入射的曝光量，本书中通过改变入射激光的扫描速度来调整入射激光的曝光量。下文研究水基陶瓷浆料的单层固化厚度与曝光量之间的关系，实验条件：单体质量分数为30%，单体与交联剂质量比为9∶1，二氧化硅陶瓷粉末中径 D_{50} 为1.8 μm，陶瓷粉末固相体积分数为50%，光引发剂1173的质量为预混液质量的0.8%。表2-14为陶瓷浆料在不同曝光量下的固化厚度。

表2-14 不同扫描速度和曝光量下陶瓷浆料的固化厚度

扫描速度/(mm/s)	10	20	50	80
曝光量/(mJ/cm²)	2866.24	1433.12	573.248	358.28
固化厚度/mm	0.279	0.245	0.198	0.170

根据表2-14可得到陶瓷浆料固化厚度和曝光量间的半对数曲线，如图2-22所示。

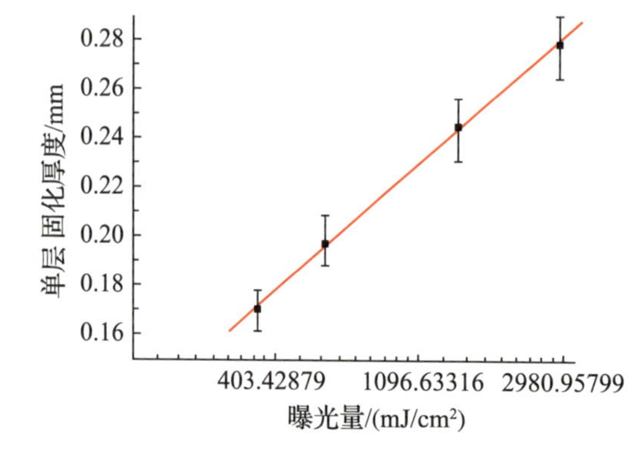

图2-22 固化厚度与入射激光曝光量的关系

由图 2 - 22 可知，陶瓷浆料的固化厚度与入射紫外光在液面曝光量的对数呈线性关系，这个实验结果已被多个研究者验证[1,7]。

在相同条件下，在不同扫描速率下测量预混液的固化厚度，实验结果如表 2 - 15 所示。

表 2 - 15　不同扫描速度和曝光量下预混液的固化厚度

扫描速度/(mm/s)	10	20	50	80	100
曝光量/(mJ/cm²)	2866.24	1433.12	573.248	358.28	286.264
固化厚度/mm	5.28	3.76	2.32	1.32	1.04

根据表 2 - 15 可得预混液固化厚度与曝光量之间的关系曲线，如图 2 - 23 所示。

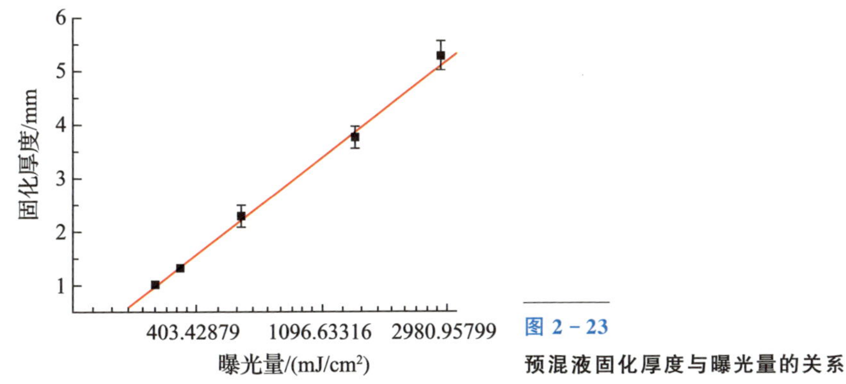

图 2 - 23　预混液固化厚度与曝光量的关系

由图 2 - 23 可知，预混液的固化厚度与曝光量的对数呈线性关系，这与陶瓷浆料的实验结果类似。同样，可得预混液的穿透深度和临界曝光量，如表 2 - 16 所示。

表 2 - 16　陶瓷浆料和预混液的光敏参数

光敏参数	穿透深度/μm	临界曝光量/(mJ/cm²)
陶瓷浆料	52.114	14.065
预混液	1824.67	167.293

本节讨论了光引发剂质量分数、单体质量分数、单体与交联剂质量比、陶瓷粉末固相体积分数等因素对陶瓷浆料光固化特性的影响规律，研究发现光引发剂质量分数、单体质量分数、单体与交联剂质量比影响 AM 和 MBAM

间聚合反应的速度及聚合物分子量，从而影响陶瓷浆料的光敏参数和固化厚度。甘油仅用来提高预混液的折射率，进而增加固化厚度。陶瓷粉末固相体积分数、粒径则影响入射激光在陶瓷浆料中的传播路径及曝光量的空间分布。与光引发剂 2959 相比，光引发剂 1173 使水基陶瓷浆料具有更好的固化效果，且光引发剂 1173 是液态的，易于和陶瓷浆料混合，而光引发剂 2959 是固体粉末，溶解度很低(1g/100g，20℃)，因此光引发剂 1173 更适合水基二氧化硅陶瓷浆料的光固化成形，其合适的质量分数范围为 0.8%～2.0%，考虑到水基陶瓷浆料的光敏参数，光引发剂质量分数选择 1%。综合考虑水基陶瓷浆料的黏度和光固化特性后，单体质量分数选择 25%～30%，最大程度降低陶瓷浆料的黏度；而甘油质量分数选择 20%是为了在保持低黏度的同时，改善陶瓷浆料的光固化特性。从单体与交联剂质量比来说，考虑到 MBAM 的低溶解度，本书选择 AM 和 MBAM 两者的质量比为 19∶1。对于陶瓷粉末固相体积分数来说，尽管固相体积分数为 50%的穿透深度最低，临界曝光量居中，但是考虑到陶瓷坯体在干燥和烧结中的收缩率问题，仍然选择 50%的固相体积分数。陶瓷细粉末颗粒具有比粗颗粒更强的消光作用，当陶瓷粉末粒径从 1.8μm 增至 8μm 时，水基陶瓷浆料穿透深度增大了 4 倍，临界曝光量只增大了 1 倍。因此粗粉末颗粒更有利于提高陶瓷浆料的光固化特性，在考虑陶瓷浆料的黏度因素下，1.8μm和 8μm 两种粒径粉末级配可获得较好的固化特性。Hongmei Liao 研究了氧化硅、氧化铝等树脂基陶瓷浆料穿透深度随固相体积分数的变化，其规律与本书研究结果类似，但是没有讨论临近曝光量随固相体积分数的变化规律[7]；K. C. Wu 提出了一个穿透深度的预测公式，认为陶瓷浆料的穿透深度受固相体积分数、光引发剂质量分数及吸收率等因素影响，但是没有研究临界曝光量的变化规律[17]。当固相体积分数等于 50%时，穿透深度随光引发剂质量分数无明显变化，这与本书研究结果基本相符。Vladislava Tomeckova 则讨论了穿透深度和临界曝光量的数学模型，认为光引发剂质量分数、固相体积分数、吸收率等是影响这两个参数的主要因素[18]。

2.1.5 陶瓷浆料的稳定性

陶瓷浆料是一种热力学不稳定的胶体体系[19]，若固体悬浮物受到的布朗运动作用力小于其受到的重力，便能自然沉降，这将造成固液分离，不仅影响陶瓷浆料的成形过程，且会进一步使得陶瓷坯体微观结构不均匀。对于陶瓷粉末的颗粒沉降问题，一般选择斯托克斯(Stockes)沉降定律进行讨论，该沉降速度公式可表示如下。

$$v_{\mathrm{Stockes}} = \frac{(\rho_{\mathrm{ceramic}} - \rho_{\mathrm{liquid}})gd^2}{18\eta} \tag{2-2}$$

式中　v_{Stockes}——颗粒沉降的速度(mm/s)；

ρ_{ceramic}——陶瓷颗粒的密度(g/cm^3)；

ρ_{liquid}——预混液的密度(g/cm^3)；

g——重力加速度(m/s^2)；

d——陶瓷颗粒的直径(μm)；

η——陶瓷浆料的黏度(mPa·s)。

由式(2-2)可知，颗粒沉降的速度与陶瓷浆料的黏度成反比，而与陶瓷粉末与预混液的密度差成正比，与粉末粒径的平方成正比。因此要提高其稳定性，可选择小颗粒的陶瓷粉末或提高陶瓷浆料黏度。下文利用实验研究陶瓷粉末粒径及体积分数对陶瓷浆料稳定性的影响。

1. 粉末粒径

实验条件：陶瓷浆料中二氧化硅粉末体积分数为 30%，单体质量分数为 30%，分散剂为聚丙烯酸钠，其加入量为粉末质量的 0.3%，温度为室温。测量方法：将含不同粉末粒径的浆料分别加入到比色瓶中，体积为 25mL，直径为 22.46mm，高度为 63.10mm，将瓶塞塞紧后倒置，每隔一定的时间测量沉降在瓶塞上粉末的质量即得到相应的沉降率。表 2-17 给出了同样体积分数下，不同粒径粉末制备的浆料在不同时间下的沉降率。

表 2-17　不同粉末粒径陶瓷浆料中粉末的沉降率

时间/h	沉降率/%		
	1.8μm	5μm	8μm
1	0.1	0.5	0.5
2	0.2	0.8	1.2
4	0.2	0.9	1.3
12	0.5	1.4	3.2
24	0.8	1.9	4.8
48	1.1	2.3	6.4

根据表 2－17 中的数据可得图 2－24。

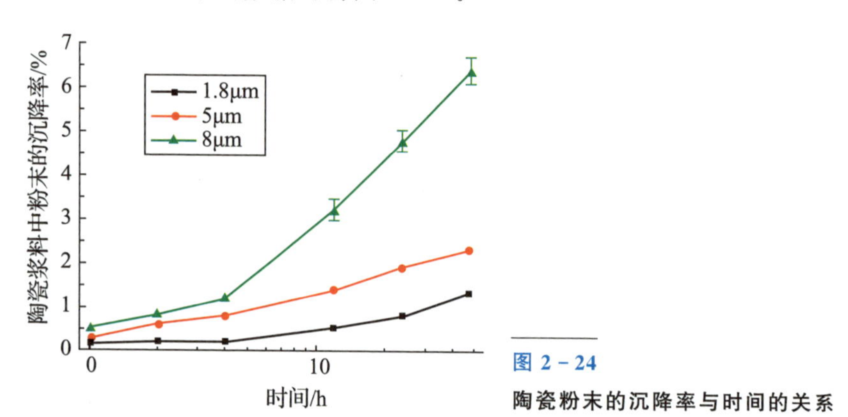

图 2－24
陶瓷粉末的沉降率与时间的关系

由图 2－24 可知，在相同的时间内，陶瓷浆料中粉末的沉降率随着粒径的增大而增加，这与式(2－2)的结果相符，这表明小粒径的陶瓷浆料稳定性更高。

2. 粉末体积分数

由式(2－2)可知，陶瓷粉末的沉降速度与陶瓷浆料的黏度呈反比，且陶瓷浆料的黏度随陶瓷浆料中固相体积分数的增加而增加，因此下文研究陶瓷浆料的稳定性与陶瓷浆料固相体积分数的变化关系。表 2－18 为中径为 5 μm 的粉末在不同的固相体积分数下陶瓷浆料中粉末的沉降率数据。

表 2－18　沉降率与固相体积分数之间的关系

固相体积分数/%	45	50	54
时间/h	沉降率/%		
1	0.7	0.5	0.2
2	1.0	0.8	0.2
4	1.4	0.9	0.4
12	2.2	1.4	0.8
24	3.9	1.9	1.3
48	4.5	2.3	1.7

根据表 2－18 中的数据可得图 2－25。

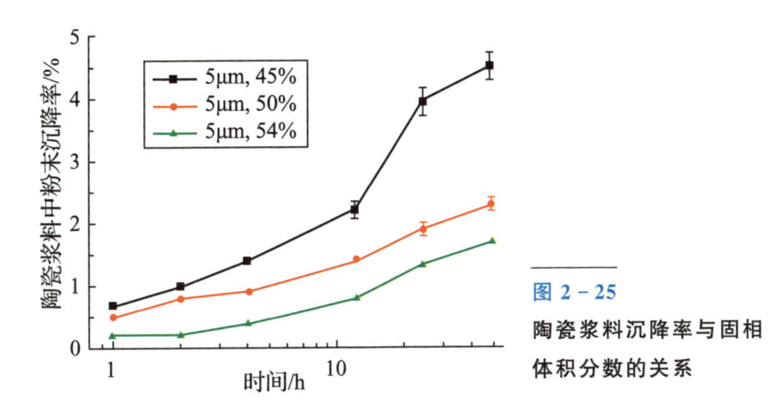

图 2-25
陶瓷浆料沉降率与固相体积分数的关系

由图 2-25 可知，陶瓷浆料中粉末沉降率随陶瓷浆料中固相体积分数的增加而减小。由 2.1.3 节知，对于同种粒径的陶瓷浆料来说，其黏度随固相体积分数增加而增加，因此陶瓷浆料中粉末的沉降率随固相体积分数增加而减小，实验结果验证了式(2-2)的合理性。

陶瓷浆料稳定性是影响光固化陶瓷坯体微观结构均匀性和力学性能的主要因素，K. C. Wu 在实验中采用 0.15～1.5 μm 的氧化铝陶瓷颗粒，讨论了沉降时间和再涂层时间的比值，认为小于 1 μm 的颗粒的沉降时间较长，能保证陶瓷坯体的均匀性；M. L. Griffith 同样仅讨论了沉降时间和再涂层时间的关系[1,17]；C. J. Bae 在实验中采用了 27 μm 的耐火二氧化硅粉末，因此导致了严重的沉降现象，并讨论了陶瓷粉末粒径分布对陶瓷浆料在每层成形过程中的沉降问题，分析了在成形后每层中陶瓷粉末的粒径和数量，认为双峰级配有利于改善其稳定性[20]。本书的研究结果表明：通过采用小颗粒陶瓷粉末及提高固相体积分数，都能改善陶瓷浆料的稳定性。其原因在于陶瓷颗粒在陶瓷浆料中受到布朗运动作用力、重力、颗粒间的静电排斥及范德瓦耳斯力等的作用，因此较小的颗粒在陶瓷浆料中悬浮的时间比粗颗粒更长；提高水基陶瓷固相体积分数使陶瓷浆料的黏度增加，因此使其稳定性提高。另外，通过调整陶瓷浆料的 pH 值，使陶瓷浆料的 ζ 电位达到最大值，有利于改善陶瓷浆料的稳定性。本书中水基陶瓷浆料中采用硅溶胶后，其 pH 值刚好位于 9 附近，二氧化硅陶瓷颗粒的 ζ 电位可达到最大值，约为 -45mV。

综合考虑陶瓷粉末固相体积分数、粒径大小、单体质量分数等因素的影响，确定满足光固化工艺要求的基于硅溶胶的水基陶瓷浆料配方如表 2-19 所示。

表 2-19　水基陶瓷浆料配方

影响因素	固相体积分数/%	单体质量分数/%	AM，MBAM质量比	陶瓷粒径/μm	光引发剂质量分数/%	加入的分散剂质量分数/%	甘油质量分数/%
值	50	25	19∶1	1.8，8	1	0.3	20

针对表 2-19 中的陶瓷浆料配方，制备体积分数 50%的二氧化硅陶瓷浆料，利用黏度计 NDJ-8S 测得其黏度为 1340mPa·s。

2.2　水基氧化锆陶瓷浆料制备

2.2.1　实验材料与设备

在配制氧化锆陶瓷浆料的过程中，使用的实验设备和仪器如表 2-20 所示。

表 2-20　实验设备和仪器

仪器设备	型号	生产厂家	用途
电子天平	JD300-3	上海精密仪器制造有限公司	物品精密称量
球磨机	KQM-X4Y/B	陕西金宏机械厂	陶瓷浆料制备
超声分散机	—	—	超声分散
光固化成形机	SPS450	陕西恒通智能机器有限公司	浆料单层固化
黏度计	NDJ-8S	上海精密仪器制造有限公司	黏度测量

光固化陶瓷浆料在制备过程中是由预混液和陶瓷粉混合球磨得来的，本书中预混液含有丙烯酰胺和 N,N-亚甲基双丙烯酰胺组成的固化交联体系，并为了改善浆料的折射率，在预混液中加入了甘油。浆料中含有光引发剂 1173，分散剂聚丙烯酸钠。

配制氧化锆陶瓷浆料所需的实验材料及特性如表 2-21 所示。

表 2-21　实验材料及特性

原料与溶剂	用途	生产厂家	备注
氧化锆陶瓷粉	陶瓷原料	上海池工	中径 0.2μm、2μm
去离子水	溶剂	实验室	—
丙烯酰胺	单体	天津科密欧	粉体
N,N-亚甲基双丙烯酰胺	交联剂	天津福晨	粉体

（续）

原料与溶剂	用途	生产厂家	备注
聚丙烯酸钠	分散剂	上海阿达马斯	单体质量分数 30%溶液
2-羟基-甲基苯基丙烷-1-酮	光引发剂	上海阿达马斯	液体
丙三醇	调整折射率	天津福晨	透明液体

2.2.2　单体质量分数

光固化陶瓷浆料中含有丙烯酰胺和 N,N-二甲基双丙烯酰胺组成的交联体系，其中丙烯酰胺作为单体，N,N-二甲基双丙烯酰胺作为交联剂。本实验中，丙烯酰胺与 N,N-二甲基双丙烯酰胺的质量比为 9∶1，分别制备了单体浓度占预混液质量比为 25%、30%、35%的固相体积分数 40%的陶瓷浆料，对比不同单体质量分数的陶瓷浆料黏度和光固化性能。不同实验组配方如表 2-22 所示。

表 2-22　实验组配方对照表

成分	实验组 1 质量分数/%	实验组 2 质量分数/%	实验组 3 质量分数/%
丙烯酰胺	22.5	27	31.5
N,N-二甲基双丙烯酰胺	2.5	3	3.5

3 组浆料配制完成后，采用黏度计测量黏度，每组测 5 个数值，然后求平均值和标准差，再作图进行对比，如图 2-26 所示。

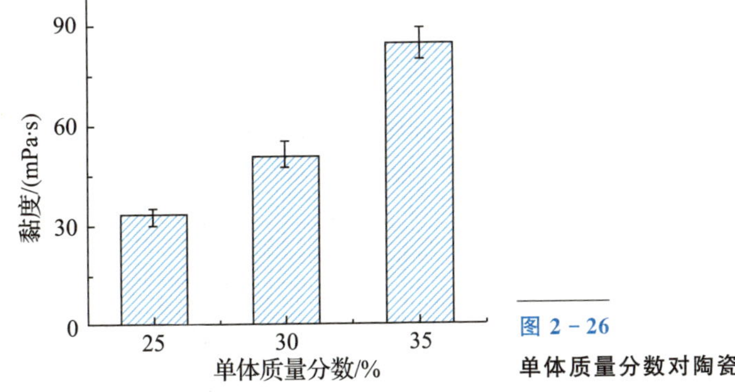

图 2-26
单体质量分数对陶瓷浆料黏度影响规律

从图 2-26 中可以观察出，随着单体质量分数的提高，陶瓷浆料的黏度也随之提高。随后将 25%和 35%两组浆料分别加入陶瓷光固化成形实验平台，在不同扫描速度下成形单层薄片，然后将薄片取出，测量干燥后单层厚度，并对比实验结果如图 2-27 所示。

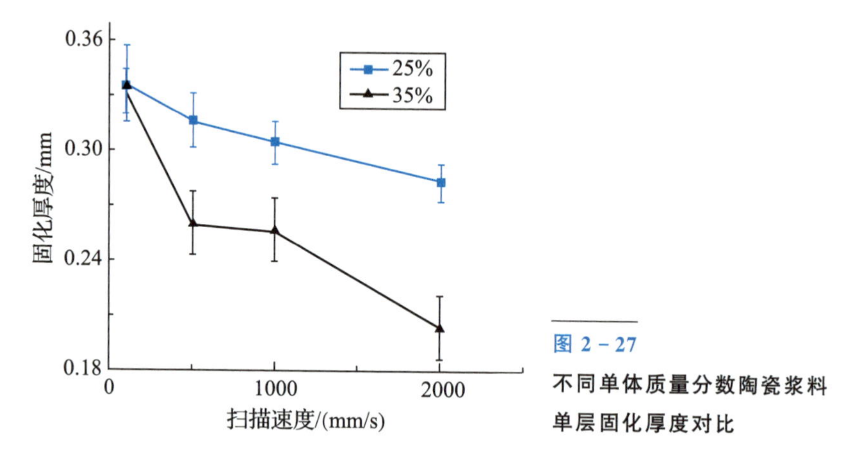

图 2-27
不同单体质量分数陶瓷浆料单层固化厚度对比

由图 2-27 可以看出，单体质量分数 25%的陶瓷浆料固化厚度大于单体质量分数 35%的陶瓷浆料。这是由于单体质量分数较高时，浆料表面在激光照射下快速固化，阻隔光线深入，导致 35%单体质量分数陶瓷浆料的固化厚度反而小于 25%单体质量分数陶瓷浆料的固化厚度。我们综合考虑浆料流动性和光固化性能，应选择 25%单体质量分数配制预混液。

2.2.3 粉末粒径与固相体积分数

粉末粒径与固相体积分数是影响陶瓷浆料黏度的最主要的两个因素，因此我们对这两个因素进行了研究。实验中选用了 0.2 μm、2 μm 两种粒径的氧化锆陶瓷粉末，分别配制了体积分数 40%、42%、45%、47%、50%共 10 组浆料，测量这 10 组浆料的黏度，并进行对比分析，实验结果见表 2-23。

表 2-23 不同固相体积分数黏度测试实验结果表

粒径	固相体积分数/%				
	40	42	45	47	50
	黏度/mPa·s				
0.2 μm	770.7	1708.8	2937.6	17040.0	—
标准差	1.3	94.3	12.4	47.4	—
2 μm	110.6	149.9	258.5	535.0	5529.6
标准差	2.2	4.3	1.5	3.7	15.6

根据实验结果做出不同粒径陶瓷浆料黏度随固相体积分数变化曲线如图 2－28 所示。

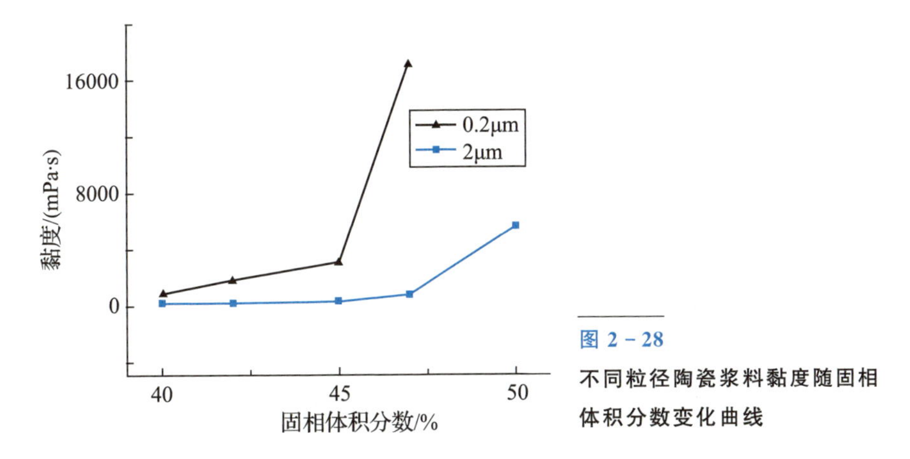

图 2－28
不同粒径陶瓷浆料黏度随固相体积分数变化曲线

根据实验结果，可以发现 0.2 μm 粒径陶瓷粉末配制出的浆料黏度远大于 2 μm 粒径陶瓷粉末的浆料，而且浆料的黏度随着固相体积分数的增加而增大，在固相体积分数超过 45%时，陶瓷浆料的黏度急剧增大。0.2 μm 粒径陶瓷粉配制出的浆料在固相体积分数大于 40%时，黏度明显高于对光固化陶瓷浆料的黏度要求上限 300mPa・s，因此此种粒径的氧化锆陶瓷粉末不宜单独配制成陶瓷浆料。而 2 μm 粒径陶瓷粉末配制出的浆料，在固相体积分数≤45%时，浆料黏度较低；当固相体积分数高于 47%时，黏度呈指数级上升。可见，采用单一粒径陶瓷粉末配制的陶瓷浆料的黏度在超过某个节点时，会呈指数级上升趋势。

2.2.4　级配

从上一小节的实验结果可以看出，在黏度的限制下，由于单一粒径的陶瓷浆料在对应固相体积分数下黏度是一定的，因此使用单一粒径的陶瓷浆料难以提高固相体积分数，因此本节采用不同粒径陶瓷粉末级配的方法，通过实验证明级配是提高陶瓷浆料固相体积分数同时控制黏度的有效方法。

实验中选用了 2 μm 和 0.2 μm 两种粒径的氧化锆陶瓷粉末，配制了单体质量分数 25%，固相体积分数 45%的陶瓷浆料。选择 2 μm 和 0.2 μm 陶瓷粉质量比9∶1、8∶2、7∶3、6∶4、5∶5 这 5 个级配参数，分别制备出浆料。用黏度计分别测定这 5 组浆料的黏度，并与 2 μm 粒径陶瓷粉末配制出的单体质量分数 25%，固相体积分数 45%的陶瓷浆料黏度进行对比。对实验结果进行统计分析，做出不同级配参数下黏度对比图，如图 2-29 所示。

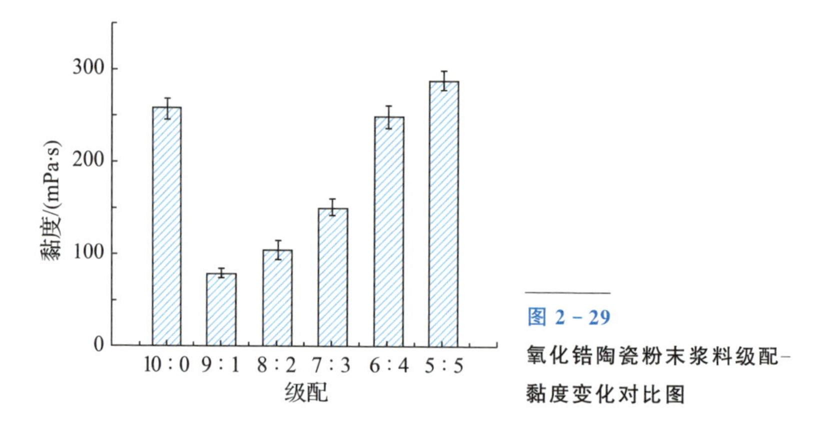

图 2-29 氧化锆陶瓷粉末浆料级配-黏度变化对比图

从实验结果可以观察出，相比于单一粒径浆料，级配浆料在黏度上有明显降低，且大比例级配陶瓷浆料黏度明显小于小比例级配陶瓷浆料黏度。因此在制备浆料时，应该采用两种粒径陶瓷粉末大比例级配，9∶1 是最优的级配比例。

2.2.5 分散剂

本实验中选用的分散剂是聚丙烯酸钠，首先配制了单体质量分数 25%的预混液，2μm 和 0.2μm 级配 9∶1 氧化锆陶瓷粉末混合制备固相体积分数 45%的氧化锆陶瓷浆料，测定陶瓷浆料黏度，然后将分散剂按照陶瓷粉末质量的 0.1%加入到陶瓷浆料中，球磨半小时后取出测黏度，重复以上过程直至添加到陶瓷浆料中的分散剂总量达到陶瓷粉末质量的 1%为止。

观察实验现象发现，首次加入分散剂后，浆料不断析出固体物质，并最终变成固体，随着分散剂的不断加入，固体溶解，至 0.4%时变为浆料，然后随着分散剂的继续加入，黏度由高变低，至 1%时基本稳定。具体实验结果如图 2-30 所示。

从图 2-30 中可以看出，从 0.5%开始，浆料黏度随着分散剂用量的增大而不断降低，随后开始波动，但整体趋于稳定。当分散剂用量为 0.8%时，浆料黏度达到最低，为 192.04mPa·s，但此时黏度依然大于不加分散剂时的浆料黏度 122.46mPa·s。因此，根据实验结果，制备氧化锆陶瓷浆料时不添加分散剂。

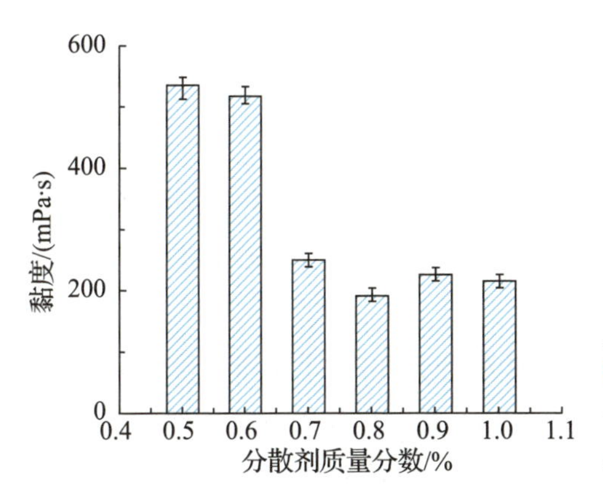

图 2－30
分散剂用量与陶瓷浆料黏度变化对比图

2.2.6　陶瓷浆料配方

根据前面几节对光固化陶瓷浆料成分的研究，确定了光固化氧化锆陶瓷浆料的配方。其中预混液溶剂为去离子水；单体丙烯酰胺和交联剂 N,N－二甲基双丙烯酰胺总质量占预混液质量的 25%，丙烯酰胺和 N,N－二甲基双丙烯酰胺质量比为 9：1；甘油占预混液质量的 20%，去离子水占预混液质量的 55%，预混液配方如表 2－24 所示。

表 2－24　预混液配方表

	丙烯酰胺	N,N－二甲基双丙烯酰胺	甘油	去离子水
质量比/%	22.5	2.5	20	55

陶瓷浆料固相体积分数 40%，采用 0.2 μm 和 2 μm 两种粒径的氧化锆陶瓷粉末进行级配，比例 9：1。光引发剂 1173 用量为预混液质量的 1%，浆料中不添加分散剂。最终确定最优光固化氧化锆陶瓷浆料配方表如表 2－25 所示。

表 2－25　氧化锆陶瓷浆料配方表

成分	质量分数/%	体积分数	备注
预混液	21.99	60%	—
陶瓷粉末	78	40%	级配氧化锆粒径 0.2 μm：2 μm＝9：1
光引发剂	预混液质量的 1%		1173

按此配方制备的氧化锆陶瓷浆料黏度为(127.4±0.17)mPa·s，可以满足光固化成形工艺对陶瓷浆料的性能要求。

2.2.7 陶瓷浆料制备流程

光固化氧化锆陶瓷浆料具体制备过程如下。

(1)按照一定比例称取丙烯酰胺单体和 N,N -二甲基双丙烯酰胺交联剂加入到适量的甘油和去离子水混合物中，然后将烧杯放入超声清洗机中进行超声分散 0.5h，制备预混液；

(2)取一定量的预混液，按照体积分数 40%计算陶瓷粉末用量，并将陶瓷粉末分批加入到预混液中，每批次加入后，均放入行星式球磨机中，球磨 1h；

(3)加入适量光引发剂，再球磨 0.5h，然后测定浆料黏度；

(4)将陶瓷浆料取出，过滤掉磨球，放入烧杯或其他容器中，务必保证避光低温保存。

浆料制备工艺流程如图 2-31 所示。

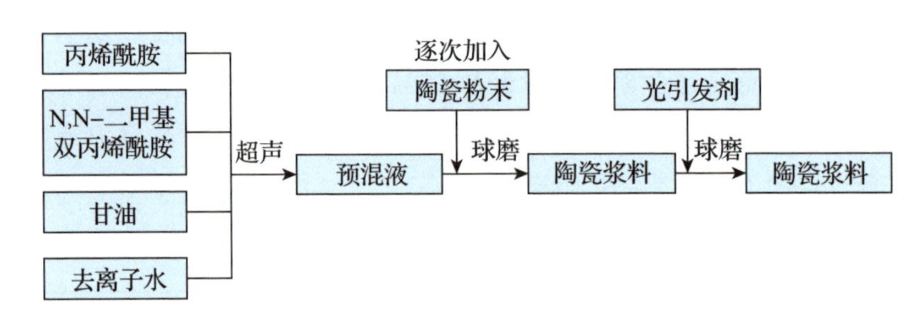

图 2-31 氧化锆陶瓷浆料制备流程图

2.3 树脂基磷酸三钙陶瓷浆料制备

在陶瓷底曝光固化技术中，采用的陶瓷浆料由于陶瓷粉末对光的散射，使得陶瓷浆料光固化性能、成形质量方面相比树脂都有较大的差别，相较于树脂其黏度增高数倍，这对浆料的光固化成形影响较大，而且陶瓷浆料在放置一段时间后受布朗运动和重力作用，陶瓷颗粒会发生沉降，为此长期保存浆料稳定性也是需要考虑的因素。此外在考虑浆料黏度的同时还应该尽可能提高浆料的固相体积分数，保证成形素坯在后期的烧结质量，因此得到高光固化性能、低黏度、高稳定性、高固相体积分数的陶瓷浆料是配制工艺的追求。而在陶瓷底曝光固化技术中，由于每层固化后固化层与液槽分离时，固化层要受到一定的分离力，因此必须克服分离力完成分离过程才能继续打印下一层，为解决固化层分离，本书会应用氧气抑制自由基聚合这一原理，基于此，本书对底曝光工艺中使用的陶瓷浆料提出以下要求：①浆料固化性能较好，固相体积分数不低于 40%，浆料稳定性较好；②成形素坯的强度较高，保证固化层分离；③光固化反应属于自由基聚合，满足后期固化层分离的研究条件。

本书主要从陶瓷浆料的体系和材料选择、流变性、光固化性能、浆料稳定性等方面研究陶瓷浆料的配制工艺及特性，依据实验确定了一种基于树脂基的高光固化性能、高稳定性的陶瓷浆料，并制定了浆料配方及相应制备工艺。

2.3.1　实验材料与设备

1. 陶瓷浆料体系及材料研究

目前陶瓷浆料体系中根据溶剂的不同可分为水基和树脂基两种陶瓷浆料，J. W. Halloran 和 M. L. Griffith 等首先对比了两种体系陶瓷浆料的特性，以丙烯酰胺、亚甲基双丙烯酰胺溶于水的水基体系和以丙烯酸酯为单体的树脂基体系，并分别研究了不同体系浆料的特点以及固相体积分数、体系折射率等对浆料黏度、固化厚度的影响；C. Hinczewski 等[21]采用丙烯酸酯 Diacryl 101 配制了高固相体积分数的氧化铝陶瓷浆料，研究了浆料性能以及曝光强度与固化厚度、固化宽度之间的关系，得出了适用于光固化技术的陶瓷浆料配制工艺。

1）单体和交联剂

单体、交联剂是光固化体系中的主体，树脂基陶瓷浆料常用光固化单体主要为丙烯酸酯类和环氧类，其中丙烯酸酯类单体的光反应活性较高，氧气对其固化有抑制作用，在光固化中应用较广泛。常见的丙烯酸酯类紫外光固化单体按参与固化反应的官能团个数可分为单官能团（甲基）丙烯酸酯、双官能团丙烯酸酯、多官能团丙烯酸酯，如表 2 - 26 所示。

表 2 - 26　常见丙烯酸酯类光固化单体及其性质

单体类型	单官能团（甲基）丙烯酸酯	双官能团丙烯酸酯	多官能团丙烯酸酯
固化速度	慢	中	高
黏度	小	中	高（稀释较差）
交联密度	低	高	高
分子量	低	中	高

（续）

单体类型	单官能团(甲基)丙烯酸酯	双官能团丙烯酸酯	多官能团丙烯酸酯
特点	挥发性较大、毒性大、气味大、易燃	挥发性较大、气味较小	挥发性低
常用单体	丙烯酸异冰片酯、月桂酸甲基丙烯酸酯	聚乙二醇二丙烯酸酯	三羟甲基丙烷三(甲基)丙烯酸酯

通过对比可以发现，单官能团丙烯酸酯聚合速率最低，多官能团丙烯酸酯聚合速率最快，但最终聚合的残留率可能较高，而且官能团越高，参与固化反应的双键就越多，收缩性就越大[21]。因此本书选用双官能团丙烯酸酯作为光固化单体，固化速度适中，固化后残留率小，而且材料的黏度不高；聚乙二醇二丙烯酸酯[PEG(400)DA]是双官能团丙烯酸酯中的一种，该单体固化后稳定性好，收缩变形相对小，化学交联容易、毒性相对低，而且该单体具有生物活性，在软骨组织中也得到广泛应用。R. Gmeiner 等研究了底曝光固化技术成形树脂基陶瓷浆料的工艺，其单体为聚乙二醇二丙烯酸酯，参考其所用预混液材料，则预混液材料及配比如表 2－27 所示。

表 2－27　预混液材料及配比

用途	单体	交联剂	溶剂
材料	聚乙二醇二丙烯酸酯[PEG(400)DA]	3,3－二甲基丙烯酸	聚丙二醇
比例	34.6%	28.3%	37.1%

光引发剂性能决定了浆料的固化程度和固化速度，它在光作用下吸收一定波长的能量，产生自由基或阳离子，引发聚合物单体使其产生交联反应；由于底曝光工艺中所使用光源的波段主要集中在 405nm(紫外线光区)左右，所用单体聚乙二烯二丙烯酸酯[PEG(400)DA]的聚合反应为自由基聚合，因此光引发剂也应该为自由基型光引发剂，2,4,6－三甲基苯甲酰基二苯基氧化膦(TPO)作为一种自由基型光引发剂，在长波长范围内都有较高的吸收率，吸收范围最大达 420nm，效率高、后聚合效应低、无残留。

此外，陶瓷浆料中由于粉体的加入，入射光会发生严重散射，导致浆料光固化性能较弱，光吸收剂的加入能使紫外光被浆料最大化吸收，减小入射光散射，提高浆料固化能力；2－(2－羟基－3,5－二丁叔基苯基)－5－氯代苯并三唑(UV－327)作为一种常用在丙烯酸酯类单体聚合中的紫外光吸收剂，能强烈吸收300～400nm的紫外线，具有良好的热稳定性和无毒性，因此本书中采用光吸收剂UV－327作为紫外线光吸收剂来提高浆料固化性能。

2）陶瓷粉末和分散剂

所使用陶瓷粉为生物级的β－TCP陶瓷粉末，购自上海贝奥路生物材料有限公司，陶瓷粉末性质如表2－28所示，分散剂选用聚丙烯酸钠（PMAA－Na）。

表2－28 β－TCP陶瓷粉末性质

β－TCP生物陶瓷粉末	
密度/（g/cm^3）	3.18
粉末粒径D_{50}/μm	3.44
粉末粒径D_{95}/μm	5.00
粉末粒径D_{05}/μm	0.10

2. 实验材料和仪器

树脂基陶瓷浆料配制所需的实验材料以及配制过程中使用的实验设备分别如表2－29和表2－30所示。

表2－29 实验材料

材料	用途	生产厂家	备注
聚乙二醇二丙烯酸酯	单体	上海晶纯生化	PEG(400)DA
3,3－二甲基丙烯酸	交联剂	上海晶纯生化	—
聚丙二醇	溶剂	上海晶纯生化	—
2,4,6－三甲基苯甲酰基－二苯基氧化磷	光引发剂	上海梯希爱	非水溶性黄色粉末TPO
2－(2－羟基－3,5－二丁叔基苯基)－5－氯代苯并三唑	光吸收剂	上海梯希爱	UV－327
β－TCP陶瓷粉末	陶瓷原料	上海贝奥路	中径3.44μm
聚丙烯酸钠溶液	分散剂	天津福晨	质量分数30%

表2－30 实验设备

仪器设备	型号	生产厂家	用途
电子天平	JD300－3	上海精密仪器制造有限公司	物品精度称量
黏度计	NDJ－8S	上海精密仪器制造有限公司	黏度测量
超声分散机	PS－1010HT	合肥攀升超声波科技有限公司	超声分散

（续）

仪器设备	型号	生产厂家	用途
阿贝折射仪	2WJA	上海光学仪器厂	折射率测量
搅拌机	—	天津利众公司	浆料制备
球磨机	KQM - X4Y/B	陕西金宏机械厂	浆料制备
底曝光成形机	DolphinX	苏州秉创科技有限公司	浆料固化成形
测厚仪	MITUTOYO	深圳市精度环越科技有限公司	固化厚度测量

实验初期，为了研究陶瓷底曝光固化技术的基本原理，采用一台底曝光实验设备用于基本原理实验的验证，将其中的光源系统更改为 DLP PRO 4500 光源，该光源系统专门用于紫外光固化技术，所使用光源为 405nm 的 UV - LED 光，采用 DLP4500 微镜阵列和 DMD 数字控制器，DMD 芯片为 0.45 寸（1 寸≈3.33cm），WXGA 的分辨率为 1140 μm×912 μm，可通过控制 DMD 芯片中微小的反射镜阵列形成动态掩膜，投影出所需的图案。成形机 x 和 y 方向的分辨率为 50 μm，z 轴成形分辨率为 25～100 μm 可调。所使用设备基本机构原理如图 2 - 32 所示。

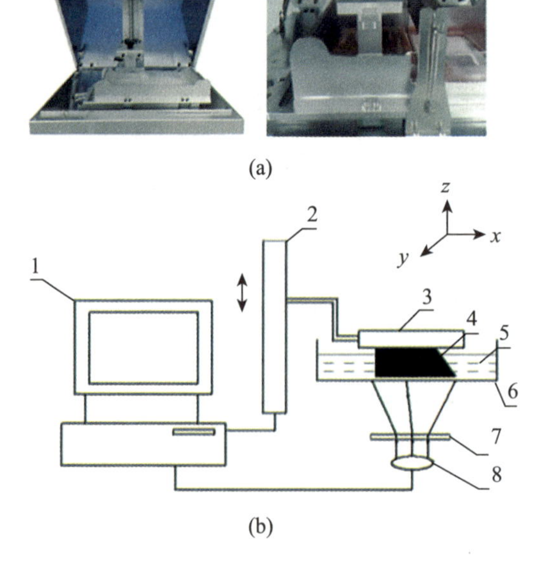

1—工控机；2—z 轴运动机构；3—工作台；4—已成形零件；5—陶瓷浆料；6—液槽；7—DMD 芯片；8—光源。

图 2 - 32

底曝光成形机及其成形原理

(a)底曝光成形机；(b)底曝光固化原理。

陶瓷底曝光固化技术由一个连续的过程组成，原理如图 2 - 32(b)所示。打印开始时先将 z 轴电机带动工作台调整到距离透明液槽底面一定距离，工控机将模型的分层信息传给光源系统，光源通过控制 DMD 芯片投出初始层的图案，光从液槽底部透过照射最底层的陶瓷浆料，并按模型图案固化一层浆料，之后工作台上升实现已固化陶瓷素坯与浆料槽底部的分离，x 轴电机运动带动液槽水平移动，由固定在上面的刮板涂覆一层新的浆料，然后 z 轴工作台下降到第二层位置打印，周而复始循环多步直至模型打印完成。

2.3.2　陶瓷浆料性能研究

1. 浆料流变性研究

陶瓷浆料黏度是流变性的主要指标，在陶瓷底曝光固化技术中，浆料黏度并不是主要的限制因素，但较低的浆料黏度有利于浆料流平，而且便于已固化层和液槽底部的分离，避免素坯拉起时被拉坏或者出现缺陷。预混液配比已经确定，则影响浆料黏度的主要是陶瓷固相体积分数和分散剂体积分数。实验条件：陶瓷粉体为 β - TCP 陶瓷粉末，固相体积分数为 40%，实验温度 22℃，预混液配比按表 2 - 29 确定。改变分散剂质量分数从 0～0.8%(占陶瓷粉体质量)加入到预混液中，每次加入球磨半小时后利用 NDJ - 8S 黏度计测量其黏度，实验中测得预混液黏度为 158.9mPa・s，浆料黏度的测量结果如图 2 - 33 所示。

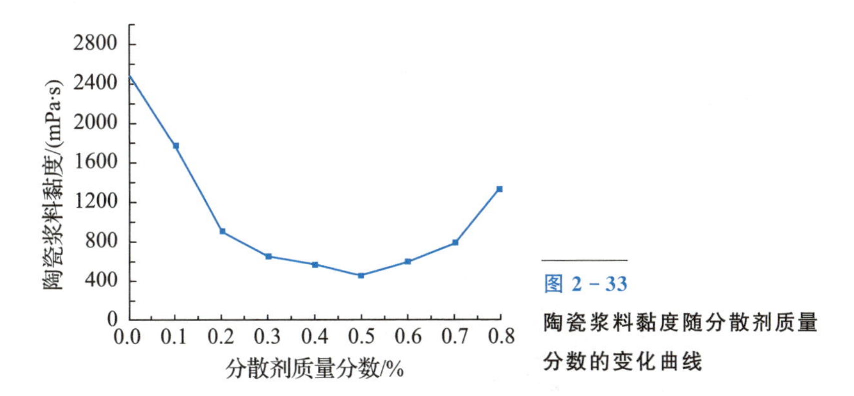

图 2 - 33
陶瓷浆料黏度随分散剂质量分数的变化曲线

图 2 - 33 中所示为陶瓷浆料黏度随分散剂质量分数变化的曲线。从图 2 - 33 可以看出，不加分散剂时陶瓷浆料的黏度较高(2497.3mPa・s)，随着分散剂加入到质量分数为 0.2% 时陶瓷浆料黏度迅速下降，分散剂质量分数从

0.2%～0.5%变化时，浆料黏度变化缓慢但一直在减小，当分散剂质量分数为0.5%时达到最低452.8mPa·s，0.7%以后，黏度又迅速上升，可见分散剂含量对浆料黏度有很大影响。原因在于聚丙烯酸钠分解的有机酸根会被陶瓷颗粒吸附，而正离子在溶液中扩散，使颗粒之间的静电斥力增大，增大了浆料的流动性，但随加入分散剂增大，颗粒表面吸附负离子达到饱和，因此黏度又增大。因此，由实验结果可以得出，聚丙烯酸钠分散剂对β-TCP陶瓷浆料有较好的分散作用，分散剂的最佳用量应为陶瓷粉末质量的0.5%。

2. 浆料光固化性能研究

在陶瓷浆料光固化过程中，浆料的固化厚度对保证零件成形至关重要，因此将固化厚度作为各因素的衡量指标。影响浆料光固化性能的因素很多，但主要受光引发剂体积分数、光吸收剂体积分数、陶瓷粉末种类等因素影响，本书主要研究光引发剂体积分数和光吸收剂体积分数对其影响，并对浆料的光固化性能参数进行测量。

1)光引发剂体积分数

在预混液比例和固相体积分数确定的情况下，光引发剂体积分数直接影响聚合反应速率和聚合程度，下文研究光引发剂体积分数对光固化性能的影响。实验条件：固相体积分数为40%的β-TCP陶瓷浆料，预混液配比按表2-27确定。光引发剂质量为预混液质量的4.5%～19.5%，以1.5%间隔变化配制陶瓷浆料。设定陶瓷面曝光设备的光源功率密度为17.2mW/cm^2，曝光时间设定为4s。打印一系列直径为5mm的圆形薄片；将薄片取出用酒精清洗干净，放在紫外线下进行曝光使之固化完全，再用测厚仪测量这些薄片的厚度，图2-34为固化单层薄片及固化厚度测量。图2-35即为光引发剂浓度与固化厚度的关系。

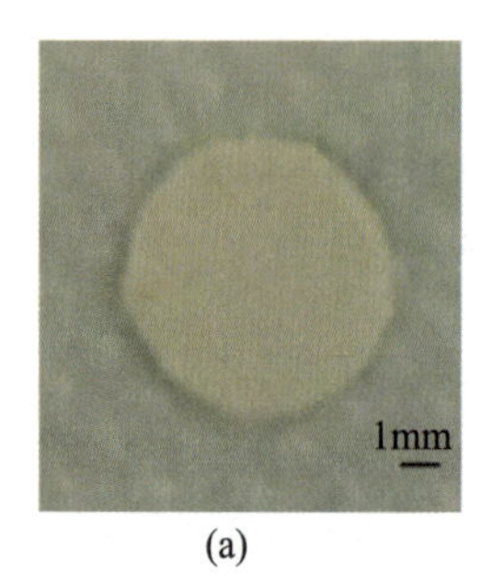

(a)

(b)

图2-34
固化单层薄片及单层固化厚度测量
(a)固化单层薄片；
(b)单层固化厚度测量图。

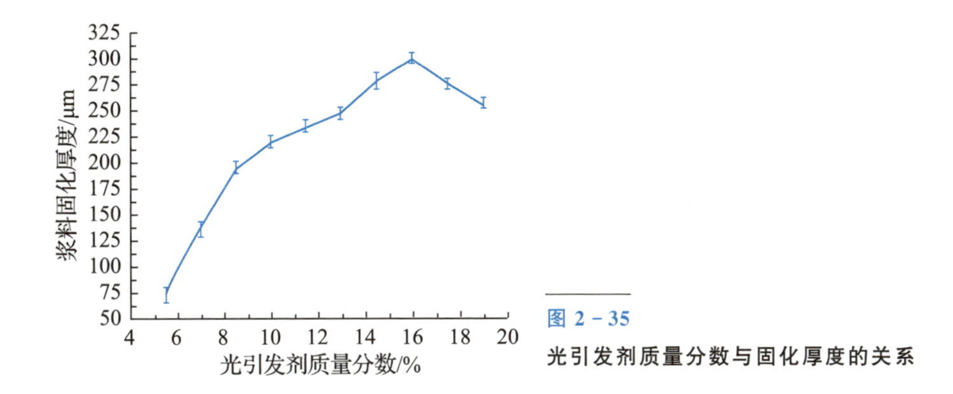

图 2-35
光引发剂质量分数与固化厚度的关系

由图 2-35 可知，随光引发剂 TPO 质量分数增加，陶瓷浆料的固化厚度先增加较快，光引发剂 TPO 质量分数在 8.5%～13%变化时，浆料固化厚度变化较缓慢，质量分数为 16%时，固化厚度达到最大。质量分数增大，固化厚度反而减小，这主要是由于随引发剂质量分数增加产生的自由基数量增多，参与反应的单体也多，但浓度太大，会造成表面浆料吸收光能太快，产生高浓度自由基，表面较快固化但光沿深度方向被大大削弱，导致固化深度较小。因为光引发剂 TPO 质量分数在 10%～13%变化时浆料固化厚度较稳定，对零件的影响较小，因此合适的光引发剂质量分数为 10%～13%，以后实验中光引发剂质量分数定为 10%。

2)光吸收剂体积分数

陶瓷浆料中由于陶瓷粉末的加入，使得紫外光照射浆料时光发生散射较严重，而且粉末颗粒会引起多次散射，光能量迅速衰减阻碍了光的吸收，导致陶瓷浆料与预混液的光固化性能差别较大，浆料固化厚度不足。液态光敏材料对紫外光的吸收通常遵循朗伯比尔(Lamber-Beer)定理，因此紫外光照射到树脂基陶瓷浆料时也符合该定理。根据 Lambert-Beer 定理可推出陶瓷底曝光中光能量沿深度方向呈负指数衰减：小陶瓷粉末与预混液折射率之差可有效增大浆料透射深度，β-TCP 陶瓷粉末的折射率为 1.627，可通过在预混液中加入光吸收剂来减小预混液与粉末折射率之差。

$$E(z)=e^{(-z/D_p)} \tag{2-3}$$

式中　$E(z)$——紫外光到达 z 深度时的光能量/(mJ/cm^2)；

D_p——浆料透射深度，表示浆料对紫外光吸收能力的强弱，指 z 方向上的光能量降为液面处能量的 1/e 时离液面的距离(μm)。

临界曝光量 E_c 为陶瓷浆料固化时的最低曝光量，当入射紫外光在浆料中的能量超过 E_c，陶瓷浆料即发生聚合反应固化，D_p 和 E_c 常用来衡量材料的光固化性能。根据 J. W. Griffith 和 M. L. Halloran 的研究，基于陶瓷浆料的透射深度可以用以下方程表示：

$$D_p = \frac{2D_{50}}{3\bar{Q}} \frac{n_0^2}{\Delta n^2} \tag{2-4}$$

式中 D_{50}——陶瓷粉末粒径(μm)；

Δn——陶瓷粉末折射率 n_p 和预混液的折射率 n_0 之差；

n_0——预混液折射率；

$\bar{Q}$——散射因子，与陶瓷浆料固相体积分数、粒径大小、入射光波长等因素有关。

由式(2-4)可以看出透射深度 D_p 与陶瓷浆料固相体积分数、陶瓷粉末粒径、光源波长、预混液折射率以及陶瓷粉末与预混液折射率之差等因素都有关系。当陶瓷粉末和固相体积分数确定后，透射深度主要由预混液折射率 n_0 和陶瓷粉末与预混液折射率之差 Δn 影响，减小陶瓷粉末与预混液折射率之差可有效增大浆料透射深度，β-TCP 陶瓷粉末的折射率为 1.627，可通过在预混液中加入光吸收剂来减小预混液与粉末折射率之差。实验条件：预混液配比按表 2-27 所示，加入不同比例(预混液质量的 0%～0.3%)的光吸收剂，使用阿贝折射仪测量预混液折射率，然后配制固相体积分数为 40% 的陶瓷浆料进行曝光固化，光源功率密度为 17.2mW/cm^2，曝光时间设定为 4s，测量固化厚度，实验结果如表 2-31 所示。

表 2-31 不同光吸收剂含量下预混液折射率及浆料固化厚度

吸收剂质量分数/%	0	0.1	0.2	0.3
预混液折射率	1.4563	1.4621	1.4683	1.4747
浆料固化厚度/μm	189.3	237.6	279.5	253.7

由实验可知，预混液的折射率随加入光吸收剂浓度增加而缓慢增加，但相应配制陶瓷浆料的固化厚度先增加后减小，光吸收剂质量分数为0.2%时，固化厚度最大，再增大光吸收剂质量分数，固化厚度反而减小，这说明减小预混液和陶瓷粉末之间的折射率差一定程度上可以减小入射光的散射，使浆料固化厚度增大，但当质量分数增大到一定值(0.3%)，入射光被快速吸收，浆料固化迅速且充分，入射光在表面已经被大量吸收，因此固化厚度又减小，综上所述，光吸收剂质量分数为0.2%时比较合适。

3. 浆料光敏参数的测定实验

表征陶瓷浆料光固化性能的参数主要是透射深度 D_p 和临界曝光量 E_c，浆料发生固化时，光能量超过临界曝光量 E_c，根据式(2-3)得出，此时 $e^{(-z/D_p)} > E_c$，$z < D_p \ln(E/E_c)$，由此可得单层固化厚度的理论方程为

$$C_d = D_p \cdot \ln(E/E_c) = D_p \cdot (\ln E - \ln E_c) \tag{2-5}$$

固化厚度 C_d 的理论方程是以 $\ln E$ 为横坐标、D_p 为斜率的直线，可以通过测量陶瓷浆料在不同曝光强度下的固化厚度，以 $\ln E$ 为 x 轴，C_d 为 y 轴，线性拟合曝光强度自然对数与固化厚度的方程，得到光固化性能参数 D_p 和 E_c，进而确定合适的固化厚度和曝光强度。

实验条件：设定光功率密度在0～38mW/cm^2 变化，曝光时间为4s，预混液配比按表2-32配比，加入10%质量分数光引发剂、0.2%质量分数光吸收剂，陶瓷浆料按固相体积分数40%配制，打印预混液固化层及陶瓷素坯，并测量其固化厚度，每组测量3次取平均值。分别利用倒置荧光显微镜(ECLIPSETi，日本Nikon)和扫描电子显微镜(S-3000N，日本)对预混液固化层和陶瓷素坯的微观形貌进行观测，如图2-36所示。固化厚度的测量数据如表2-32所示。

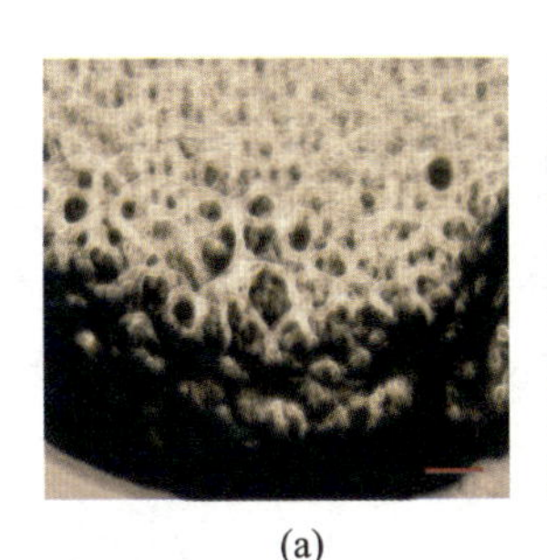

(a)

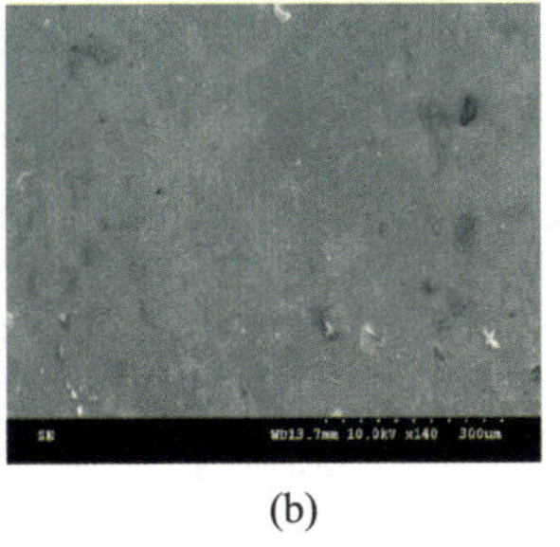

(b)

图2-36
预混液及陶瓷浆料固化层的表面形貌
(a)预混液固化；
(b)陶瓷浆料固化。

表 2-32 不同曝光强度下预混液及浆料的固化厚度

序号	预混液厚度/μm	固化厚度/μm	曝光强度/(mJ/cm^2)	序号	预混液厚度/μm	固化厚度/μm	曝光强度/(mJ/cm^2)
1	192	113	31.7	8	615	260	86.4
2	238	151	38.8	9	638	258	91.6
3	315	170	49.3	10	645	283	98.7
4	410	191	56.4	11	693	294	105.7
5	453	201	63.4	12	701	303	111.0
6	523	210	70.5	13	739	321	116.3
7	554	242	79.3	14	754	336	123.4

由图 2-36 可知，预混液固化后仍是疏松多孔结构，而浆料固化后较致密。表 2-32 显示同样曝光量下陶瓷浆料固化厚度远小于预混液，可见粉末颗粒的散射对浆料固化影响重大。以曝光强度 E 的对数为横坐标，预混液及陶瓷素坯的固化厚度分别为纵坐标，在 OriginPro 9 软件中进行拟合，得到预混液及陶瓷浆料的光敏参数拟合直线如图 2-37 所示。

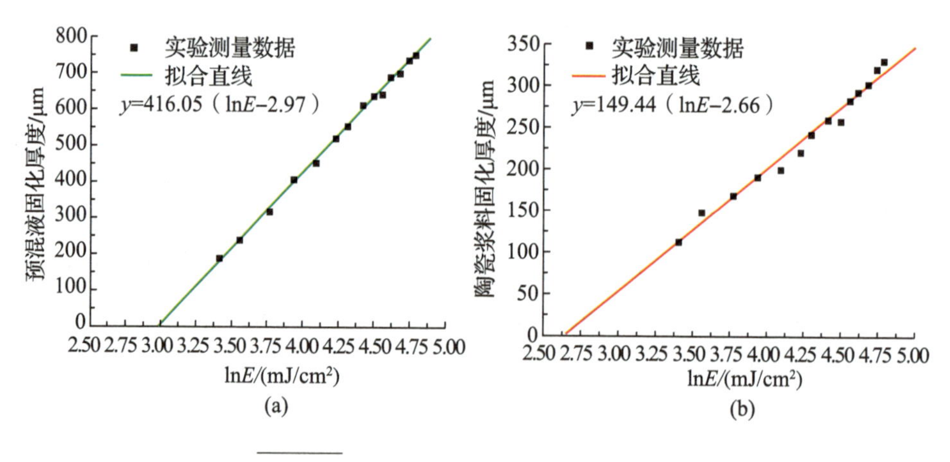

图 2-37 固化厚度与曝光强度的拟合直线

(a)预混液固化厚度与曝光强度的关系；(b)陶瓷浆料固化厚度与曝光强度的关系。

图 2-37(a)中，其拟合方程为 $C_d = 416.05 \times (\ln E - 2.97)$，由此可得预混液透射深度 D_p 为 416.05 μm，临界曝光量 $E_c = e^{2.97} = 19.49 mJ/cm^2$；由图 2-37(b)可知陶瓷浆料光敏参数：透射深度 D_p 为 149.44 μm，临界曝光量 E_c 为 $14.24 mJ/cm^2$，由此得到预混液及陶瓷浆料的光敏参数如表 2-33 所示。

表 2-33　预混液和陶瓷浆料的光敏参数

光敏参数	透射深度 D_p/μm	临界曝光量 E_c/(mJ/cm²)
预混液	416.05	19.49
陶瓷浆料	149.44	14.24
参数缩小比例	64.1%	26.9%

由表 2-33 可知，陶瓷浆料的透射深度和临界曝光量相比预混液分别缩小了 64.1%和 26.9%，陶瓷浆料透射深度极大减小说明浆料的光固化性能要远弱于预混液，陶瓷粉体的加入阻碍了光的入射，其透射深度 D_p 仅有 149.44 μm，大约为最大分层厚度(100 μm)的 1.5 倍，满足基本光固化性能要求；而临界曝光量减小可能的原因是陶瓷粉末的多次散射使得浆料在表面就被吸收固化，由此可见粉末散射对浆料的光固化性能有重要影响。

4. 陶瓷浆料稳定性研究

陶瓷浆料中陶瓷粉末受重力作用和布朗运动等影响，在放置较长时间后会发生沉降，不利于陶瓷浆料的保存及成形，对于陶瓷粉末的沉降，可用如下公式表示。

$$V_s = \frac{(\rho_c - \rho_1) g d^2}{18\eta} \tag{2-6}$$

式中　V_s——陶瓷粉末沉降速率/(mm/s)；

ρ_c——陶瓷粉末密度/(g/cm³)；

ρ_1——预混液密度/(g/cm³)；

g——重力加速度/(m/s²)；

d——陶瓷粉末粒径/μm；

η——陶瓷浆料黏度/(mPa·s)。

由式(2-6)可知，陶瓷浆料粉末的沉降率和陶瓷粉末与预混液密度差、粉末粒径、浆料黏度等有关。为测试本书的树脂基陶瓷浆料稳定性，取体积分数 40%的 β-TCP 树脂基陶瓷浆料 120g，密封保存，每隔 48h 将浆料倒入新烧杯，测量沉积在原烧杯底部的陶瓷颗粒和浆料质量得到沉降率，陶瓷浆料沉降率测量结果如图 2-38 所示。

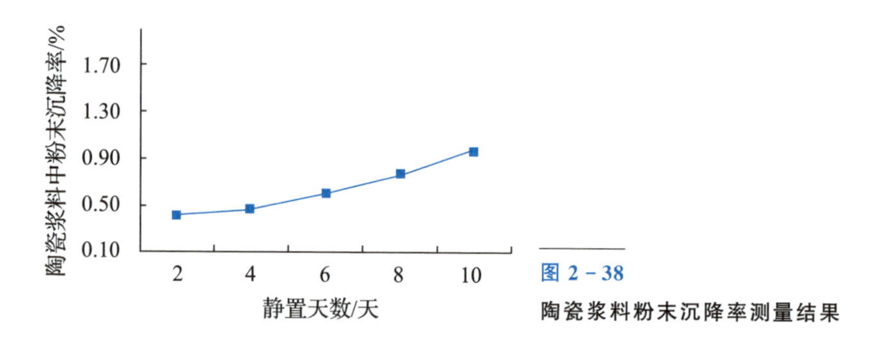

图 2-38
陶瓷浆料粉末沉降率测量结果

由实验结果可知，随静置天数的增加，陶瓷浆料沉降率缓慢增大，沉降颗粒越多，但总体来说其沉降率很小，即使放置 10 天，其沉降率也仅为 0.97%，相比水基陶瓷浆料，其沉降率小很多。主要原因在于树脂基陶瓷浆料其黏度远高于水基浆料，而陶瓷浆料沉降率与其黏度成反比，此外树脂基不受水分蒸发的影响，使得陶瓷颗粒在其中分散较均匀，其沉降率在静置数十天后，其变化仍然很小，因此其浆料的稳定性更高，保存时间更长。

2.3.3 陶瓷浆料配方及制备工艺

1. 陶瓷浆料配方

综合考虑以上实验中对陶瓷浆料体系及材料选择、浆料流变性、光固化性能的研究，确定浆料预混液材料及配比、分散剂含量、光引发剂含量、光吸收剂含量对浆料流变性、光固化性能的影响，并对浆料稳定性进行分析，最终确定了光固化的β-TCP 树脂基陶瓷浆料的配方，其成分配方如表 2-34 所示，固相体积分数为 40%，黏度为 448.2mPa·s。

表 2-34 β-TCP 树脂基陶瓷浆料配方表

组成	组分材料			占比
预混液	单体	聚乙二醇二丙烯酸酯 PEG(400)DA	质量分数 34.6%	60%
	交联剂	3,3-二甲基丙烯酸	质量分数 28.3%	
	溶剂	聚丙二醇	质量分数 37.1%	
光引发剂	2,4,6-三甲基苯甲酰基-二苯基氧化磷(TPO)			预混液的 10%
光吸收剂	2-(2-羟基-3,5-二丁叔基苯基)-5-氯代苯并三唑(UV-327)			预混液的 0.2%
分散剂	聚丙烯酸钠			陶瓷粉的 0.5%
陶瓷粉末	β-TCP 陶瓷粉末			40%

2. 陶瓷浆料制备工艺

在树脂基陶瓷浆料的制备过程中，涉及多种物质，多种物质的加入顺序及搅拌球磨等对最后浆料的流变性、光固化性能都有影响，根据浆料配制过程中的实际经验，制定如图 2－39 所示的陶瓷浆料制备流程，具体分为以下几步。

(1)按表 2－34 配比将聚乙二醇二丙烯酸酯和 3,3－二甲基丙烯酸加入到聚丙二醇溶剂中，并超声分散 30min，得到浆料预混液；

(2)按表 2－34 配比在预混液中加入光引发剂和光吸收剂，并在30℃下搅拌 2h，使引发剂和吸收剂溶解混合均匀；

(3)按表 2－34 先将一半分散剂加入到预混液并搅拌 30min，然后加入一半陶瓷粉末球磨 3h，再将另一半分散剂加入并搅拌 30min，最后加入剩余一半陶瓷粉末球磨 3h，将浆料抽真空 20min，得到流动性较好的光固化陶瓷浆料。

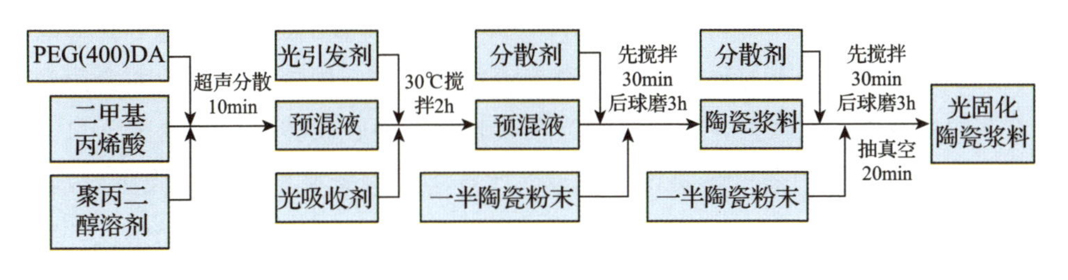

图 2－39　陶瓷浆料制备流程

陶瓷光固化工艺中，陶瓷粉末的加入使得流变性、光固化性能、浆料稳定性都与树脂材料有很大不同，其次粉末对光散射、粉体颗粒沉降对浆料的固化、保存稳定性都有较大影响，而浆料在固化后还需要进一步烧结。基于以上问题，对浆料材料的选择、光固化性能、固相含量等都有要求，此外基于陶瓷底曝光工艺所用的陶瓷浆料还应该有较高的素坯强度以及自由基的氧抑制效应等条件。

1)浆料体系及材料选择

本书针对陶瓷底曝光工艺中固化层难分离等问题，分析树脂基浆料和水基浆料的特点，不同浆料体系和配制材料，其光固化性能、烧结性能也会表现出不同的性能，基于树脂基浆料成形的素坯强度高，利于保证成形素坯的完整性好、固化性能好、稳定性好等特点，选择了基于丙烯酸酯基的陶瓷浆料体系，并根据不同官能团的丙烯酸酯单体的固化性能，确定了单体及其预混液配比。考虑到底曝光光源的特点及陶瓷颗粒散射的影响，在浆料体系中选择了高吸收、高效率的光引发剂和光吸收剂，增加光吸收效率，减小粉末散射影响。本书在选择单体及光引发剂时还考虑到后期利用氧气抑制自由基光固化这一原理，以便后期利用该原理研究固化层分离问题，最终获得固化性能较好、素坯强度高、稳定性好的光固化树脂基陶瓷浆料。

2)浆料流变性和光固化性能

在陶瓷底曝光工艺中，浆料黏度、光固化性能对浆料的成形影响都较大，较低的黏度不但有利于浆料的涂层及快速流平，而且可以减小底曝光中固化层分离时对素坯的黏附力，避免陶瓷素坯出现断层、局部缺陷，这对底曝光中陶瓷的成形至关重要，聚丙烯酸钠分散剂的加入可显著提高β-TCP陶瓷粉末表面的zeta电位，使陶瓷浆料黏度降低，但低的黏度和高的固相含量是相互矛盾的，根据式(2-4)中浆料透射深度D_p与固相含量、粉末粒径、预混液折射率以及陶瓷粉末与预混液折射率差等都有关系，固相含量的增大会使光在浆料中发生多次散射，严重降低光固化性能，而在粉体确定的情况下只能改变预混液折射率来提高固化厚度，因此本书在陶瓷浆料加入了光吸收剂，增大浆料对紫外光的吸收，减小粉末与预混液折射率差来提高固化厚度。浆料固相含量影响最终零件的致密度和力学强度，本书中陶瓷浆料固相体积分数定为40%，在保证浆料黏度、光固化性能的同时，又能保证浆料稳定成形以及后期烧结要求，当然，固相含量还有进一步提升的空间。

3)预混液和陶瓷浆料光敏参数

通过对表征预混液和陶瓷浆料的光固化性能参数进行测定，证明了在同样曝光量下，陶瓷浆料固化厚度远小于预混液固化厚度，陶瓷粉体对光的散射作用影响较大。周伟召等对氧化硅水基陶瓷浆料的性质做了研究，结果也发现陶瓷浆料相比其预混液，临界曝光量和透射深度分别减小了91.6%和97.1%，相比而言，树脂基陶瓷浆料中粉末散射影响较小，此外树脂基浆料中，陶瓷粉末与预混液折射率之差也较小，使得浆料固化性能更好。

基于陶瓷底曝光技术的成形特点和树脂基与水基陶瓷浆料的对比分析，本书决定树脂基陶瓷浆料的配比材料，并通过分析浆料流变性、光固化性能、预混液和浆料的光敏参数以及浆料的稳定性，明确了预混液配比、分散剂质量分数、光引发剂质量分数、光吸收剂质量分数等对浆料流变性、光固化性能的影响规律，并且确定了预混液及浆料光敏参数、陶瓷浆料配比及配制工艺，主要结论如下。

(1)以聚乙二醇二丙烯酸酯为单体的预混液中，分散剂含量为粉体质量的 0.5%，光引发剂、光吸收剂含量分别为预混液质量的 10%和 0.2%时，可配得固相体积分数 40%、流动性良好的光固化树脂基陶瓷浆料，其黏度为 448.2mPa·s，浆料在静置 10 天后沉降率仅为 0.97%，稳定性较好；

(2)陶瓷浆料的光敏参数：透射深度 D_p 和临界曝光量 E_c 分别为149.44μm 和 14.24mJ/cm²，相比所用预混液，其分别减小了 64.1%和 26.9%，浆料的光固化性能弱于预混液的光固化性能。

参考文献

[1] GRIFFITH M L. Stereolithography of ceramics [D]. Ann Arbor: University of Michigan, 1995.

[2] 张新玉. 高浓度 SiC 浆料的制备[D]. 重庆：重庆大学，2001.

[3] 琚晨辉，王燕民. 颗粒粒度分布对高固相含量氧化铝浆料流变性能的影响[J]. 硅酸盐学报，2006，(08)：985-991.

[4] 丁钰，陈瑞峰. 颗粒级配法制备高固相含量低黏度氧化铝料浆[J]. 硅酸盐学报，2008，(S1)：58-62.

[5] ZAMAN A A, DUTCHER C S. Viscosity of electrostatically stabilized dispersions of monodispersed, bimodal, and trimodal silica particles[J]. Journal of the American Ceramic Society, 2006, 89(2): 422-430.

[6] HALLORAN J W, GRIFFITH M, CHU T M. Stereolithography resin for rapid prototyping of ceramics and metals, US6117612 A[P]. 2000-9-12.

[7] LIAO H. Stereolithography using compositions containing ceramic powders[D]. Toronto: Unirersity of Toronto, 1997.

[8] 张立伟，陈森凤. 精细氧化铝陶瓷水基凝胶注模成型工艺[J]. 电子元件与材料，2005，(04)：44-47.

[9] 宋晓岚，吴雪兰，等. 纳米 SiO_2 分散稳定性能影响因素及作用机理研究[J]. 硅酸盐通报，2005，(01)：3－7.

[10] GRIFFITH M L，HALLORAN J W. Freeform fabrication of ceramics via stereolithography[J]. Journal of the American ceramic society，2005，79(10)：2601－2608.

[11] 方图南，吴湘萍. 浓悬浮体的屈服应力和最大填充率[J]. 力学学报，1996，(04)：17－22.

[12] LIU D M. Particle packing and rheological property of highly-concentrated ceramic suspensions：φm determination and viscosity prediction[J]. Journal of materials science，2000，35(21)：5503－5507.

[13] 褚衡，刘仿军，等. 可见光固化树脂的固化性能的研究[J]. 塑料工业，2003(06)：45－47.

[14] 方道斌，郭睿威，哈润华. 丙烯酰胺聚合物[M]. 北京：化学工业出版社，2006.

[15] 严瑞瑄. 水溶性高分子[M]. 北京：化学工业出版社，1998.

[16] HULST H C. Light Scattering by small particle[M]. New York：Dover Publications，Inc，1981.

[17] WU K C. Parametric study and optimization of ceramic stereolithography[D]. Ann Arbor：University of Michigan，2005.

[18] TOMECKOVA V，HALLORAN J W. Predictive models for the photopolymerization of ceramic suspensions [J]. Journal of the European Ceramic Society，2010，30(14)：2833－2840.

[19] 卢寿慈. 工业悬浮液[M]. 北京：化学工业出版社，2003.

[20] BAE C J，HALLORAN J W. Integrally cored ceramic mold fabricated by ceramic stereolithography. [D]. Ann Arbor：University of Michigan，2008.

[21] HINCZEWSKI C，CORBEL S，CHARTIER T. Stereolithography for the fabrication of ceramic three-dimensional parts [J]. Rapid Prototyping Journal，1998，4(3)：104－111.

第3章
光固化成形实验平台改进

3.1 氧化硅陶瓷光固化成形实验平台改进

建立和完善合适的陶瓷光固化成形实验平台是开展陶瓷光固化成形基础研究的必要条件。陶瓷件光固化直接成形设备是以原有的树脂光固化成形设备SPS450B为基础，为适应新的工艺及制作要求而重新进行了设备的部分设计与改装。具体设计了新的小型浆料槽、网板及网板支架、添加浆料液位检测及补浆料机构、添加搅拌系统，同时也制作了与之配套的小型刮刀。

3.1.1 设计小型实验平台的目的

原SPS450B光固化成形机自带的用于树脂光固化的浆料槽不适用于目前的陶瓷光固化成形基础研究和小批量制件，主要原因是体积过大(450mm×450mm×300mm，容积超过60L)，如图3-1所示。

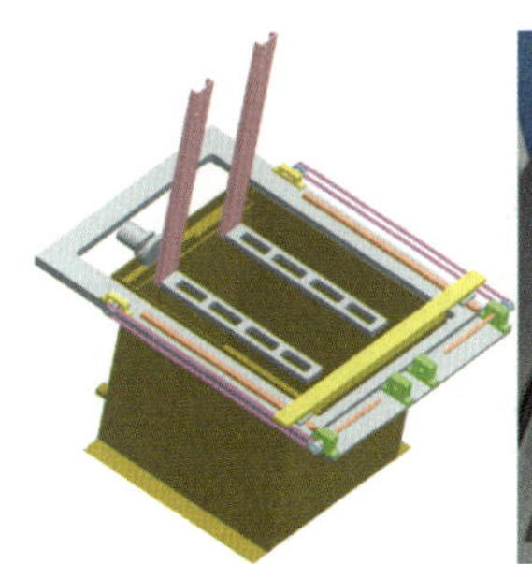
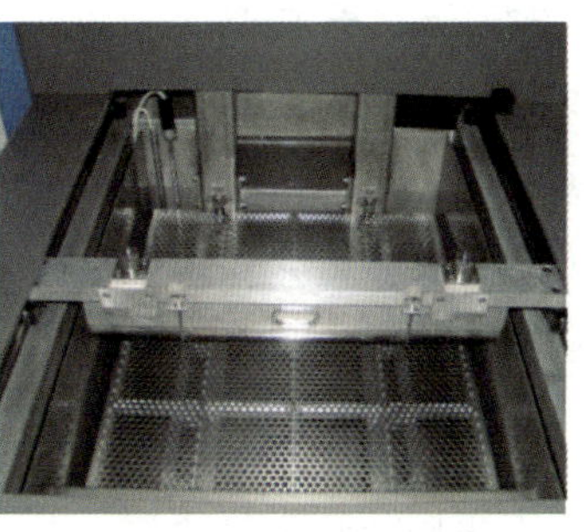

图3-1
原浆料槽CAD图与实际照片

若使用原浆料槽则需要约60L的浆料才能填满用于光固化成形，这样使得浆料的配料、搅拌、搬运及浆料槽的清洗过程既费力耗时且不方便。因此可在保证陶瓷件制作尺寸的前提下减小槽子的容积以方便制作中小尺寸陶瓷零件并提高浆料的利用率，减小所需浆料的体积，更好地满足当前的陶瓷光固化制件研究需求。

3.1.2 设计内容

根据原 SPS450B 型光固化成形机的结构及尺寸，本书使用 Pro/Engineer 软件重新设计了一款小容积的浆料槽，其净尺寸为 247mm × 162mm × 228mm，容积 $V = 9.12$L（使用的不锈钢板厚度为 2mm）。其置入大槽的装配图如图 3-2(b)所示。

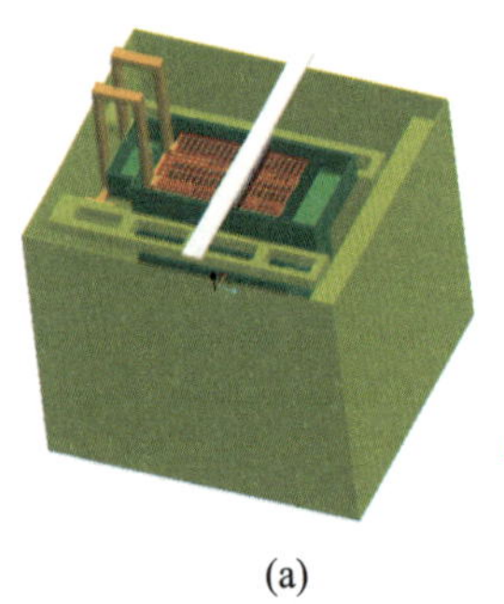

(a)

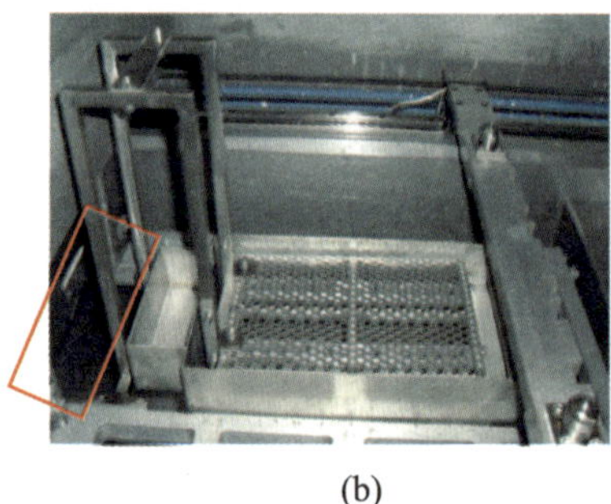

(b)

图 3-2 重新设计的小容积浆料槽
(a)浆料槽的 CAD 装配图；(b)实际安装照片。

设计的机构包括新的浆料槽、网板、网板支架以及刮平器，升降机构以及皮带传动机构沿用原有的。我们将新网板支架内嵌于大网板托架内侧并使用原有螺栓及螺孔与之固定，以此保证新大网板支架的运动带动新小网板支架的运动，从而达到控制小网板升降的目的，其运动速度与大网板完全一致，但是需要更换新的限位开关来保证升降（z 方向运动）和涂敷刮平（y 方向运动）的行程范围在小浆料槽内，不与之产生干涉。

另外，设计浆料槽和网板时必须保证新的小网板平面中心与原大网板平面中心重合，从而保证激光垂直入射位置保持在网板平面中心。同时，为保证激光入射在浆料液面上的焦距位置一致，新网板 z 方向零位也需与原网板一致；升降行程和有效制件深度为 200mm 以上，并保证其不会与刮平及槽底发生干涉。

由于已固化层的表面张力作用，托板仅下降一层厚距离时，依靠树脂的自然流动，液面很难恢复到水平的静止位置，有时甚至不可能。为了进行下一层的扫描，必须在固化层的上表面再涂上一层树脂，并且使其厚度等于所设计的待固化层厚度。由于激光在扫描时，要求液面各处的光斑大小恒定。一般是在垂直方向与液面的交点处为光线的焦点位置，而在液面的其余各处是通过光路系统中的动态聚焦镜来保证焦点大小。但是这样必须同时保证在零件的制作过程中液面的位置恒定，也就是说，液面的位置应该始终处于焦点平面(垂直处焦点所在的水平面)。否则，光斑的大小无法保持恒定，在扫描时也就无法进行光斑直径的补偿。每一层的厚度是通过托板相对于液面准确下降的距离来实现的，这很容易通过机械结构来保证。但是，问题的关键是如何保证液面的位置不动以及液面的平整性，否则，每一层的厚度及均匀性就无法保证。当完成了均匀涂层后，即可开始本层的扫描，然后重复此过程，直至整个零件制作完成。这一问题看来简单，但是由于托板下降对液面的扰动、树脂的黏性、固化过程的体积收缩、固化后表面张力的影响，欲快速地实现均匀涂层并非易事。

重新设计的浆料槽及机构可以实现浆料槽方便更换，不仅满足基本的基础实验需求，同时可以用于制作中小型实际复杂陶瓷件。与成形机自带的树脂槽近 60L 的体积相比，新的浆料槽的容积只有原浆料槽的 1/7～1/6，可以节省原料，提高整个实验流程和研究效率。

1)添加液位检测与补浆料系统

设计的添加液位检测与补浆料系统(浮块系统)，能实现浆料的实时补给，保证液位的稳定，这套系统的工作原理与原 SPS450B 型光固化成形设备中的基本相同，根据新的陶瓷浆料槽的尺寸而重新设计和定位以配合新的陶瓷光固化成形机的运行。

2)抗沉淀机械搅拌机构设计

由前面对陶瓷浆料的沉降性、分散性的改善研究可知，可以使用底置式叶轮机械搅拌装置装配到槽子里面以供实时搅拌。图 3－3 为添加了液位检测、补浆料系统以及搅拌设备的新的陶瓷浆料槽及附件机构装配图。

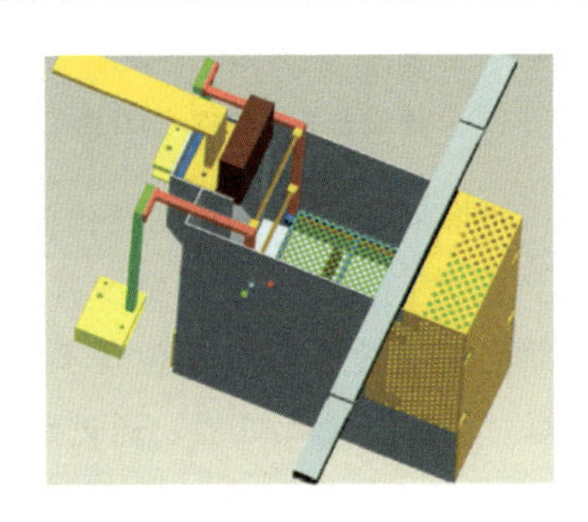

图 3－3
添加附件的陶瓷浆料槽及附件装配图

3.2 氧化锆陶瓷光固化成形实验平台改装

3.2.1 光固化成形实验平台改装要求

氧化锆陶瓷光固化成形实验平台是在原 SPS450B 型光固化成形机的基础上改装得来的。原设备关键结构 CAD 图如图 3-4 所示。原树脂光固化成形机存在以下几个问题。首先，树脂槽的容积较大——约 90L，对陶瓷浆料光固化成形实验而言，经济性较差；其次，原设备上采用了真空吸附式刮平器，虽然对树脂材料可以有效地进行刮平及涂覆，但是陶瓷浆料的流变性与光敏树脂差别较大，且陶瓷浆料中的陶瓷粉末易析出并附着在刮平器的真空腔体内，造成堵塞，因此真空吸附式刮平器不适用于陶瓷浆料；最后，陶瓷浆料作为一种悬浊液，在保存一段时间后，稳定性会下降，陶瓷粉析出并沉降，因此需要定期对陶瓷浆料进行球磨或搅拌，以保证浆料稳定性。原有的树脂光固化成形机，由于树脂比较稳定，因此无须考虑以上问题。综上所述，原有设备难以满足陶瓷光固化成形的需要，因此要对其进行改造。

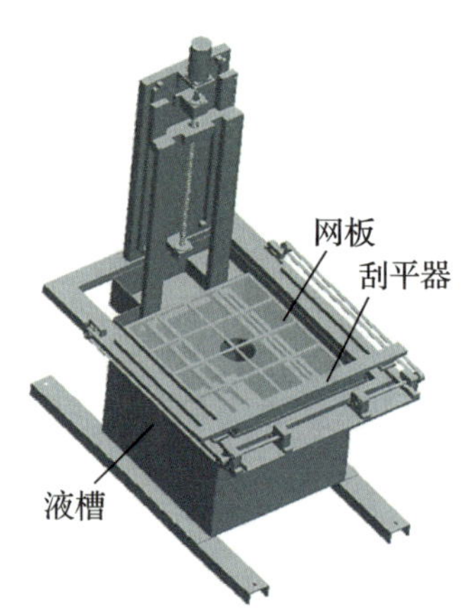

图 3-4
原设备关键结构 CAD 图

陶瓷浆料在光固化成形过程中，如果液面位置一直在变化波动，不仅影响涂层精度，还会造成激光扫描光斑变大，对零件成形精度有很大的影响，因此液面必须始终保持在激光焦平面的位置上。在液面位置不变的前提下，陶瓷光固化成形实验平台必须保证每一层浆料成形之后，通过刮平机构刮板的水平刮削运动，促使液面加快流平，保证涂层厚度及液面平整度。此外，因为有长时间加工零件的可能性，所以需要考虑陶瓷浆料的沉降问题，要求通过实验平台内置装置搅拌陶瓷浆料，提高浆料的稳定性，防止沉降的发生。

根据以上分析，提出对于陶瓷光固化成形实验平台的 3 点要求：

(1)液面始终在焦平面上；

(2)涂层厚度均匀，液面平整；

(3)能够减缓陶瓷浆料的沉降。

根据上述要求，在 SPS450B 型光固化成形机的基础上，拆除原有的液槽和网板，重新设计适用于氧化锆陶瓷光固化成形的浆料槽、网板和刮板，并对浆料槽位置和刮平定位进行分析与设计。改装设计后的 CAD 图如图 3 - 5 所示。

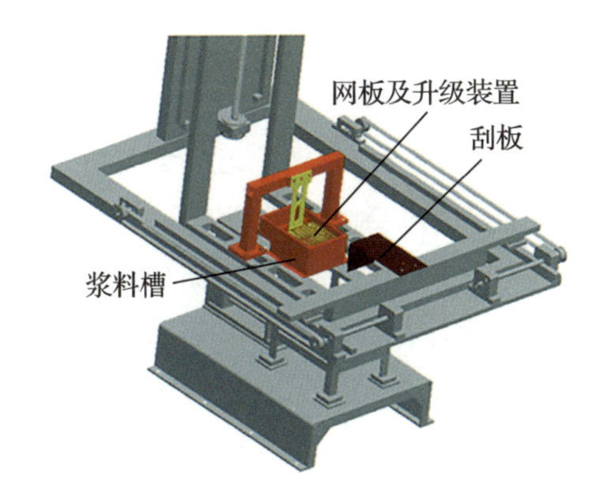

图 3 - 5

改装后实验平台 CAD 图

网板是陶瓷浆料光固化成形的平台，上面带有细小的网孔。最初选用的网板材料为不锈钢，在实验中发现，由于不锈钢表面比较光滑，固化基础层难以附着在上面，在流动浆料的冲击下极易发生偏移甚至飘走。因此，改进后的网板采用了树脂材料，并在表面设计了细小的条纹，以增大固化基础层与网板的接触面积，保证成形质量。网板及其附属零件设计如图 3 - 6 所示。

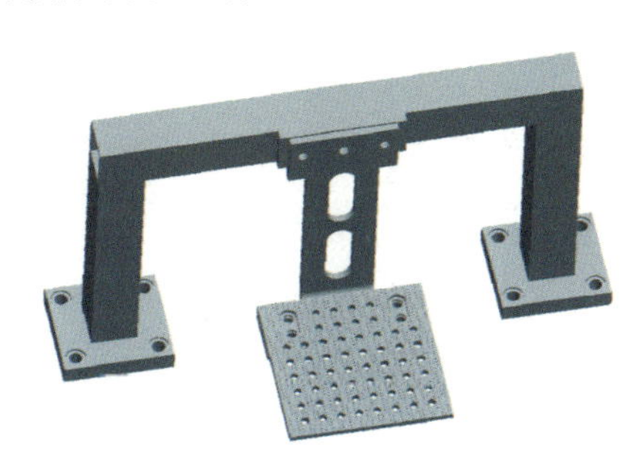

图 3 - 6

网板及其附属零件设计图

此外，陶瓷浆料长时间放置，会发生沉降现象。因为在陶瓷光固化成形过程中，有可能需要长时间连续加工零件，故需考虑到陶瓷浆料的沉降问题。根据实验研究结果，如果不采取措施，浆料在制备第 8 天后沉降速度开始大幅加快，此时便需要将浆料从浆料槽倒出，再次球磨或者超声搅拌，整个周期较长，影响工作效率。在实验平台内加装陶瓷浆料搅拌装置，可以延缓浆料的沉降趋势，提高浆料的稳定性。因此，在陶瓷光固化成形实验平台中设计了专门放置电磁搅拌器的基座，将电磁搅拌器置于浆料槽下方，可定期对陶瓷浆料进行搅拌。

3.2.2 刮平机构的定位设计

在陶瓷光固化成形过程中，涂层精度对零件成形精度起着决定性的作用。因此，在成形过程中，必须保证层厚均匀、液面平整，涂层厚度接近规定层厚。而陶瓷浆料具有一定黏度，自然流平需要较长时间，因此需要有辅助机构帮助液面流平，而刮板就起到了这样的作用。刮板在刮削运动中，受到陶瓷浆料黏度的影响，必然会有部分浆料被刮板带走。因此刮板与浆料液面的距离对于保证涂层厚度是一个关键参数。此外，刮板的刮削运动必须保持水平，且刮板底端刃口处必须保证直线度，这样才能保证刮板轨迹是一个水平面，刮板运动如图 3－7 所示。

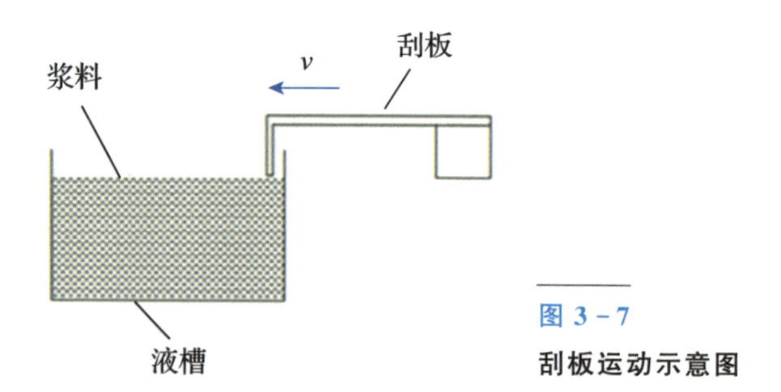

图 3－7
刮板运动示意图

要确定刮板底面距液面的距离，首先要分析刮板底面与已成形陶瓷零件之间，陶瓷浆料的流动情况。由于刮板底面厚度远大于分层厚度，因此可以将刮削时的陶瓷浆料流动情况，简化为平行板间的流动模型，并作如下 3 个假设：

(1)流动是层流；

(2)流动是等温的；

(3)壁面处无滑移。

刮板刮削浆料时，对于浆料有拖曳作用，产生的剪切力带动浆料向刮板运动方向移动，形成拖曳流，如图 3-8 所示。

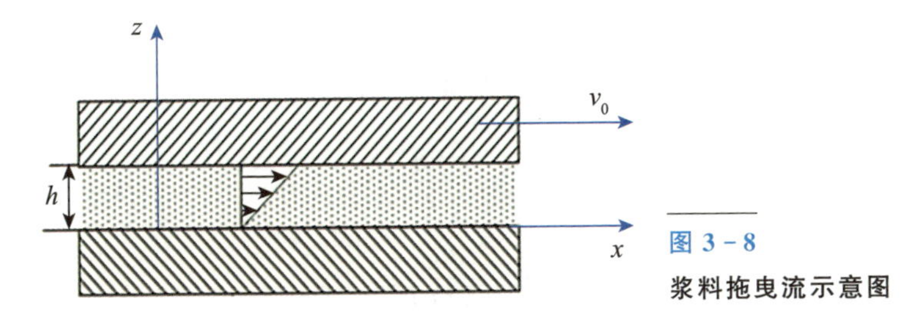

图 3-8
浆料拖曳流示意图

而在此过程中，刮板前端浆料堆积，会对浆料造成与刮板运动方向相反的压力，从而形成压力流，如图 3-9 所示。

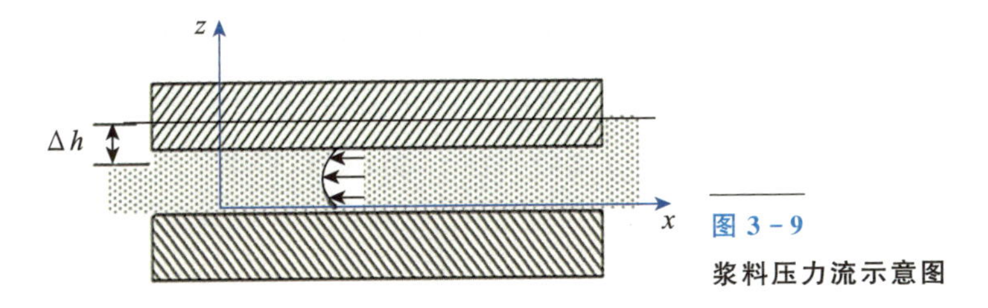

图 3-9
浆料压力流示意图

陶瓷浆料在拖曳流和压力流的共同作用下，浆料流速分布情况如图 3-10 所示。

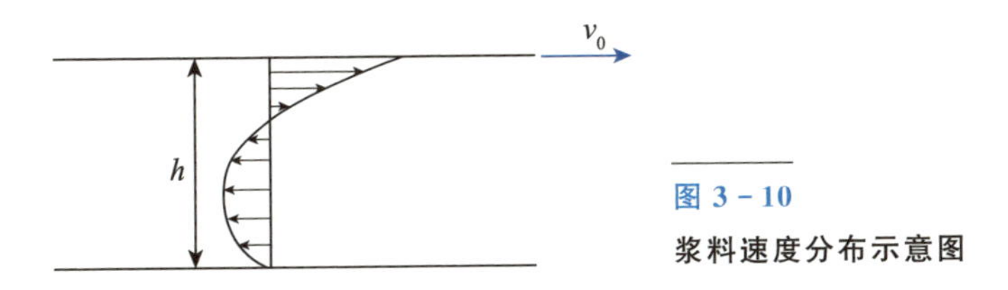

图 3-10
浆料速度分布示意图

根据对浆料流动情况的分析及陶瓷浆料的流变性，结合流体力学的相关知识，可以给出陶瓷浆料在压差和剪切共同作用下的流量公式：

$$Q = \frac{Bh}{2} v_0 - \frac{Bh^3}{12\mu L} \Delta p \tag{3-1}$$

式中　Q——流量(mm^3/s)；

B——刮板宽度(mm)；

h——分层厚度(mm)；

μ——运动黏度(mPa·s);

Δp——压力差(mPa);

L——刮板厚度(mm);

v_0——刮板运动速度(mm/s)。

由式(3-1),流量 Q 可以分为两部分,即

$$Q_1 = \frac{Bh}{2} v_0 \tag{3-2}$$

$$Q_2 = \frac{Bh^3}{12\mu L} \Delta p \tag{3-3}$$

Q_1 代表由拖曳剪切力产生的流量,Q_2 代表由压差导致的压力流量。代入以下数值 $B = 55\text{mm}$,$h = 0.1\text{mm}$,$L = 2.5\text{mm}$,$\mu = 190\text{mPa}\cdot\text{s}$,$v_0 = 30\text{mm/s}$,$\Delta p = \rho \cdot g \cdot \Delta h = 1.568\text{mPa}$,进行计算得 $Q_1 = 82.5\text{mm}^3/\text{s}$,$Q_2 \approx 1.51\times10^{-5}\text{mm}^3/\text{s}$。由此计算可以发现,$Q_1 \gg Q_2$,陶瓷浆料流动主要受到刮板拖曳剪切力作用,压差流可以忽略不计。因此可以得出

$$Q \approx Q_1 = \frac{Bh}{2} v_0 \tag{3-4}$$

由式(3-4)可以看出,在刮板刮削陶瓷浆料时,带走的陶瓷浆料约为刮板底平面与已成形零件之间陶瓷浆料的一半。因此,为了保证涂层厚度,刮板下边缘距已成形零件距离应为分层厚度的2倍。

陶瓷光固化成形实验平台沿用SPS450B型光固化成形设备的刮平运动机构,并在原有设备上加装刮板,刮板材料为聚四氟乙烯,刮板在制造过程中应注意几何误差如平面度、垂直度、平行度等,整体刮平系统如图3-11所示。

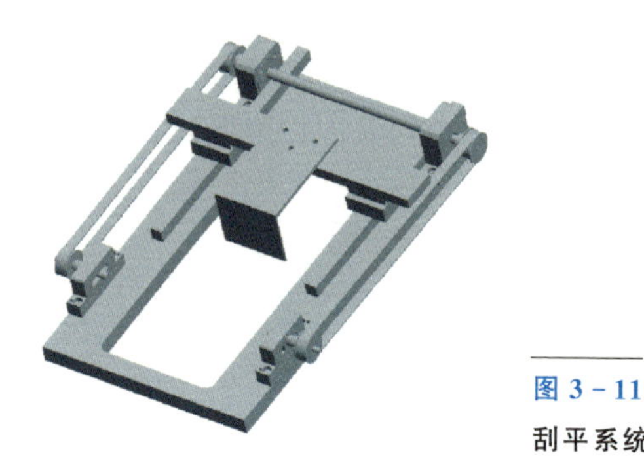

图3-11

刮平系统设计图

3.3 氧气控制陶瓷底曝光光固化成形系统的设计

现存底曝光设备多针对树脂材料，而陶瓷浆料在物理性质、光固化性能等多个方面与一般树脂材料都有较大的差异，因此有必要开发高精度、高性能的陶瓷底曝光成形设备，这要求设备的光源系统、设备机构设计等都要与该技术特点及浆料固化特性相匹配。陶瓷底曝光光固化成形系统中，为保证固化层分离，对成形系统提出以下要求：①有专门送料及浆料涂层机构，避免较多陶瓷浆料直接盛放在液槽中而对固化层产生较大黏附力；②有合理的固化层分离机构，保证固化层较好分离。

针对陶瓷底曝光成形技术要求，搭建了氧控陶瓷底曝光光固化成形系统，主要包括光源投影系统、浆料供给系统、送料涂层与 z 轴运动系统、氧气控制系统。光源投影系统主要完成打印模型的片层投影及曝光参数控制；浆料供给系统主要靠供给动力源将陶瓷浆料输送到待打印区域；涂层与 z 轴运动系统包括送料涂层机构及 z 轴打印运动；氧气控制系统主要采用供氧系统输送到透氧液槽底部，解决固化层分离问题，成形系统搭建流程如图 3-12 所示。

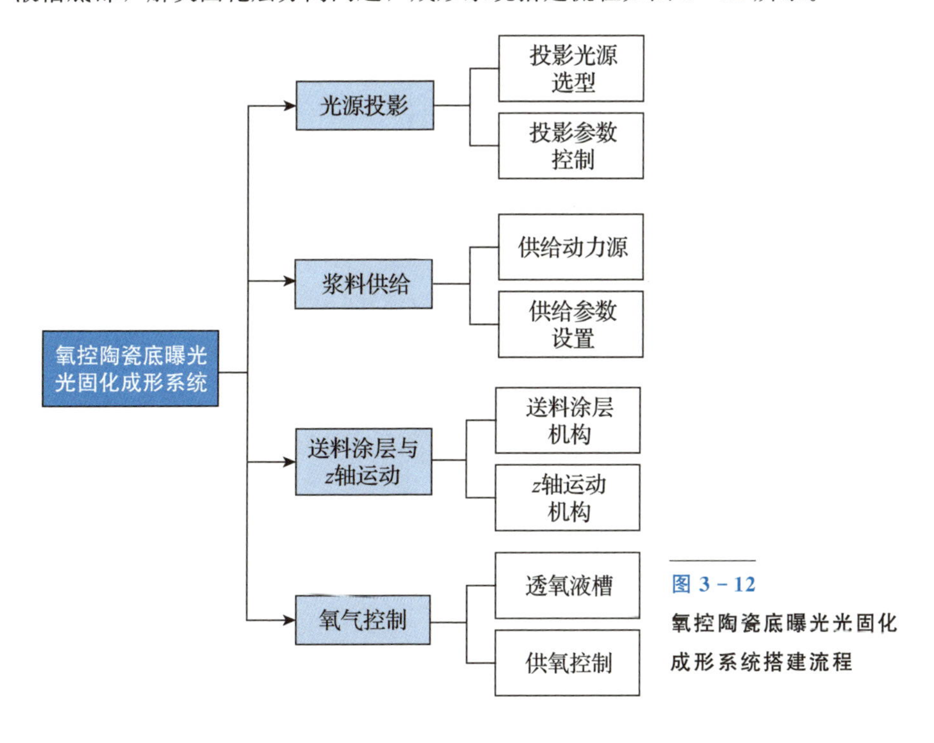

图 3-12 氧控陶瓷底曝光光固化成形系统搭建流程

3.3.1 面光源投影和浆料供给系统设计

1. 光源投影系统

面曝光成形技术发展由来已久，但受投影掩膜技术的制约一直停滞不前；后来随着微光学元件的发展，如数字微镜（digital microminor device，DMD）、液晶显示（liquid crystal display，LCD）等投影掩膜技术的出现，面曝光成形技术才逐渐得到广泛关注。投影掩膜的生成对面成形技术的精度、质量等有重大影响，所用陶瓷浆料的特征波长在405nm左右，因此所选用光源应该是波长集中在该波段的紫外线光源。常用的投影光源主要是基于DMD和LCD技术生成投影掩膜，两者的性能对比如表3-1所示。

表3-1 DMD与LCD投影掩膜技术比较

比较点	DMD投影光源	LCD投影光源
核心技术	全数字的DMD微小反射镜阵列	液晶板反射
清晰度	像素间隙小，画面清晰，无闪烁现象	像素间隙大，有马赛克现象，微有闪烁
彩色还原度	高（数字成像原理）	一般（受数模转换的限制）
亮度	高	一般
灰度级	高（1024级/10bit）	层次不够丰富
性能	密封封装，环境影响小，寿命长，可靠性好	LCD液晶材料对环境影响大，不稳定

通过对比可以发现，LCD投影光源其像素间隙大，会有马赛克现象，且会出现图像闪烁，此外由于LCD材料受环境影响较大，性能不稳定，所以不适合连续长时间工作。DMD投影光源其核心部件是DMD芯片，其基本原理是光投射到DMD芯片上的微小反射镜阵列，每个镜片都可在一定角度内自由旋转并由单独控制，从而投影出图案。由于使用了DMD芯片，投影图像的画面质量稳定、精确度较高，对比度、亮度、均匀度都非常出色，因此本书采用基于DMD投影的光源系统。

本书采用的光源是基于德州仪器开发的DLP PRO 4500光源，该光源系统专门用于紫外光固化技术，所使用光源为UV-LED光，可直接将模型片层信息投影输出，满足光固化打印的需求，其基本信息如表3-2所示。

表 3-2　DLP PRO 4500 光源信息

光源	UV-LED	投影幅面	65.6mm×41mm(投影距离：92mm)
DMD 芯片	0.45 英寸	投影分辨率	50 μm
亮度	150 流明[①]	对比度	1000：1
光源波长	405nm	投影分辨率	912×1140 像素

2. 浆料供给系统

为减少陶瓷浆料对固化层的黏附力，浆料必须逐步递送到固化区域，为此本书中需采用专用的浆料供给系统间歇性供料，考虑到目前陶瓷浆料的黏度约为 500mPa·s，且每次送料时都在上层浆料固化过程中，每次送料只需满足一层浆料的固化即可，计算浆料供给的流量约为 0.02～0.1L/min，根据浆料黏度及供给流量，本书选择了微型磁力齿泵(MRA，JONSN，见图 3-13)，其流量可在 0.01～0.15L/min 之间调节，其最大黏度可达 3000mPa·s，基本满足陶瓷浆料的供给需求。

图 3-13
微型磁力齿轮泵

3.3.2　送料涂层与 z 轴运动机构设计

1. 送料涂层机构设计

在陶瓷底曝光技术中待固化陶瓷浆料夹在已固化陶瓷素坯和液槽底部之间，每层固化厚度由已固化陶瓷素坯和液槽底部的微小距离来保证，该距离一般在 20～100 μm 之间，会造成固化层分离时受到较大的分离力而破坏零件，分离力主要来自于以下两部分。

① 光通量单位，等于一烛光的均匀点光源在单位立体角内发出的光通量。

(1)浆料固化时，中间固化区域会形成真空态，造成固化层分离时较大的真空力，在打印大截面零件时该问题更突出；

(2)所使用的陶瓷浆料一般较黏稠，固化层分离时浆料对其有黏附力。

为了降低固化层分离时受到的分离力，保证陶瓷素坯的成形，需采用专用送料及涂层装置以及层分离方式来实现已固化陶瓷素坯和液槽底部的分离。本书针对陶瓷浆料的送料、涂层及分离过程，采用液压泵和同步带运动结合的方式分离陶瓷浆料，即完成了送料及涂层过程，又完成了固化层的分离：

(1)通过液压泵将陶瓷浆料逐步递送到液槽边的储液槽中，然后由安装在液槽底部的同步带运动将陶瓷浆料带至中间固化区域；在同步带运动的同时，安装在液槽上的可调高度刮板可以将浆料在同步带上涂覆均匀平整；

(2)固化完成后，工作台抬升一段距离，同步带运动完成固化层与液槽底部的剪切分离。具体设计结构如图 3-14 所示。

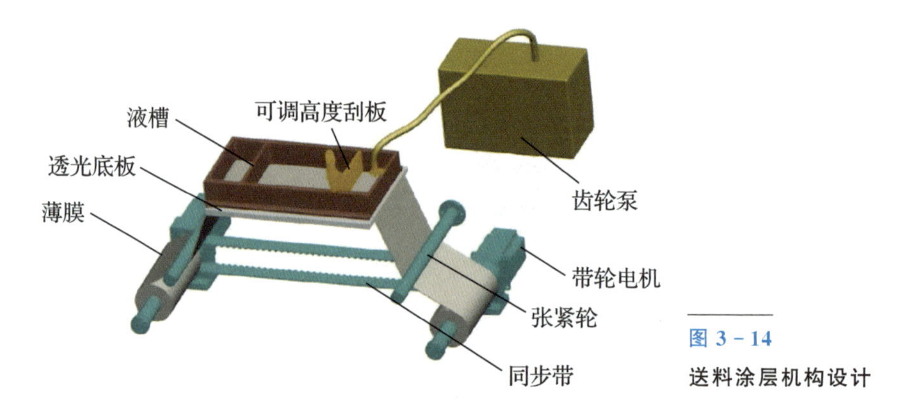

图 3-14
送料涂层机构设计

采用齿轮泵和同步带递送材料的方式，不但可以有效节约陶瓷浆料，而且在递送时能利用可调高度刮板保证浆料的涂覆厚度，因此采用同步带运动带动薄膜运动递送材料，其一可以实现材料的递送及再涂层过程，其二在浆料固化完成后，可以利用薄膜的水平剪切运动实现陶瓷素坯与液槽的分离。

2. z 轴运动机构设计

底曝光设备中 z 轴方向为零件层层叠加的方向，因此 z 轴精度关乎最终成形零件的精度。陶瓷素坯打印过程中，模型的分层厚度一般在 20～100 μm，根据分层厚度(20～100 μm)、打印零件高度(最大 200mm)等要求，选择了高精密型电控平移台(CQ15TA250，江云光电)作为 z 轴运动机构，采用松下

MSMD200 伺服电机驱动，其最大行程范围为 250mm，最小分辨率为 1 μm，结构如图 3－15 所示；并加装光栅尺形成闭环控制，光栅尺分辨率为 1 μm(行程 500mm 内)，满足 z 轴最小分辨率 20 μm 的要求，其具体参数如表 3－3 所示。

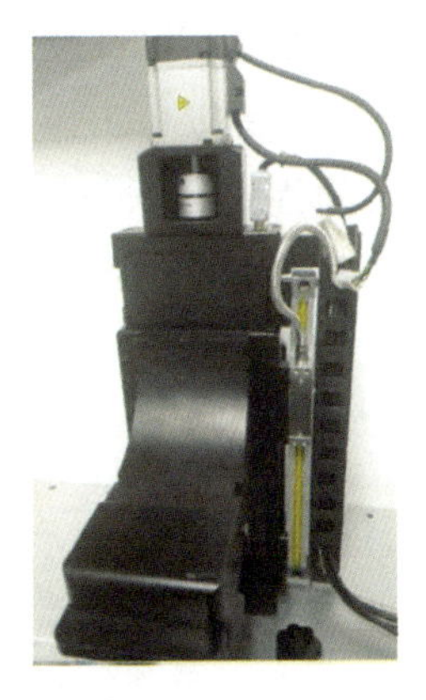

图 3－15
z 轴运动机构结构

表 3－3　z 轴运动机构结构和精度参数

z 轴运动机构	行程范围		250mm
	结构参数	电机	松下 MSMD200，最大转矩 1.91N · m
		导杆	高精密线性滑块导轨(TBI 丝杆导轨五级精度)
		螺杆	高精密滚珠螺杆(TBI 丝杆导轨五级精度)
		主体材料	铝合金
	精度参数	最大速度	40mm/s
		分辨率	20 μm(无细分)，1 μm(20 细分)
		重复定位精度	10 μm
		光栅尺	栅距 10 μm，分辨率 1 μm

3. 工作台的设计

底曝光设备中已固化的陶瓷素坯粘接在工作台的底部，为增大固化首层与工作台底部的黏结力，并方便零件固化完后从工作台上取下清洗，对工作台底部材料的选择及表面处理非常必要。本书对常用的 3 种材料：铝合金、钢化玻璃、45 钢进行测试，实验所用材料为自制的 β－TCP 陶瓷浆料，结果显示，固化的陶瓷素坯在铝合金和 45 钢材料的工作台上粘接并不牢靠，这主要是因为金属表面比较光滑，而且容易吸附灰尘、油脂等，而陶瓷素坯在钢化玻璃表面粘接较牢，因此采用钢化玻璃作为工作台材料较为合适。此外为了进一步增大陶瓷素坯在钢化玻璃表面的黏附力，在钢化玻璃表面制作微小结构：在其表面制造横纵交错的沟壑，沟壑的形状为倒置梯形，考虑到陶瓷浆料的固化厚度在200 μm以下，将沟壑的深度设置为50 μm。当光固化初始层时，有部分浆料将会填充到沟壑中被固化，工作台升起时固化的素坯受到沟壑中固化材料的牵引，可使陶瓷素坯牢牢粘接在工作台底面。为方便零件清洗机工作台拆装，将工作台和悬臂梁的固定方式设计为按压锁扣式结构，工作台上面的盖板和工作台之间安装有弹簧压片，将盖板压下后，工作台位置即锁死，结构如图3-16所示。

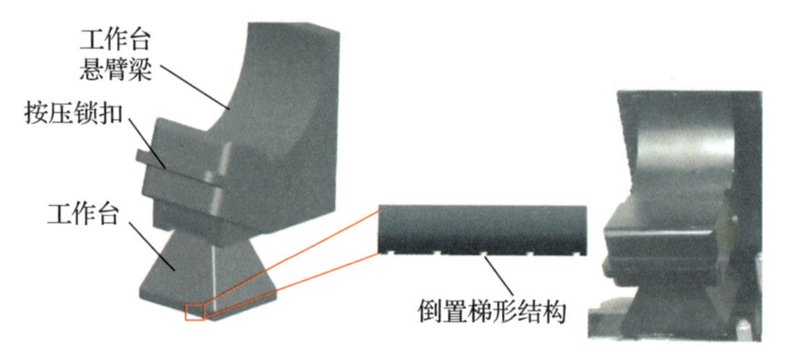

图3-16 工作台结构设计

3.3.3 氧气控制系统及整体设计

1. 氧控系统设计

为彻底解决陶瓷底曝光中液槽与固化层的分离，进一步提高打印的零件尺寸，本节中拟采用氧气对自由基聚合的抑制作用完成固化层分离，为此在陶瓷底曝光工艺中引入氧气浓度，在液槽底部有一气体腔，高度为0.5mm，气体腔上面采用厚度为1mm的PTFE薄膜作为薄膜支撑层，其膜表面采用激光打有均匀分布的微孔，孔径为200 μm；薄膜支撑层上面为厚度为100 μm的透氧薄膜，在打印时由制氧机经进气孔在液槽底部均匀供氧，制氧机可均匀调节氧浓度及流量，其氧气控制系统及液槽结构如图3-17所示。

2. 整体结构的设计

氧控陶瓷底曝光光固化成形设备整体主要包括以下部分：曝光系统、浆料供给系统、送料涂层与 z 轴运动机构、氧气控制系统，成形系统的整体结构及基本信息如图3-18所示。

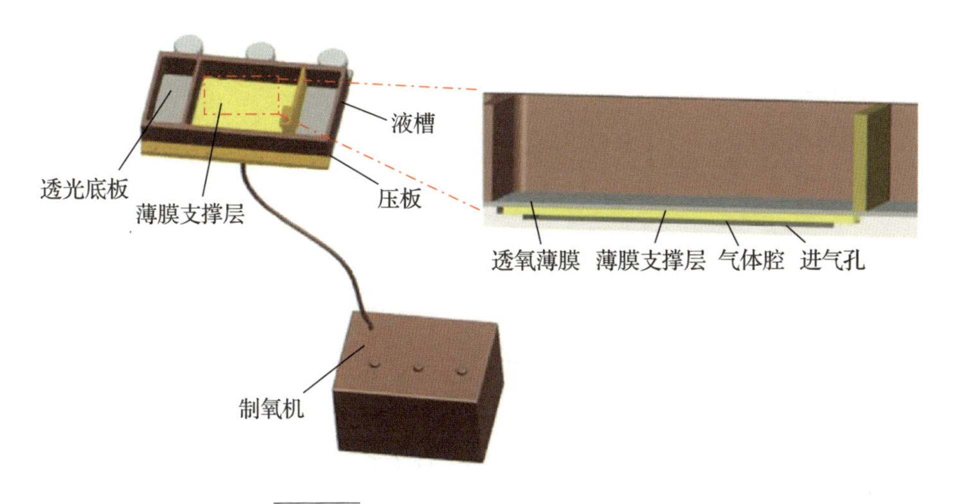

图 3-17　氧气控制系统及液槽结构设计

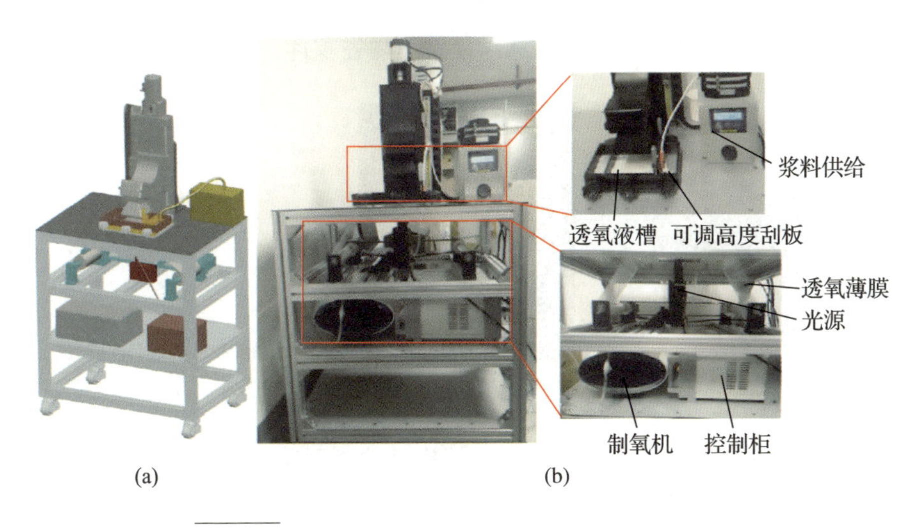

图 3-18　氧控陶瓷底曝光光固化成形系统整体结构

(a)整体结构设计；(b)成形系统实物图。

第4章
光固化成形机理的研究

当激光在光敏树脂表面进行单次扫描时，光敏树脂的固化结构就是单条固化线，单条固化线是光固化工艺的基本成形单元，直接影响成形工艺参数的选择及光固化零件的成形质量和精度。对于水基陶瓷浆料来说，其单条固化线是陶瓷光固化工艺的基本成形单元。单条固化线截面轮廓的固化宽度和固化厚度反映了截面轮廓的形状特征，因此可作为单条固化线的特征参数。图4-1为金刚石结构光子晶体CAD模型及陶瓷零件。

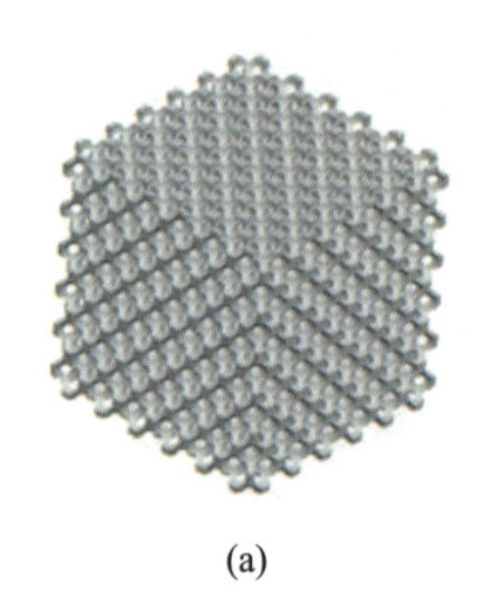

(a)

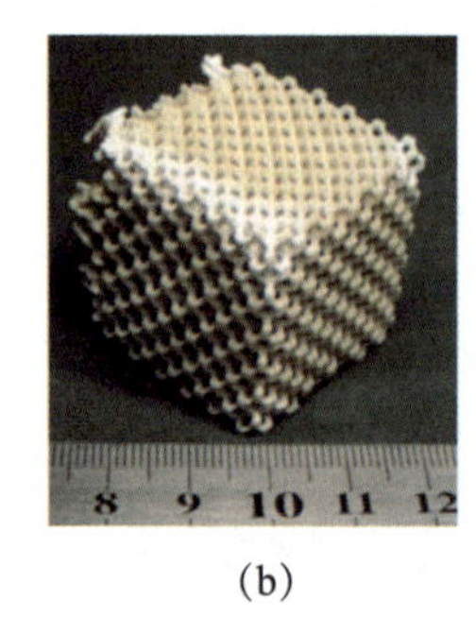

(b)

图4-1
金刚石结构光子晶体
(a)CAD模型；(b)陶瓷零件。

由图4-1可知，光子晶体的最小结构尺寸受到单条固化线特征参数的制约。Paul F. Jacobs推导了光敏树脂单条固化线的固化宽度和固化厚度公式[1]，结果表明光敏树脂的截面轮廓为抛物线形，其固化厚度大于固化宽度。但是陶瓷浆料中陶瓷颗粒的散射改变了激光在陶瓷浆料中的传播路径，使陶瓷浆料表现出与光敏树脂不同的光固化特性。M. L. Griffith将Lambert-Beer定律中的消光系数和散射结合起来，推导得到了陶瓷浆料的单条固化线厚度公式，但是R. Garg认为Lambert-Beer公式不适合用于高固相陶瓷浆料[2,3]；G. Allen Brady对比了光敏树脂和树脂基氧化铝陶瓷浆料单条固化线轮廓[4]，发现树脂基陶瓷浆料单条固化线截面轮廓呈扁平形状，其固相宽度大于固化厚度，但未进一步讨论光固化成形工艺对该截面轮廓的影响；基于米氏(Mie)

散射理论和 Percus - Yevick 理论，R. Garg 建立了陶瓷浆料内任意给定点的曝光量公式[3]，可根据陶瓷浆料的光敏参数，计算出单条固化线截面轮廓形状，但同样未研究光固化成形工艺对陶瓷浆料截面轮廓的影响；T. Chartier 研究了树脂基陶瓷浆料中单条固化线特征参数与曝光量之间的关系，但未讨论单条固化线固化厚度和固化宽度之间的关系[5]。单条固化线间的交错搭接形成单层，单层固化厚度影响陶瓷零件的成形过程，若单层固化厚度低于陶瓷浆料铺层厚度时，将导致陶瓷零件出现分层，如图 4 - 2 所示。

图 4 - 2
出现分层缺陷的陶瓷零件

但是陶瓷浆料单层固化机理的相关研究未见报道。在陶瓷浆料和激光功率、光斑直径已定的情况下，影响陶瓷浆料单条固化线特征参数的因素主要是扫描速度，影响单层固化成形的工艺参数则包括扫描速度、扫描间距和扫描方式。因此，本书首先研究扫描速度对于水基陶瓷浆料单条固化线特征参数的影响规律，建立单条固化线特征参数的预测模型；其次研究水基陶瓷浆料单层固化成形规律。

4.1 氧化硅陶瓷成形机理

陶瓷浆料光固化工艺成形过程与传统光固化过程类似，但是由于陶瓷浆料的光固化性能与光敏树脂不同，且陶瓷浆料的黏度高于传统光敏树脂，因此需考虑陶瓷浆料光固化成形过程中的特殊问题，如水基陶瓷浆料的支撑结构设计、陶瓷浆料固化成形工艺参数(如扫描速度、扫描间距、光斑补偿、分层厚度)的优化等，以提高陶瓷件的成形效率和精度。图 4 - 3 为水基陶瓷浆料在成形支撑和零件过程中出现的缺陷。

图 4 - 3 展示了水基陶瓷浆料成形过程中出现的 3 种缺陷，图 4 - 3(a)中支撑被刮刀刮坏，其原因在于在支撑成形过程中，陶瓷浆料没有及时流平，

支撑高度超过陶瓷浆料液面，导致被刮刀刮坏，陶瓷零件成形无法进行。图 4－3(b)和图 4－3(c)中利用水基陶瓷浆料成形的陶瓷零件出现分层和翘曲现象。出现这种现象的原因在于，在陶瓷零件成形过程中，其最初成形部分在网板深潜过程中因陶瓷浆料作用产生向上翘曲，导致陶瓷零件底部出现分层和翘曲现象。

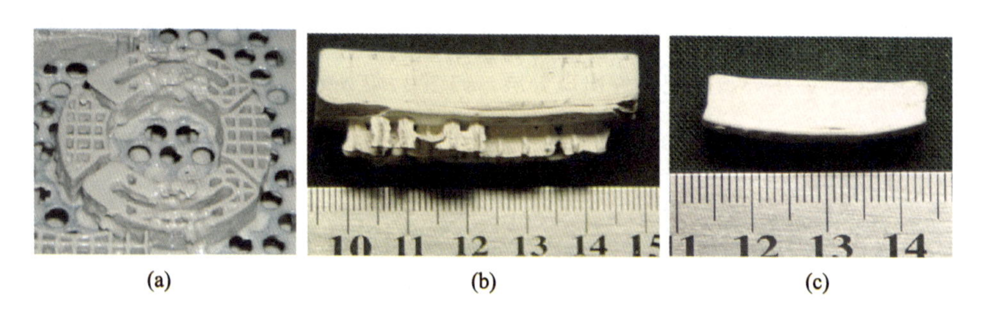

(a) (b) (c)

图 4－3 水基陶瓷浆料成形过程中的缺陷

(a)刮坏的支撑；(b)分层；(c)翘曲变形。

陶瓷零件的成形工艺参数牵涉到陶瓷零件的成形精度和效率，是成形工艺研究的重点内容，但是目前国外研究者并未详细讨论扫描速度、扫描方式等对于陶瓷零件成形效率和成形精度的影响，而对于支撑的讨论尚未见相关报道。M. L. Griffith 讨论了陶瓷浆料成形过程中的沉降问题，但是未讨论光固化工艺中的支撑及工艺参数的优化；H. Liao 提出了固化厚度、激光扫描速度的选择原则，但是未详细讨论支撑的优化[6]；C. Hinczewski，S. Corbel 认为光固化成形过程中，如何保证陶瓷浆料足够的固化厚度及成形精度是难点，但是未讨论工艺参数的选择及支撑[7]；R. Garg 提出采用 100 μm 或150 μm的分层厚度，认为扫描间距、光斑补偿成形工艺参数要依据单条固化线的轮廓进行选择，但是未讨论陶瓷浆料成形支撑中的问题[3]；K. C. Wu 利用响应曲面法分析了层厚、扫描间距、光固化厚度、z 向等待时间和光斑补偿对于正方形零件尺寸精度的影响[8]，但是未讨论支撑的结构设计；C. J. Bae 讨论了根据陶瓷浆料光敏参数进行工艺参数的优化；C. E. Corcione，F. Montagna 对比了 SL5170 和氧化硅陶瓷浆料的成形工艺参数[10]。

针对水基陶瓷零件在成形过程中出现的缺陷，本书提出通过支撑结构再设计等措施，避免陶瓷零件出现分层和翘曲等问题。本书讨论成形过程中扫描方式、扫描速度、光斑补偿等工艺参数的选取，并利用正交实验研究了工艺参数对于陶瓷零件成形精度的影响，确定了影响陶瓷零件成形精度的主要因素。

4.1.1　支撑的结构设计

支撑是光固化成形工艺中一个重要的辅助结构，相对于光敏树脂而言，水基陶瓷浆料的固化强度较低，陶瓷浆料的黏度高，导致网状支撑结构整体刚度低，陶瓷浆料的流平性较差，因此需根据陶瓷浆料的特性重新设计支撑的结构，解决支撑被刮坏和零件在成形过程中出现分层和翘曲变形的问题。

1. 网格尺寸

在支撑成形过程中，SPS450B 型光固化成形机采用深潜方式进行陶瓷浆料铺层，且不进行刮平，因此陶瓷浆料的流平就非常重要。影响水基陶瓷浆料流平的主要因素是支撑结构中孔的尺寸，即支撑结构的网格尺寸 H_s，如图 4-4所示。

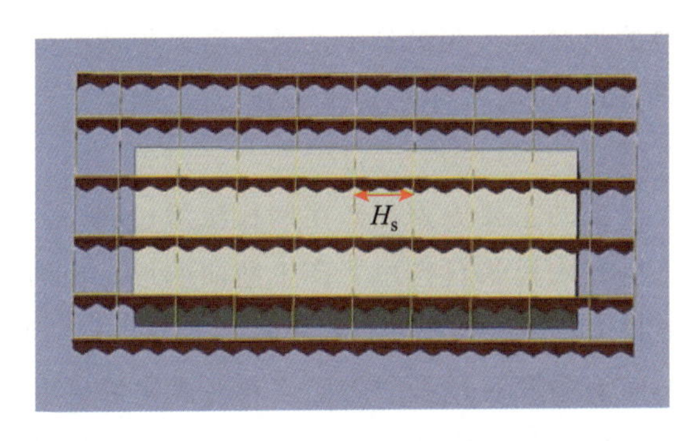

图 4-4
支撑结构特征尺寸

通过增大支撑网格尺寸 H_s，可解决陶瓷浆料的流平问题，但是水基陶瓷浆料的固化强度较低，较大的支撑网格尺寸无法保证支撑具有足够的整体刚度，将无法保证陶瓷零件悬臂结构的成形。下文讨论不同网格尺寸支撑对于陶瓷零件成形过程的影响，实验中采用的水基陶瓷浆料配方如表 2-19 所示，填充扫描速度 2000mm/s，激光功率 270mW，实验结果如图 4-5 所示。

在图 4-5 中，当支撑结构网格尺寸为 3mm 时，陶瓷叶轮的支撑结构完整，因此保证了陶瓷叶轮的结构完整性；当支撑结构网格尺寸为 6mm 时，陶瓷叶轮的支撑结构已经不存在，导致陶瓷叶轮底部严重变形。因此支撑的网格尺寸可选择 3～5mm，本书在后续实验中采用 4mm 网格尺寸。

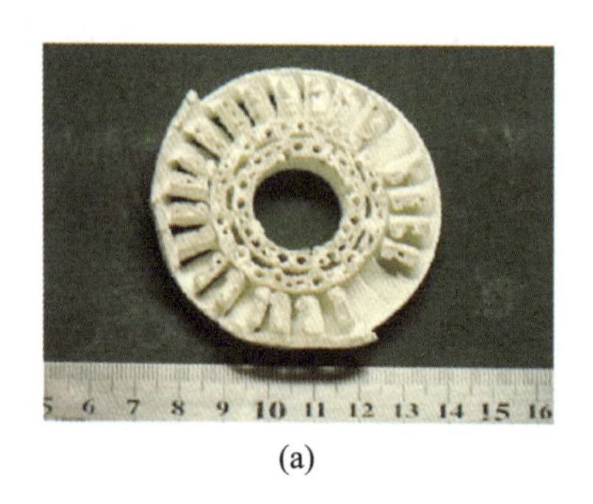

(a)

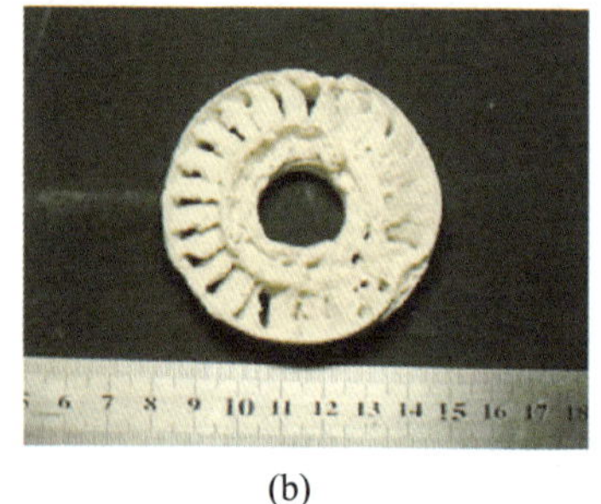

(b)

图 4-5　支撑结构尺寸对陶瓷零件成形的影响

(a)网格尺寸 3mm；(b)网格尺寸 6mm。

2. 支撑结构

SPS450B 型光固化成形机利用真空吸附式涂层实现光敏树脂的再涂层，但是水基陶瓷浆料黏度高于光敏树脂，真空吸附式涂层无法满足陶瓷浆料的再涂层要求，因此在实验中采用深潜方式确保零件表面完全被陶瓷浆料涂覆，然后用刮刀来实现陶瓷浆料的再涂层。在实验中发现，当采用数据处理软件自动添加的支撑结构(支撑结构不超出零件的实体部分)时，陶瓷零件底部边缘会出现向上翘曲现象，如图 4-3(c)所示。

陶瓷零件底部出现翘曲现象的主要原因在于在网板深潜过程中，和支撑相接的水基陶瓷浆料的固化层在陶瓷浆料作用下产生翘曲变形，在网板上升和刮刀刮平后没有恢复平整状态，逐层累积导致陶瓷零件底部出现翘曲变形，因此解决问题的关键在于如何削弱深潜过程中陶瓷浆料对陶瓷零件底部的作用力，本书采用将支撑结构延伸出零件实体部分的方法，利用支撑结构削弱陶瓷浆料在深潜过程中对陶瓷零件成形部分的作用力，避免陶瓷零件已固化层出现翘曲变形。为选择合适的支撑边缘与零件的距离，设置该距离为 $-1/4H_s$、$1/4H_s$ 和 $1/2H_s$。实验条件：激光功率 270mW，填充扫描速度 2000mm/s，扫描间距 0.1mm。3 种不同距离下的成形矩形陶瓷试样(30mm × 10mm × 8mm)，如图 4-6 所示。

图 4-6(a)是数据处理软件自动添加的支撑结构及所得的陶瓷零件，该支撑结构均位于陶瓷零件实体结构范围内；图 4-6(b)是支撑结构超出陶瓷零件 $1/4H_s$ 时得到的陶瓷零件，可看出支撑结构在长度和宽度方向上均超出陶瓷零件的实体部分；图 4-6(c)是支撑结构超出陶瓷零件实体 $1/2H_s$ 时得到的

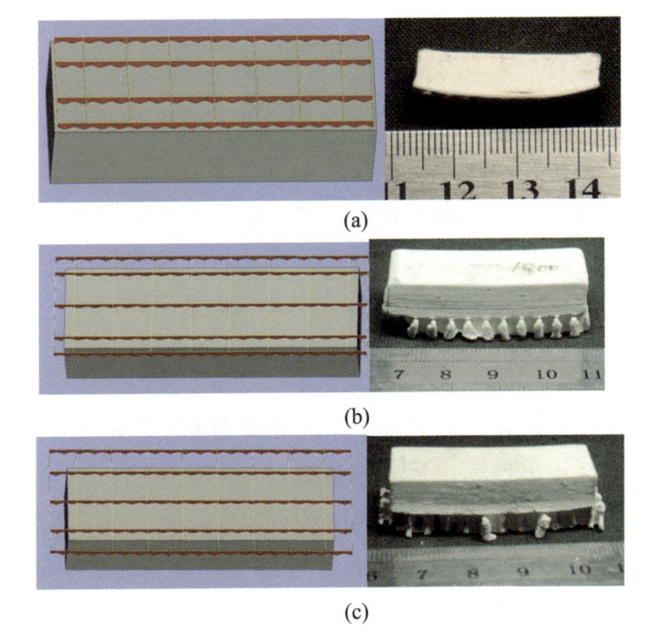

图 4-6　支撑结构外轮廓与陶瓷零件距离对陶瓷零件成形质量的影响
(a) $-1/4H_s$；(b) $1/4H_s$；(c) $1/2H_s$。

陶瓷零件。通过对比发现当支撑结构与零件实体间距离从 $-1/4H_s$ 增至 $1/2H_s$，矩形陶瓷坯体底部的翘曲变形逐渐减小，分层现象消失，这说明通过采用这种结构的支撑，可以解决陶瓷零件在成形过程中的翘曲问题，本书称这种结构的支撑为偏移型支撑，在后续实验中支撑结构边缘与陶瓷零件实体的距离均采用 $1/2H_s \sim 1H_s$。

3. 设计实施方案

通过研究支撑结构特征尺寸和支撑结构对于陶瓷零件成形过程的影响，发现需要确定最小结构尺寸以保证陶瓷浆料的快速流平，及确定支撑结构与陶瓷零件间的距离以防止陶瓷零件在成形过程中出现翘曲变形和分层缺陷。下面讨论支撑结构设计的具体实施方案。

(1)将陶瓷零件的 STL 文件导入数据处理软件中(如 RPDATA 和 Magics)；

(2)选择零件加工方向；

(3)在数据处理软件中自动或手动添加 Block 型支撑；

(4)调整支撑的特征尺寸为 H_s；

(5)在支撑结构外手动添加辅助结构，使其与陶瓷零件实体距离大于 $1/2H_s$。

4.1.2 工艺参数选择

影响光固化工艺成形效率和质量的因素除陶瓷浆料的光固化性能外，工艺参数也是重要的影响因素。在光固化成形过程中，需考虑的工艺参数包括填充扫描速度、扫描间距、扫描方式、光斑补偿、分层厚度和轮廓扫描速度等，下文将利用实验研究其余工艺参数对成形过程的影响，并为选择工艺参数提供依据。

1. 分层厚度

分层厚度是影响陶瓷零件光固化成形效率的一个重要参数，同时也影响陶瓷浆料的再涂层过程。当分层厚度确定后，陶瓷浆料的固化厚度、激光扫描速度、扫描间距才能据此确定。对于光敏树脂来说，SPS450B 型光固化成形机可实现最小 0.05mm 的分层厚度，但是陶瓷浆料的黏度高于光敏树脂，无法实现 0.05mm 分层厚度，因此实验中分层厚度选择 0.1mm、0.15mm 和 0.2mm，下文对比 3 种分层厚度对陶瓷零件坯体成形效率和质量的影响。

矩形试样尺寸为 60mm × 10mm × 6mm，激光功率 270mW，扫描速度 2000mm/s，分层厚度为 0.1mm、0.15mm 和 0.2mm，对比 3 种不同分层厚度下矩形陶瓷试样的成形时间，实验结果如表 4 - 1 所示。

表 4 - 1　分层厚度对成形时间的影响

分层厚度/mm	扫描速度/(mm/s)	激光功率/mW	扫描间距/mm	成形时间
0.10	2000	270	0.1	52min32s
0.15	2000	270	0.1	39min36s
0.20	2000	270	0.1	24min40s

由表 4 - 1 可知，陶瓷试样的成形时间随分层厚度增加而降低，因此在陶瓷浆料的光固化成形过程中，选择较高的分层厚度较为合适，本书在后续实验中选择分层厚度为 0.15mm 和 0.2mm。

2. 扫描方式

根据曝光量等效原理，通过控制扫描速度分两次扫描，第一次扫描时使固化厚度小于分层厚度，第二次扫描时使相邻层之间实现可靠黏接。通过采用这种扫描方式，可以减少因应力导致的变形[11]，这已在光敏树脂的成形过程中得到证明。为减少陶瓷颗粒散射的影响，在保证固化厚度基本相同的条件下，比较 X－Y 和 XYSTA 扫描方式在成形陶瓷零件时的差异。实验条件：水基陶瓷浆料配方见表 2－19，工艺参数如表 4－2 所示，表 4－3 为实验结果对比。

表 4－2　实验工艺参数

扫描方式	分层厚度/mm	激光功率/mW	填充扫描速度/(mm/s)	轮廓扫描速度/(mm/s)
X－Y	0.15	147.3	1000	2000
XYSTA		149.6	2000	

表 4－3　两种扫描方式下陶瓷件的成形精度和时间对比

扫描方式	长度/mm	宽度/mm	高度/mm	成形时间
X－Y	60.27 ± 0.09	10.45 ± 0.06	5.99 ± 0.12	36min36s
XYSTA	60.21 ± 0.11	10.44 ± 0.03	6.18 ± 0.07	39min22s

由表 4－3 可知，两种扫描方式下陶瓷件的成形精度和成形时间均无明显差异，但是 X－Y 扫描方式所得陶瓷件的固化湿强度低于 XYSTA，为此本书通过测量陶瓷件的挠度和弹性模量表征陶瓷件固化湿强度的高低，实验原理图及实验装置照片如图 4－7 所示。

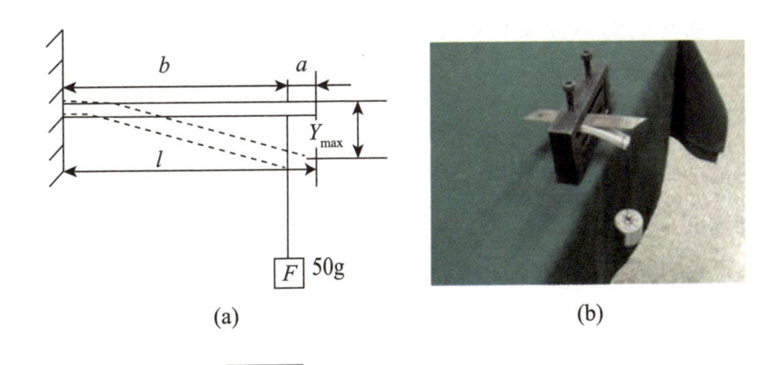

图 4－7　陶瓷试样挠度测试实验

(a)挠度测试原理图；(b)实验装置。

对于 X－Y 和 XYSTA 两种扫描方式得到的矩形陶瓷试样，清洗干净并去除支撑后，迅速利用上述实验装置测量矩形试样的挠度 Y_{max}，所得实验结果如图 4－8 所示。

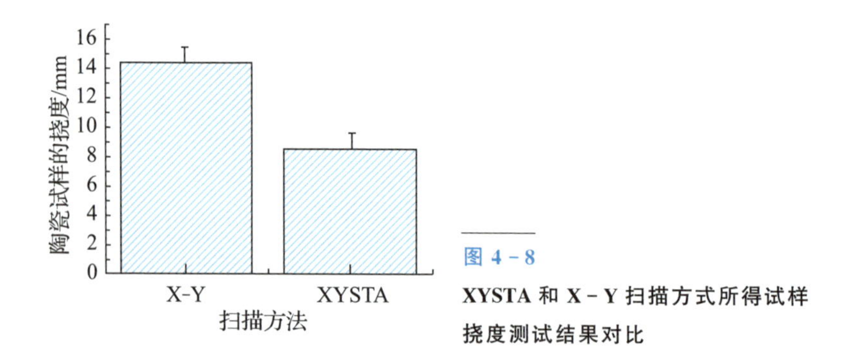

图 4-8
XYSTA 和 X-Y 扫描方式所得试样挠度测试结果对比

由图 4-8 可知，XYSTA 扫描方式所得试样的挠度小于 X-Y 扫描方式所得试样的挠度，XYSTA 扫描所得试样的固化湿强度要大于 X-Y 扫描方式所得试样，因此在后续实验中选择 XYSTA 扫描方式。根据上述的挠度实验结果，可以计算出矩形陶瓷试样的弹性模量 E。

根据材料力学，悬臂梁的挠度计算公式如下。

$$Y_{max} = F b^2 (3l - b)/6E I_y \tag{4-1}$$

式中 Y_{max}——悬臂梁的挠度(mm)；

F——悬臂梁外加载荷(N)；

b——外载荷作用点与悬臂梁另一端的距离(mm)；

l——悬臂梁的总长度(mm)；

E——悬臂梁的弹性模量(GPa)；

I_y——悬臂梁矩形截面对 y 轴的转动惯量(即惯性矩)。

由于式(4-1)中挠度 Y_{max}、外加载荷 F(0.5N)、外载荷作用点与悬臂梁另一端的距离 b、悬臂梁的长度 l 均为已知量，悬臂梁的转动惯量 I_y 可根据试样的实际尺寸由公式计算得到。

矩形截面绕 y 轴的惯性矩 I_y 的计算公式为

$$I_y = \frac{d h^3}{12} \tag{4-2}$$

式中 I_y——y 轴方向矩形截面的惯性矩；

d——y 轴方向矩形截面宽度方向尺寸(mm)；

h——y 轴方向矩形截面高度方向尺寸(mm)。

根据式(4-1)和式(4-2)计算得到矩形陶瓷试样的弹性模量。表 4-4 和表

4-5为得到的计算结果。表4-4和表4-5中，L为矩形陶瓷试样的长度。

表4-4　XYSTA扫描方式下陶瓷试样的弹性模量(扫描速度2000mm/s)

试样编号	d/mm	h/mm	L/mm	l/mm	b/mm	Y_{max}/mm	E/GPa
1	9.81	6.30	59.56	40.56	35.56	9.50	4.67
2	9.83	6.45	59.53	40.53	35.53	9.00	4.58
3	9.87	6.43	59.36	40.56	35.56	7.50	5.53

表4-5　X-Y扫描方式下陶瓷试样的弹性模量(扫描速度1000mm/s)

试样编号	d/mm	h/mm	L/mm	l/mm	b/mm	Y_{max}/mm	E/GPa
1	9.93	6.25	59.53	40.53	35.53	13.00	3.45
2	9.80	6.35	59.62	40.62	35.62	15.50	2.81
3	9.88	6.39	59.56	40.56	35.56	15.00	2.82

由表4-4和表4-5可知，XYSTA扫描方式所得陶瓷试样的平均弹性模量为4.93GPa，而X-Y扫描方式所得陶瓷试样的平均弹性模量为3.03GPa，因此XYSTA扫描方式所得的实验结果优于X-Y扫描方式。综合上述实验结果，可知对于XYSTA和X-Y两种扫描方式来说，矩形陶瓷试样的尺寸精度、成形时间无明显差异，而XYSTA扫描方式所得试样的弹性模量大于X-Y扫描方式的弹性模量，因此在后续实验中均采用XYSTA扫描方式。

3. 轮廓扫描速度

由于陶瓷颗粒的散射作用，陶瓷零件的轮廓扫描影响陶瓷坯体的成形轮廓尺寸，因此需考虑轮廓扫描速度影响，下文通过实验来研究轮廓扫描速度的选择问题。实验中采用的水基陶瓷浆料配方见表2-19，填充扫描速度2000mm/s，扫描间距0.1mm，激光功率170mW。轮廓扫描速度从500mm/s增至2000mm/s，间距500mm/s，矩形试样设计尺寸为60mm×10mm×6mm。图4-9为不同的轮廓扫描速度对成形精度的影响。

由图4-9可知，当轮廓扫描速度从500mm/s增至2000mm/s，矩形试样的长度和宽度均随轮廓扫描速度增加而降低，但轮廓扫描速度高于1000mm/s后，矩形试样尺寸大幅降低，陶瓷试样宽度方向的最小尺寸为10.58mm(2000mm/s)，长度方向的最小尺寸为60.15mm(1500mm/s)，相对于设计尺寸来说，陶瓷试样宽度方向的尺寸变化约为长度方向的4倍。导致该现象的可能原因：一是激光光斑的能量分布并非理想高斯分布，在宽度方向上的曝光量较高，因此导致试样宽度方向的尺寸变化较大；二是宽度方向扫描时间长，相关散射的作用导致在长度扫描线附近陶瓷浆料累积的曝光量高于宽度扫描线附近区域，从而导致试样的宽度方向尺寸变化大于长度方向尺寸变化。根据图 4-9可知，为削弱激光散射影响，在满足水基陶瓷浆料光固化要求的前提下，应尽量选择较高的轮廓扫描速度，故本书选择轮廓扫描速度为 3000mm/s。

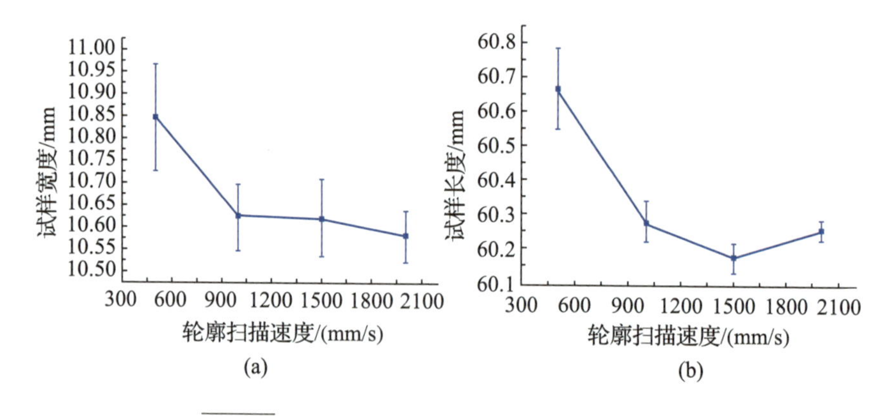

图 4-9　轮廓扫描速度对光固化成形精度的影响

(a)试样宽度随轮廓扫描速度的变化；(b)试样长度随轮廓扫描速度的变化。

4. 光斑补偿

在树脂光固化中光斑补偿是为了补偿光固化快速成形中因光斑直径造成的尺寸误差而引入的一个参数，其作用类似于机械加工中的刀具补偿，其值为光敏树脂单条固化线的一半。对于水基陶瓷浆料来说，由于陶瓷颗粒对入射激光的散射作用，使得单条固化线的固化宽度远大于激光光斑直径，且固化宽度受扫描速度影响，因此下文研究光斑补偿值对陶瓷坯体成形精度的影响，以改善陶瓷坯体的成形精度。实验条件：水基陶瓷浆料配方见表 2-19，在固定轮廓扫描速度(3000mm/s)的前提下，填充扫描速度分别为 2000mm/s、2500mm/s 和 3000mm/s 三种情况下，使光斑补偿值从 0.0mm 增至 0.5mm，研究陶瓷试样尺寸与光斑补偿值的关系，图 4-10 为陶瓷坯体尺寸与光斑补偿的关系。

由图 4-10 可知，随着光斑补偿值从 0.0mm 增至 0.5mm，陶瓷素坯长度和宽度方向的尺寸均降至陶瓷试样的设计尺寸以下，但是在相同的光斑补偿值下，陶瓷试样长度方向的尺寸变化小于宽度方向的尺寸变化；且素坯宽度方向尺寸采用相同光斑补偿值，陶瓷坯体的尺寸随扫描速度增加而减小。由此可知在上述实验条件下，采用位于 0～0.5mm 范围内的光斑补偿值可以改善陶瓷坯体的成形精度；对于长度方向尺寸来说，理想光斑补偿值应为 0.25mm，宽度方向的光斑补偿值与速度密切相关，应选 0.34～0.47mm。在长度和宽度方向补偿值不同的原因在于当激光束沿长度方向扫描较长，陶瓷颗粒的相关散射使陶瓷试样宽度方向两侧附近陶瓷浆料接收的曝光量高于长度方向两侧附近陶瓷浆料接收的曝光量，如图 4-11 所示，因此在相同光斑补偿值时，陶瓷试样宽度方向的尺寸变化大于长度方向的尺寸变化。

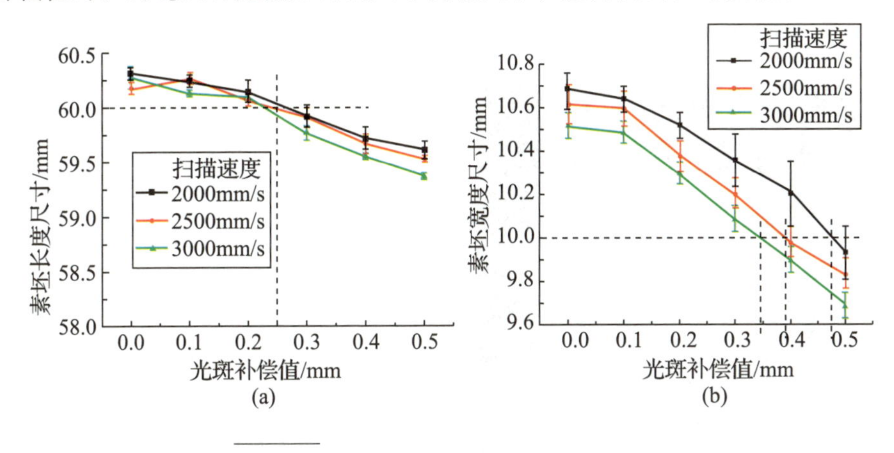

图 4-10　光斑补偿对陶瓷坯体尺寸的影响

(a)素坯长度随光斑补偿值的变化；(b)素坯宽度随光斑补偿值的变化。

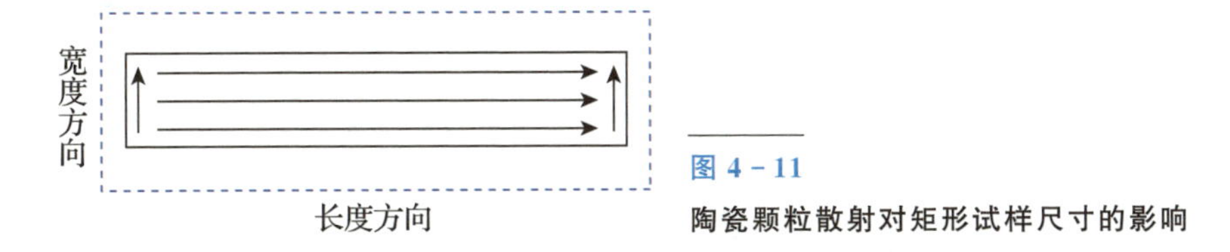

图 4-11　陶瓷颗粒散射对矩形试样尺寸的影响

这带来陶瓷浆料成形过程中光斑补偿如何选择的问题，由于在陶瓷试样长度方向和宽度方向无法选择相同的光斑补偿值，故本书在长度方向选择 0.25mm 光斑补偿值，而在宽度方向采用尺寸补偿的方法。由此可见陶瓷浆料成形的光斑补偿值远大于光敏树脂成形的光斑补偿值，光敏树脂成形所需的光斑补偿可由光敏参数和激光功率、扫描速度等参数根据单条线固化宽度公式计算得到。

5. 成形精度实验方案设计

因 SPS450B 型光固化成形机属于成熟产品，所以本书研究内容侧重于研究不同工艺参数对陶瓷浆料的成形精度的影响。本书选择填充扫描速度、扫描间距、分层厚度及轮廓扫描速度作为研究影响陶瓷试样成形精度的因素，由于影响因素较多，选择正交实验方法进行研究。通过查询正交表[12]，选择四因素三水平的正交表 $L_9(3^4)$，以陶瓷试样3个方向的成形精度为实验指标，研究填充扫描速度、分层厚度、扫描间距及轮廓扫描速度对陶瓷零件尺寸精度的影响，并最终利用综合平衡法对实验结果进行讨论。为易于评价尺寸精度，实验中采用矩形试样，其尺寸为60mm×10mm×6mm，水基陶瓷浆料配方采用表2-19中配方，激光功率为270mW，扫描方式选择XYSTA方式，图4-12所示为SPS450B型成形设备实验平台与矩形陶瓷试样的位置关系。

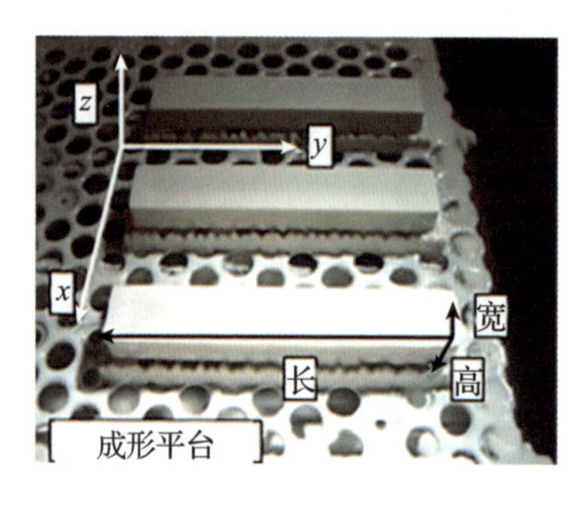

图 4-12 实验平台与矩形陶瓷试样的位置关系

在图4-12中，陶瓷试样的长度方向即SPS450B型光固化成形机的 y 方向，该方向为刮刀的刮平方向，陶瓷试样的宽度方向为SPS450B的 x 方向，支撑结构采用偏移型支撑结构。根据本节前面对于工艺参数填充扫描速度、扫描间距、分层厚度和轮廓扫描速度的研究，填充扫描速度选择1000mm/s、1500mm/s和2000mm/s，扫描速度为2000mm/s，采用XYSTA扫描方式可使水基陶瓷浆料的单层固化厚度大于0.2mm；扫描间距选择0.1mm、0.15mm和0.2mm；分层厚度选择0.1mm、0.15mm和0.2mm；轮廓扫描速度选择2000mm/s、2500mm/s和3000mm/s，其目的在于尽量减少散射的影响。正交实验影响因素及水平如表4-6所示。

表 4-6 正交实验影响因素及水平

水平	A	B	C	D
	填充扫描速度/(mm/s)	分层厚度/mm	扫描间距/mm	轮廓扫描速度/(mm/s)
1	600	0.10	0.10	2000
2	1500	0.15	0.15	2500
3	2000	0.20	0.20	3000

根据表 4－6 可得正交实验设计方案如表 4－7 所示。

表 4－7　正交实验方案

实验号	A	B	C	D
	填充扫描速度/(mm/s)	分层厚度/mm	扫描间距/mm	轮廓扫描速度/(mm/s)
1	1000	0.10	0.10	2000
2	1000	0.15	0.15	2500
3	1000	0.20	0.20	3000
4	1500	0.10	0.15	3000
5	1500	0.15	0.20	2000
6	1500	0.20	0.10	2500
7	2000	0.10	0.20	2500
8	2000	0.15	0.10	3000
9	2000	0.20	0.15	2000

6. 实验结果及数据处理

根据表 4－7 中的实验方案，每组制作 5 个试样，试样成形后利用游标卡尺直接测量出每个试样 x、y、z 三个方向的尺寸，并求出平均值，计算每个试样的收缩率，实验结果如表 4－8 所示。

表 4－8　正交实验结果

实验号	实验指标		
	x 方向(宽度)收缩率/%	y 方向(长度)收缩率/%	z 方向收缩率/%
1	－7.78	－1.03	－7.80
2	－3.96	－0.28	－7.00
3	－4.90	－0.81	－1.67
4	－4.40	－0.45	－8.57
5	－1.92	－0.40	－4.57
6	－5.80	－0.63	－3.60
7	－3.88	－0.75	－3.37
8	－4.08	－0.29	－5.83
9	－5.22	－0.71	－1.63

7. 实验结果分析

对于表4－8中的正交实验结果，首先采用直观分析法，分析各因素对于 x，y 和 z 方向尺寸精度的影响，表4－9～表4－11为直观分析法的分析结果。

表4－9　宽度方向的尺寸精度（x 方向）

影响因素	水平1	水平2	水平3	极差
填充扫描速度/(mm/s)	－5.55	－4.04	－4.39	1.51
扫描间距/mm	－5.35	－3.32	－5.31	2.03
分层厚度/mm	－5.87	－4.53	－3.57	2.30
轮廓扫描速度/(mm/s)	－4.97	－4.55	－4.46	0.51

由表4－9可知，对于宽度方向尺寸精度的影响，根据各因素极差的大小，其顺序分别为分层厚度＞扫描间距＞填充扫描速度＞轮廓扫描速度，因此影响宽度方向尺寸精度的主要因素为分层厚度，它的3个水平对应的尺寸收缩率平均值为－5.87%、－4.53%和－3.57%，其中第3水平对应的数值最小，所以取它的第3水平最好。依此类推，可知为提高宽度方向的尺寸精度，可采用优化方案 $A_2B_2C_3D_3$。可以看出，分析所得的最优方案在已经做过的9次实验中没有出现，与它最为接近的是第5组实验。在第5组实验中，只有轮廓扫描速度不是处于最好水平，而轮廓扫描速度对于宽度影响是最小的。从实际的实验结果来看，第5组实验中的宽度方向尺寸收缩率为－1.92%，是9次实验中最小的，这说明我们找到的最好方案是符合实际情况的。

表4－10　长度方向的尺寸精度（y 方向）

影响因素	水平1	水平2	水平3	极差
填充扫描速度/(mm/s)	－0.71	－0.49	－0.58	0.22
扫描间距/mm	－0.74	－0.32	－0.72	0.42
分层厚度/mm	－0.65	－0.48	－0.65	0.17
轮廓扫描速度/(mm/s)	－0.71	－0.55	－0.52	0.19

由表4－10中的极差可知，对于长度方向尺寸精度的影响，其顺序分别为扫描间距＞填充扫描速度＞轮廓扫描速度＞分层厚度，与宽度方向的结果不同，扫描间距成为影响精度的主要因素，而分层厚度的影响最小。对于扫

描间距来说，它的 3 个方向对应的尺寸收缩率平均值分别是 -0.74%、-0.49%和 -0.58%，其中第 2 水平对应的尺寸收缩率最小，因此取它的第 2 水平最好。依此类推，可得到提高长度方向精度的优化方案为 $A_2B_2C_2D_3$。可以看出，此处得到的最好方案在已经完成的 9 次实验中没有出现，与它比较接近的是第 5 组实验。在第 5 组实验中只有分层厚度不是处于最好水平，而在对于长度方向的影响因素中，分层厚度是影响最小的。从实际的实验结果来看，第 5 组实验中长度方向的收缩率为 -0.4%，在 9 次实验中是比较小的。

由以上表 4-9 和表 4-10 的结果可知，对于长度方向和宽度方向的尺寸精度来说，影响精度的因素各不相同，但是填充扫描速度和扫描间距仍是影响精度的重要因素，轮廓扫描速度的影响较小。表 4-11 为高度方向的尺寸精度分析结果。

表 4-11　高度方向的尺寸精度(z 方向)

影响因素	水平 1	水平 2	水平 3	极差
填充扫描速度/(mm/s)	-5.49	-5.58	-3.64	1.94
扫描间距/mm	-6.58	-5.83	-2.30	4.28
分层厚度/mm	-5.78	-5.73	-3.20	2.58
轮廓扫描速度/(mm/s)	-4.67	-5.51	-4.54	0.97

由表 4-11 可知，对于高度方向尺寸精度的影响，各因素的顺序为扫描间距>分层厚度>填充扫描速度>轮廓扫描速度，扫描间距成为决定精度的主要因素，在它的 3 个水平对应的尺寸收缩率平均值分别为 -6.58%，-5.83%和 -2.30%，其中第 3 水平对应的尺寸收缩率最小，因此取它的第 3 水平最好。依此类推，可知高度方向的优化方案为 $A_3B_3C_3D_3$。在已经完成的 9 次实验中没有出现过这个分析出的最好方案，与该方案比较接近的是第 3 组实验。从实验结果来看，第 3 组实验中的尺寸收缩率为 -1.67%，是 9 组实验中比较小的，因此说明分析得到的最好方案是符合实际情况的。

以上对于矩形陶瓷试样 3 个方向的尺寸收缩率进行了分析，但对于 1 个陶瓷件来说，需要综合考虑三方面的尺寸收缩率，以获得综合的最优方案。下文将各指标随因素水平变化的情况用图形表示出来，如图 4-13 所示。

结合图 4-13 和表 4-9、表 4-10 和表 4-11，综合分析每个因素对各指标的影响。

(1)填充扫描速度的影响。从表4-9～表4-11可以看出，对于矩形陶瓷试样三个方向的尺寸来说，填充扫描速度的影响都不是最大的，即填充扫描速度不是影响最大的因素，从图4-13可以看出，选择2000mm/s最好。对于x和z方向尺寸来说，选择2000mm/s可以获得较小的收缩率，对于y方向尺寸而言，虽然不能取得最小值，但是属于较小值。因此综合考虑填充扫描速度选择水平3，即2000mm/s为最好。

(2)填充扫描间距的影响。从表4-9～表4-11可以看出，对于矩形陶瓷试样来说，扫描间距对于三个方向的尺寸而言，其影响都是比较大的。因此扫描间距是影响最大的因素。从图4-13可以看出，对于x和y方向的尺寸，选择0.15mm最好，但是对于z方向尺寸而言，选择0.20mm为好，综合考虑各个指标，选择0.15mm为好。

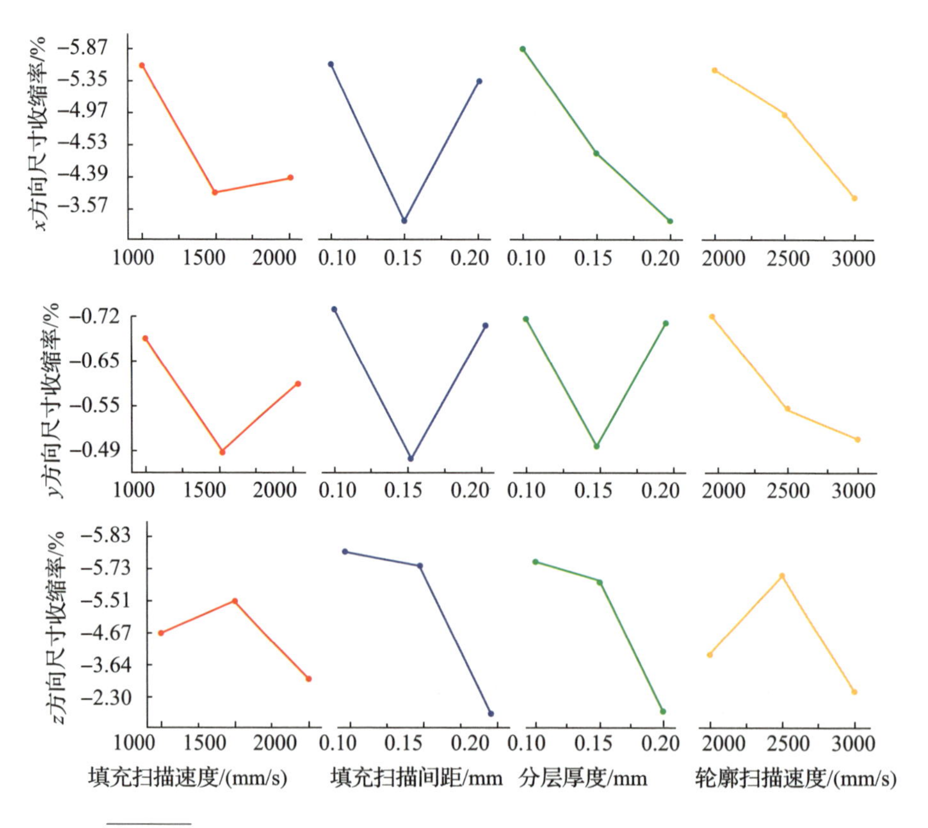

图4-13 光固化陶瓷试样各方向成形精度与影响因素及其水平的关系

(3)分层厚度的影响。从表 4－9 至表 4－11 可以看出，对于宽度方向尺寸而言，分层厚度是影响最大的因素，对于长度和高度方向尺寸来说，分层厚度是影响比较小的因素。由图 4－13 可知，对于宽度和高度方向尺寸而言，选择 0.20mm 可以获得最小的收缩率，而长度方向尺寸将获得较大的收缩率。选择 0.15mm，长度方向可以获得最小的尺寸收缩率，宽度方向尺寸和高度方向尺寸只能获得中间值。综合考虑三个因素，还是选择 0.20mm 为好。

(4)轮廓扫描速度的影响。从表 4－9 至表 4－11 可以看出，对于矩形陶瓷试样来说，轮廓扫描速度的极差基本都是最小的，即是影响最小的因素。由图 4－13可以看出，对于三个方向的尺寸来说，当轮廓扫描速度选择 3000mm/s 时，各指标都可达到最小值，因此轮廓扫描速度选 3000mm/s 为好。

通过综合分析各因素对各指标的影响，得出较好的实验方案如下：

①A_3：填充扫描速度，第 3 水平，2000mm/s；

②B_2：填充扫描间距，第 2 水平，0.15mm；

③C_3：分层厚度，第 3 水平，0.20mm；

④D_3：轮廓扫描速度，第 3 水平，3000mm/s。

4.1.3　单条固化线特征

1. 单条固化线的制作与形貌观测方法

要研究陶瓷单条固化线的厚度、线宽及截面形貌等进而研究陶瓷浆料固化性能，首先必须使用恰当的方法制作并获取单条固化线。由于单条固化线较为纤细，强度、刚度太小，若使用一般方法直接在浆料表面扫描并取出处理观测，在提取和清洗等处理过程中容易产生拉伸、扭曲变形及黏接、不连续等较差的成形效果(图 4－14)，从而无法获取完整截面并保持原貌，影响实验的准确性。

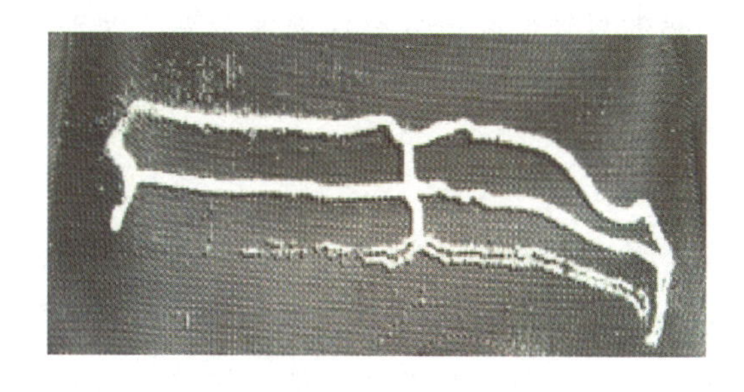

图 4－14
使用直接扫描法获得的单条固化线

本书提出了一种避免陶瓷单条固化线变形的方法，即利用零件支撑来制作单条固化线，从而提高其整体刚度，具体过程及实验结果如图4-15所示。

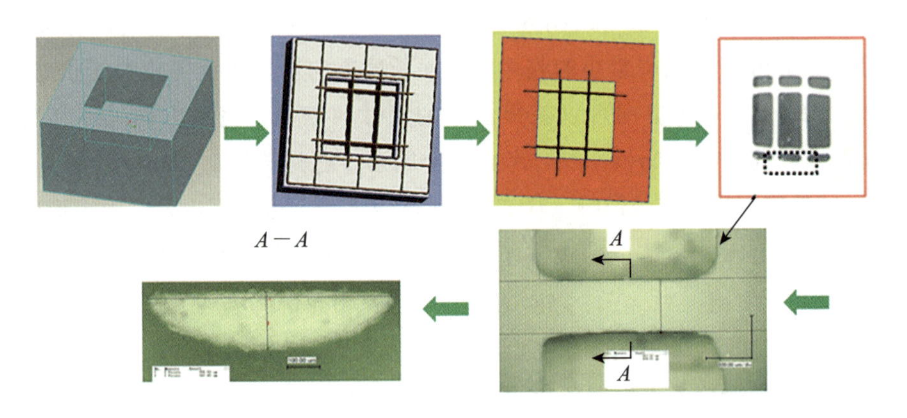

图4-15 水基陶瓷浆料单条固化线制作流程与线宽及厚度观测效果

根据图4-15，获取水基陶瓷浆料形貌良好的单条固化线可采用如下几个步骤。

(1)利用 Pro/Engineer 软件设计一个带方形凹腔的正方体；

(2)在 RP 数据处理软件 Magics 中手动添加正交支撑(其中可以手动设置相邻支撑线的距离，即为单层扫描中的线间距 $h=3\sim4$mm)；

(3)在成形机上成形包含支撑和周围增强结构的一层；

(4)将固化后的单层取出用去离子水小心清洗干净并平铺于载玻片上，干燥后即可获得单条固化线；

(5)使用刀片小心截取单条固化线断面，然后将断面放在光学显微镜(Keyence 公司 VH-Z100 光学显微镜)下观察截面形貌，并在与显微镜连接的电脑上测量固化线宽和固化厚度。

该方法优点是成形速度快，扫描效果较好，单片整体强度较高，处理方便，可避免单条固化线的变形。

2. 扫描速度对单条固化线宽及厚度的影响

当激光功率恒定时，其在陶瓷浆料表面的曝光能量 E 随扫描速度 v 的变化而变化，而曝光能量正是直接影响浆料固化特征(包括尺寸和形貌)的最主要因素，因此可以说扫描速度会影响单条固化线的轮廓特征。使用上述方法

获得不同扫描速度 v 下单条固化线的试样，利用光学显微镜观察截面轮廓。图4-16由左至右分别展示了扫描速度为20mm/s、100mm/s、500mm/s、1000mm/s、2000mm/s、3000mm/s和4000mm/s所获得的部分单条固化线及其截面轮廓观测照片，表4-12为对应的固化线宽 L_w 与厚度 C_d 的测量值。本实验激光功率固定为270mW。

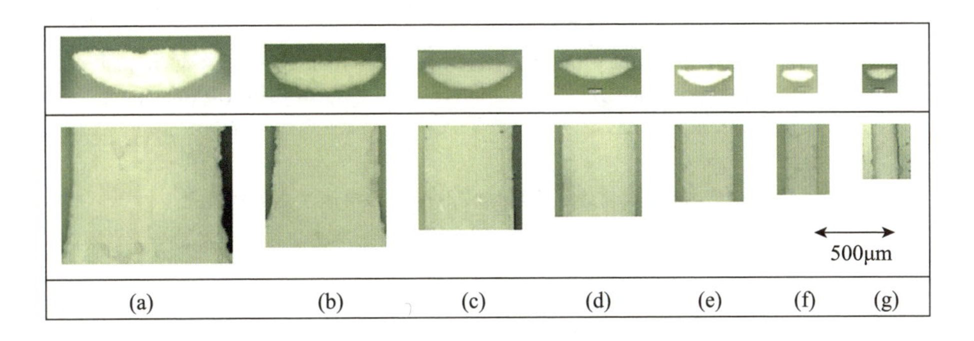

图4-16 不同扫描速度下制作的单条固化线及截面轮廓观测形貌

表4-12 不同扫描速度下制作的单条固化线线宽与厚度测量值

实验组别	(a)	(b)	(c)	(d)	(e)	(f)	(g)
v/(mm/s)	20	100	500	1000	2000	3000	4000
L_w/μm	1051.31	755.53	637.33	476.37	356.22	201.31	153.58
C_d/μm	244.00	193.02	180.51	147.53	126.52	90.63	85.60

由图4-16和表4-12的测量结果可知，当激光功率固定时，单条固化线线宽 L_w、固化厚度 C_d 均随扫描速度 v 的增大而减小，与光敏树脂类似。但散射作用使得陶瓷浆料的固化厚度变小，固化宽度增大，且固化宽度均大于固化厚度，表明在陶瓷浆料与水基陶瓷浆料的散射和吸收作用中，散射现象占据主导地位。随扫描速度 v 增大，C_d/L_w 比值增大，说明随着扫描速度增加，激光在陶瓷浆料中的能量密度降低，导致陶瓷浆料的散射作用减小。关于陶瓷浆料对入射激光的散射现象，本书将在下面章节中做进一步研究与讨论。

根据上文所述实验数据，可分别得到单条固化线线宽和固化厚度与扫描速度之间的关系，如图4-17所示。

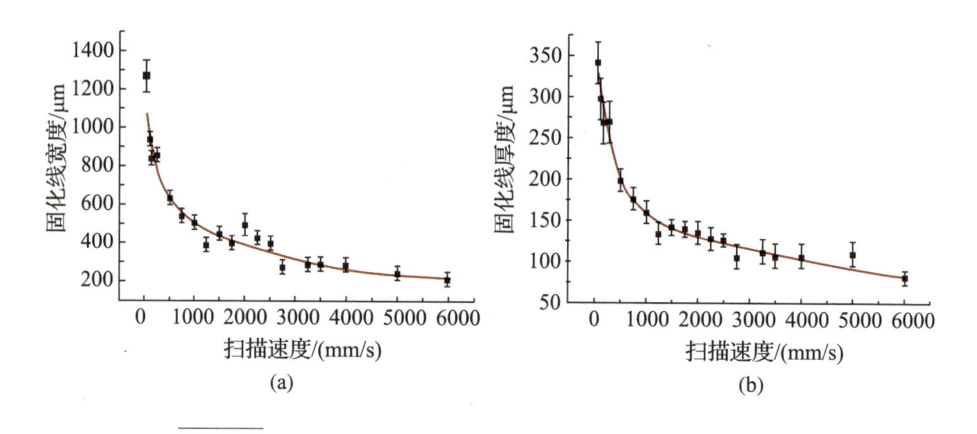

图 4-17 单条固化线线宽和固化厚度与扫描速度之间的关系

(a)固化线宽度与扫描速度之间的关系；(b)固化线厚度与扫描速度的关系。

由图 4-17 可知，随着扫描速度的增加，入射激光在陶瓷浆料液面的曝光能量随之降低，导致固化线宽和固化厚度随扫描速度增加而降低，尤其是当扫描速度低于 2000mm/s 时这种表现更为显著。通过在 Origin 中进行曲线拟合，可发现单条扫描线的固化宽度、固化厚度与扫描速度之间呈现负指数关系。

3. 陶瓷浆料单条固化线截面与传统树脂对比

本书对所使用的水基氧化硅陶瓷浆料和传统光敏树脂(西安交通大学先进制造技术研究所研制的 CPS 树脂)的单条固化线截面形貌做了对比。

如前文所述，对于陶瓷浆料，当激光功率固定时，单条固化线线宽及固化厚度均随扫描速度的增大而减小，这与一般的光敏树脂表现相同。但是与非散射体系的光敏树脂不同的是，由于陶瓷浆料中陶瓷颗粒的存在使得入射浆料液面的激光发生双侧散射(如图 4-18 所示)，也就是垂直于液面的固化方向吸收的激光能量因此受到削弱，而与固化方向垂直的双侧方向的能量得到了增强，从而使陶瓷浆料相对于光敏树脂其固化厚度变小而固化宽度增大，且固化宽度均大于固化厚度，固化截面呈扁平状，表明在陶瓷浆料与水基陶瓷浆料的散射和吸收作用中，散射现象占据主导地位。而对于传统光敏树脂来说，其固化厚度均大于固化线宽度，单条固化线截面呈子弹头抛物线状。同时，研究发现，随扫描速度 v 增大，C_d/L_w 比值增大，说明随着扫描速度增加，激光在陶瓷浆料中的能量密度降低，自然导致陶瓷浆料的散射作用也随之减弱。

如图 4-18 所示，CPS 树脂单条固化线的厚度和线宽分别为 $C_d=400\ \mu m$，$L_w=360\ \mu m$，线宽小于线厚。而与之形成鲜明对比的是本书所研究的陶瓷浆料的单条固化线的厚度和线宽分别为 $C_d=190\ \mu m$，$L_w=680\ \mu m$，厚度基本上是树脂的一半，而宽度则是树脂的两倍，表明其厚度由于激光曝光能量在浆料中沿入射方向衰减而减小，宽度因双侧散射效应即双侧激光曝光能量增大而增大且远大于其宽度。图 4-19 则示意出陶瓷浆料与树脂的单条固化线情况对比及散射效应对截面尺寸的影响。

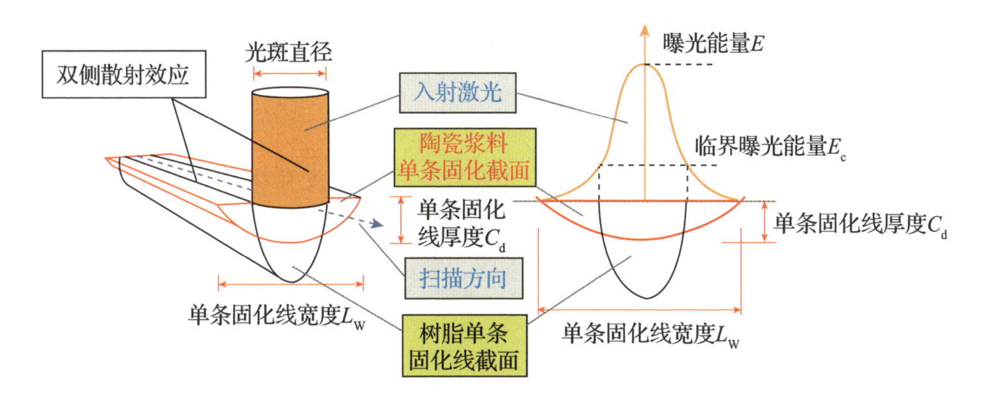

图 4-18　陶瓷浆料与 CPS 树脂单条扫描固化线示意图

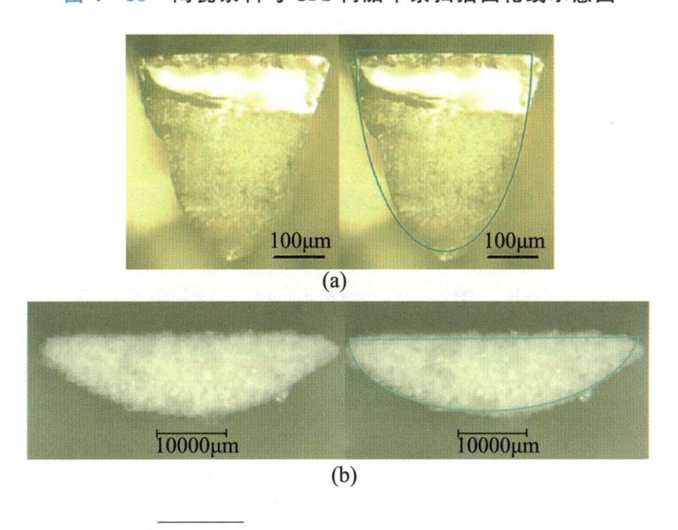

图 4-19　CPS 树脂单条固化线截面

(a)陶瓷浆料单条固化线截面；(b)对比。

对于陶瓷浆料来说，其单条固化线的宽度 L_w 总是大于激光光斑直径 $2w_0$，这也恰恰表明散射作用对固化尺寸具有重要影响。在图 4-16 及表 4-12所示的例子中，我们可以发现，当扫描速度较小，如 $v = 20\text{mm/s}$ 时，其扫描单条固化线的厚度和宽度分别为 $C_d = 244.00\ \mu\text{m}$，$L_w = 1051.31\ \mu\text{m}$，线宽远大于线厚，前者几乎是后者的 5 倍，且线宽 L_w 是光斑直径($2w_0 = 140\ \mu\text{m}$)的 7.5 倍，进一步说明了散射效应对浆料固化的重要影响，尤其是扫描速度较小也就是曝光能量较大的时候这种影响更加明显。

值得注意的是，由图 4-18 及图 4-19(b)可以看出，陶瓷浆料的单条固化线截面形貌基本上可以看作是由小于半圆的不同直径的劣弧和弦包围而成的。

4. 陶瓷浆料单条固化线宽度与厚度的关系研究

进一步研究发现，陶瓷浆料单条固化线厚度与宽度存在一定的近似关系。我们可以由表 4-13 提供的数据在 Origin 软件中以固化线厚度 C_d 为横坐标、固化线宽度 L_w 为纵坐标绘制二者关系图，如图 4-20 所示。

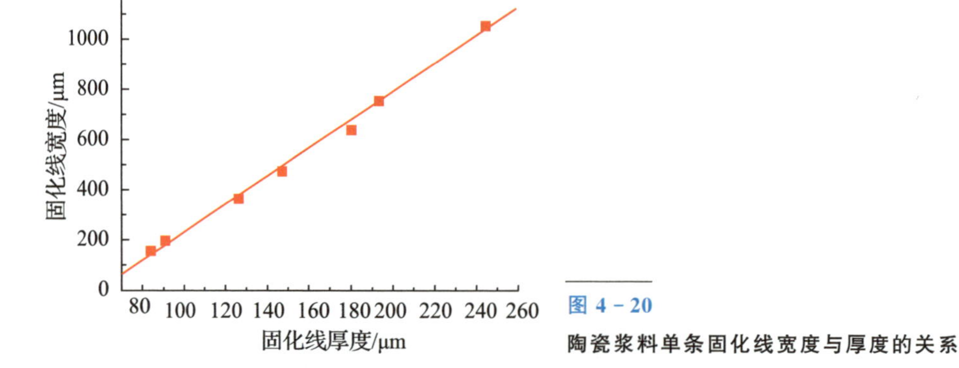

图 4-20
陶瓷浆料单条固化线宽度与厚度的关系

由图 4-20 可以看出，单条固化线宽度 L_w 与厚度 C_d 成正比关系，其拟合关系式为

$$L_w = 4.43C_d - 62.98 \tag{4-3}$$

4.1.4 使用单条固化线法测定陶瓷浆料光敏参数

1. 光敏参数临界曝光量 E_c 和透射深度 D_p 的测定

陶瓷零件的制作精度，特别是零件 z 轴向精度在很大程度上取决于陶瓷

浆料本身的性质即陶瓷浆料的内在特性。而一般衡量陶瓷浆料这类光敏材料的光敏特性参数有两个：一是陶瓷浆料的临界曝光能量，即能够使陶瓷浆料转变为凝胶态的最低曝光能量 E_c；二是陶瓷浆料的透射深度 D_p，即入射激光在传播方向上的曝光能量降为液面能量的 1/e 时所处位置与液面的距离。这两个参数反映了该光敏材料对于激光的吸收能力及固化难易程度。对于一个较好的光敏悬浮液体系来说，需要一个较小的临界曝光能量 E_c 使其能够在较小的激光能量下就足以固化，以及一个较大的透射深度 D_p，这样就能够得到较大的固化厚度。因此测定特定陶瓷浆料的 E_c 和 D_p 就显得非常重要。根据实验测量所得的单条固化线厚度及曝光能量，我们就可以测算出光敏参数。

根据 Lambert - Beer 定律可推出单条固化线厚度 C_d 的理论方程为

$$C_d = D_p \ln\left(\frac{E}{E_c}\right) = D_p(\ln E - \ln E_c) \tag{4-4}$$

式中　D_p——透射深度；

E——激光在陶瓷浆料表面的曝光能量；

E_c——陶瓷浆料的临界曝光能量。

理论上，透射深度 D_p 与陶瓷颗粒平均粒径 d 成正比，与粉末体积分数 ϕ 及表征物质对光辐射的散射能力即材料的散射系数项 Q 成反比，即

$$D_p = \frac{2d}{3Q\phi} \tag{4-5}$$

由于上式中 Q 值的复杂性，本书并不使用上式直接计算陶瓷浆料的透射深度 D_p，而是使用下文所述的实验数据拟合方法来测定计算浆料的光敏参数值。

E_c 与光引发剂和单体系统及陶瓷固相含量有关，可以通过测量陶瓷浆料的固化厚度及曝光能量利用式(4-4)得到这两个参数。对于使用单条固化线来测算光敏参数，则其曝光能量 E 的表达式为

$$E = \frac{\sqrt{2}P}{\sqrt{\pi}w_0 v} \tag{4-6}$$

式中　P——激光在陶瓷浆料表面的功率(本次实验由功率计测得为 270mW)；

w_0——激光在陶瓷浆料表面所投射的光斑半径(由光斑分析仪测得为 70μm)；

v——激光扫描速度，可在光固化成形机 SPS450B 中直接设定。

在光固化成形机上改变扫描速度，使其从 1500mm/s 增至 4000mm/s，测

量单条线固化厚度，根据式(4－4)及式(4－6)，得出曝光能量 E、扫描速率 v 及固化厚度 C_d 的关系如表 4－13 所示。

表 4－13　不同扫描速度和曝光能量对单条固化线厚度的影响

实验组别	1	2	3	4	5	6	7	8	9	10	11
v/(mm/s)	1500	1750	2000	2250	2500	2750	3000	3250	3500	3750	4000
E/(mJ/cm²)	163.7	140.3	122.7	109.1	98.2	89.2	81.8	75.5	70.1	65.4	61.3
C_d/mm	149.2	132.1	126.5	116.3	117.7	102.8	90.6	95.7	92.7	90.1	85.6
STDEV[①]	4.0	1.8	2.7	3.6	5.6	3.0	2.6	1.5	4.5	3.3	2.5

根据表 4－13 中数据，以曝光能量 E 和固化厚度 C_d 值分别为横坐标和纵坐标，其中横坐标是取 E 的自然对数即 $\ln E$，在 Origin 软件中进行数值拟合，可得到二者的拟合直线如图 4－21 所示。

由文献可知，图 4－21 就是关于本书研究的水基氧化硅高固相含量陶瓷浆料的所谓“工作曲线”，固化厚度 C_d 和曝光能量 E 的自然对数之间具有简单的线性关系。这条拟合直线的斜率就是浆料光敏参数中的透射深度 D_p，而直线与横坐标的截距则是临界曝光能量 E_c，就是在固化厚度等于零处的激光曝光能量，如图 4－21 所示。由于光敏参数是浆料本身的性质，因此对于同一浆料来说，得到的工作曲线的斜率和与横坐标的截距均为独立于激光能量 P 的。

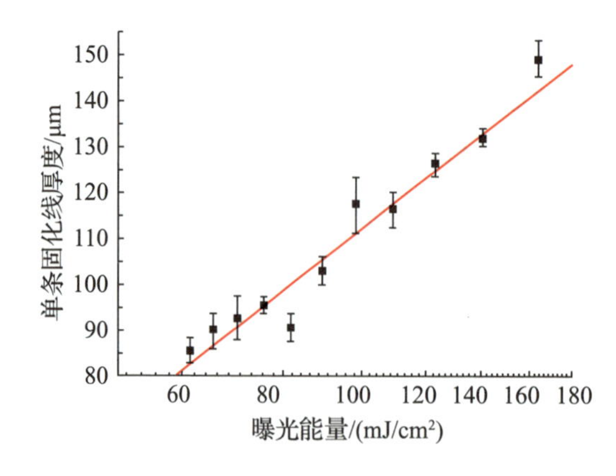

图 4－21

单条固化线厚度 C_d 与曝光能量 E 的关系及拟合所得曲线

① STDEV：基于样本估算标准偏差。

在 Origin 中得到的拟合方程为

$$C_d = 60.95 \times (\ln E - 2.76) \tag{4-7}$$

因此，将式(4－7)与式(4－5)对比即可得到该陶瓷浆料的光敏参数：透射深度 $D_p = 60.95\,\mu m$，临界曝光能量 $E_c = e^{2.76} = 15.8 mJ/cm^2$。

2. 陶瓷浆料光敏参数与传统树脂对比

对于常用光敏树脂，如 DSM 的 Somos14120，其临界曝光能量 $E_c = 13 mJ/cm^2$，透射深度 $D_p = 156.75\,\mu m$；西安交通大学先进制造技术研究所研制的 CPS 光敏树脂，其临界曝光能量 $E_c = 14.848 mJ/cm^2$，透射深度 $D_p = 0.167 mm$。三者的比较如表 4－14 所示，由表可知两种树脂的光敏参数差别不大，高固相含量的水基陶瓷浆料的穿透深度小于光敏树脂，是树脂的 1/3～1/2，而临界曝光能量略大于光敏树脂。这也进一步说明，本书所讲述的陶瓷浆料需要更大的曝光能量才能开始光固化，而且固化而成的单条扫描线厚度均小于光敏树脂。但是临界曝光量差别不算太大，因此可以认为本书所使用的浆料具有一个比较合适的临界曝光量。

表 4－14　氧化硅陶瓷浆料与传统光敏树脂的光敏参数比较

光敏材料	$D_p/\mu m$	$E_c/(mJ/cm^2)$
二氧化硅陶瓷浆料	60.95	15.80
Somos14120 树脂	156.75	13.00
CPS 光固化树脂	167.00	14.85

4.1.5　单条固化线宽度和厚度预测模型

1. 单条固化线厚度 C_d 和宽度 L_w 预测模型的建立

由式(4－4)和式(4－6)可以推出：

$$C_d = D_p \ln\left\{\left[\sqrt{\frac{2}{\pi}}\frac{1}{w_0 E_c}\right]\frac{P}{v}\right\} \tag{4-8}$$

由于本研究使用了 SPS450B 光固化成形设备以及固定成分配比的高固相含量氧化硅陶瓷浆料，因此激光光斑半径 w_0 以及浆料的光敏参数 D_p 和 E_c 保持固定，而影响单条固化线厚度 C_d 和宽度 L_w 的因素就只剩下激光功率 P 和扫

描速度 v 了，这两个参数是可以手动调节的。

将激光光斑半径 $w_0 = 70\,\mu m$，以及上文得到的陶瓷浆料光敏参数 $D_p = 60.95\,\mu m$，$E_c = 15.8 mJ/cm^2$ 代入公式便可以得到如下式子。

$$C_d = 60.95\ln\frac{P}{v} + 260.78 \tag{4-9}$$

因此，我们可以用激光功率 P 与扫描速度 v 的比值 q 作为变量来建立单条固化线厚度C_d的预测模型表达式为

$$C_d = 60.95\ln q + 260.78 \tag{4-10}$$

其中，$q = P/v$，单位为 J/m，而激光功率 P 的单位为 mW，扫描速度 v 的单位为 mm/s。

同样，将公式代入前文所得的单条固化线宽度L_w和厚度C_d的关系式中，即可获得单条固化线宽度L_w 的预测模型表达式为

$$L_w = 270.01\ln q + 1092.29 \tag{4-11}$$

需要注意的是，本研究所使用的光固化成形机在制作零件过程中，其可调激光功率最大值为 $P = 270mW$，而激光扫描速度 v 可以达到几千毫米每秒。因此在这种情况下，二者比值 q 是一个大于 0 而小于 1 的数，所以就会使得上面两个预测模型中的 $\ln q$ 成为一个负数。由此可见在一定的扫描速度范围内，实验所得到的单条固化线厚度C_d 和宽度L_w的最大值理论上根据该预测模型可以分别达到 260.78 μm 和 1092.29 μm。

综合以上推导与分析，本研究中单条固化线厚度C_d和宽度L_w均是 q 的函数。因此，当扫描参数即激光功率 P 和扫描速度 v 确定了也就是q 值确定的时候，可以用来预测C_d和L_w。由这两个经验方程预测算出的单条固化线厚度C_d和宽度L_w可以为线宽补偿提供参考，从而提高成形的精度。也就是说可以根据需要利用预测模型反过来设置激光功率 P 和扫描速度 v 以期达到满足需求的C_d和 v 值。例如，当激光功率选择 $P = 270mW$，扫描速度 $v = 2000mm/s$ 时，二者比值即 $q = 0.135J/m$。线宽补偿就是$L_w/2$，算出来为 225.08 μm，而C_d值为 118.32 μm。本书针对该浆料简单地使用 q 值作为一个可调的工作参数的优点在于：C_d和L_w与 q 的关系可以由陶瓷光固化实验获得，并且这个关系是由给定的陶瓷浆料及成形机，更确切地说应该是给定的激光器决定的，是二者组成的系统的内在特性。若想制造具有给定固化线宽L_w和厚度C_d的零

件，就可以由上面所推算出的预测模型来确定一个合适的 q 值，从而不需多次重复做陶瓷光固化实验就可以随之同时确定扫描速度 v 值和激光功率 P 值。因此，q 值的引入使得根据所需的C_d和L_w值，在成形机中选择针对某一特定陶瓷浆料的激光功率和扫描速度变得更加简便。

2. 单条固化线厚度与宽度预测模型的验证

为了评估并验证上文得到的预测方程，本书在激光功率 $P=270$mW 下使用不同扫描速度 v(1000～4000mm/s)做多组单条光固化实验并测量扫描所得的单条固化线厚度C_d和宽度L_w值。图 4－22 分别展示了C_d和L_w所得的实际测量结果与预测模型的比较，该图是以不同 q 值作为横坐标而非 P 或者 v。

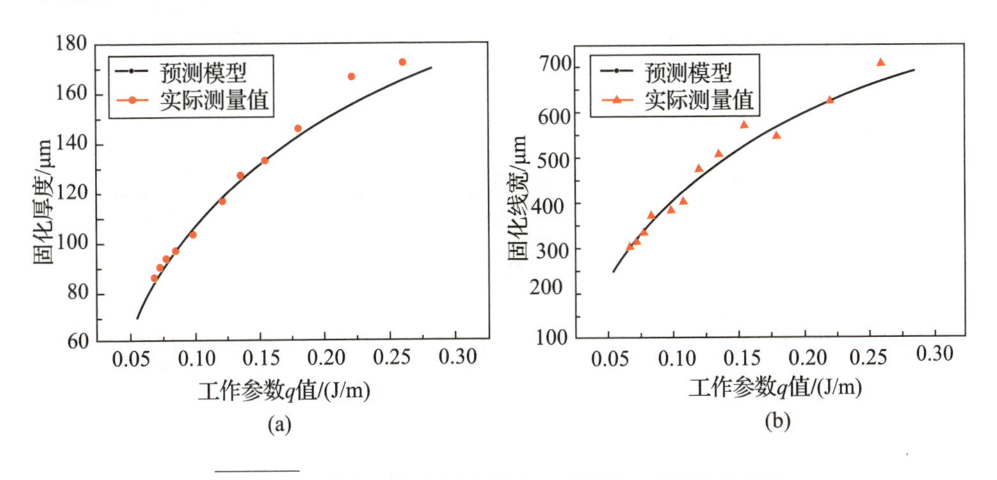

图 4－22　单条固化线厚度和宽度实测值与预测值的对比

(a)单条固化线厚度测量值与预测值对比；(b)单条固化线宽度测量值与预测值对比。

由图 4－22 可知，当扫描速度位于 1000～4000mm/s 的范围内时，C_d和L_w均随着 q 值的增大而增大。尽管实际测量中有误差因素干扰，但本研究所得实际测量值和预测模型基本上能够较好地吻合。因此我们认为实际应用中可以较容易地在光固化成形过程中设定适当的 q 值来控制获得不同的单条固化线厚度C_d和宽度L_w。同时，在激光功率固定的时候，也可以使用该预测模型预测不同扫描速率下的单条固化线厚度，为选择扫描速度提供依据。

3. 线宽补偿的设定

在光固化过程中，在光敏材料液面扫描的紫外激光束的光斑本身呈圆形且具有固定的尺寸，其半径为w_0，在光固化制作零件时，若按照设计的零件数据进行扫描，则零件每层实际固化尺寸容易溢出设计尺寸，其溢出量即为投射到液面上的激光光斑直径的一半，即 w_0，因此往往需要设定在进行边界扫描时给予一定的补偿量，让边界扫描线固化边缘与 CAD 尺寸对齐，从而使得每层实际尺寸与设计尺寸一致。每层的边缘若不设定补偿，则容易出现实际固化面大于设计尺寸，从而影响零件制作精度。设置合适的光斑补偿或线宽补偿能够明显提高零件离散面扫描固化的精度。

对于传统的光敏树脂来说，由于不存在散射现象，其光斑补偿即线宽补偿就等于光斑直径的一半即光斑半径 w_0。而对于陶瓷浆料，由于散射的关系，其线宽补偿要大于 w_0，其值的设定往往是在一定激光功率 P 和扫描速度 v 下确定的单条扫描固化线宽度 L_w 的一半，即 $L_w/2$。在实际应用中，只要选定了陶瓷浆料(即确定了光敏参数)和激光功率和速度等光固化工艺参数后，单条固化线宽度可由式(4-11)计算得出，因此设定的线宽补偿也可得出，如图 4-23 所示。

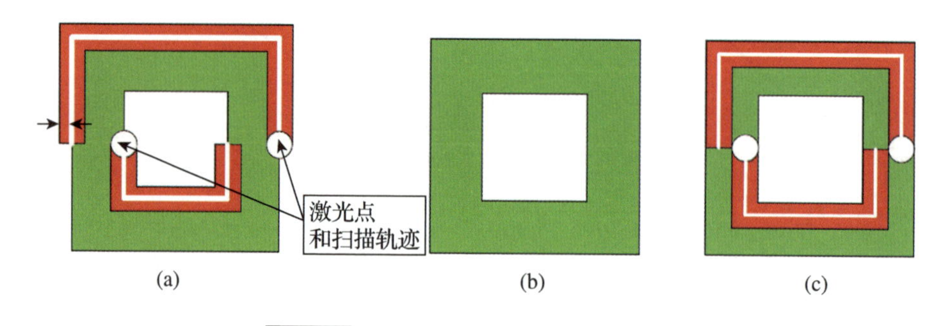

图 4-23 光斑补偿对单层边缘尺寸的影响
(a)未设置光斑补偿；(b)CAD 尺寸；(c)设置光斑补偿。

4. 陶瓷单条固化线宽度公式与树脂的对比

Jacobs 在文献[①]中提到，对于树脂光固化来说，其单条固化线宽度 L_w 具有如下表达式：

$$L_w = B\sqrt{\frac{C_d}{2D_p}} \tag{4-12}$$

式中 B——激光光斑直径，$B = 2w_0$(μm)；

① P. F. Jacobs. Rapid Prototyping & Manufacturing - Fundamentals of Stereolithography, SME, La Crescenta, California, 397, 1992.

D_p——透射深度，树脂光敏参数之一(μm)；

C_d——树脂单条固化线厚度(μm)。

该表达式表明树脂的单条固化线宽度和激光直径成正比且和单条固化线厚度及树脂透射深度有关。而密歇根大学[①]未经验证直接将该式应用于陶瓷光固化中，来计算光固化陶瓷单条固化线厚度。本书认为是不妥的，毕竟陶瓷浆料和树脂在激光透射散射等方面存在极大差别导致固化性能的巨大差异。本研究针对该公式，比较前文推导所得的线宽公式与树脂单条线宽公式。

对于本研究所使用的激光器，光斑能量服从高斯分布，光斑直径为 140 μm。假设使用上式来计算单条固化线宽 L_w，则将 $B = 140$ μm，$D_p = 60.95$ μm 代入(所有参数单位均为μm)得

$$L_w = 12.68\sqrt{C_d} \tag{4-13}$$

而本书研究所得的 L_w 和 C_d 的关系如式(4-3)所示。下面在 Origin 中绘图验证 $C_d = 80 \sim 260$ μm 范围内二者是否等价，如图 4-24 所示。

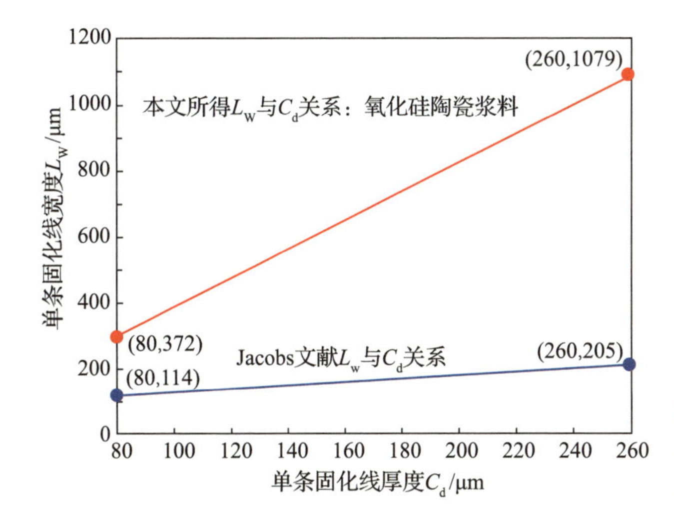

图 4-24
陶瓷浆料单条线宽与厚度两种表达式曲线对比

由图 4-24 可知，两个公式所得的单条固化线宽在 $C_d = 80 \sim 260$ μm 这个区域内偏差太大：由式(4-13)获得的 $L_w = 114 \sim 205$ μm；而由式(4-3)得到

① Integrally cored ceramic investment casting mold fabricated by ceramic stereolithography, C. J. Bae, the University of Michigan, 2008, PhD ThesisP116, 151-152.

的本研究所使用的氧化硅陶瓷L_w = 372～1079 μm，是前者的 3～5 倍。

由式（4 − 7）可知，如使用该公式，则D_p越大，L_w越小，再使用 Somos14120 来分析：D_p = 156.75 μm，则在这个区间内单条固化线宽C_d = 80～260 μm，由式(4 − 13)获得的 Somos14120 树脂的L_w = 100～127 μm；而由式(4 − 3)得到的本研究所使用的氧化硅陶瓷L_w = 372～1079 μm，是前者的 4～9 倍，差别之大是显而易见的。

同时由前文也可以看出，对于D_p相同的树脂和陶瓷浆料来说，随着单条固化线厚度的增大，陶瓷浆料单条固化宽度明显越来越大于树脂，如图 4 − 25 所示。

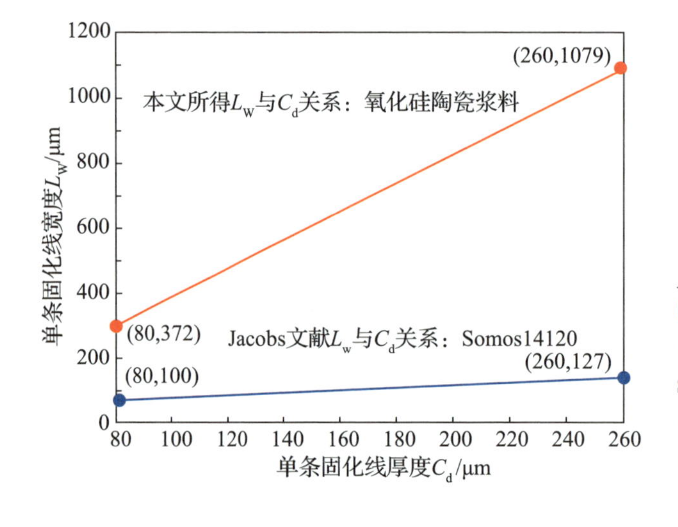

图 4 − 25 氧化硅陶瓷浆料和 Somos14120 树脂单条线宽与厚度关系曲线对比

4.1.6 氧化硅陶瓷单层固化情况研究

1. 单层固化样件的制作与截面形貌观察

使用一般的扫描方法直接制作单层固化面也会遇到制作单条线一样的问题：当扫描速度较大时，由于扫描得到的单层厚度过薄，故在提取和清洗等后处理过程中极易发生扭曲变形和断裂等，导致无法测量和观测单层厚度及截面形貌。对于制作和提取单层固化面样件，我们可参考前文所述制作单条固化线的方法。由于单层固化面就是由单条固化线横向累加而成的，所以只要调节形成单条固化线的正交网状支撑的间距即可获得不同扫描线间距 h 的单层固化面，也就是说在 Magics 软件添加支撑数据中设定不同的支撑间距时就等价于在成形机中设定不同的扫描线间距 h，支撑的间距就等于扫描线间距。按照要求扫描一层获得的支撑就是所需要的单层固化面。单层固化面的制作流程如图 4-26 所示。

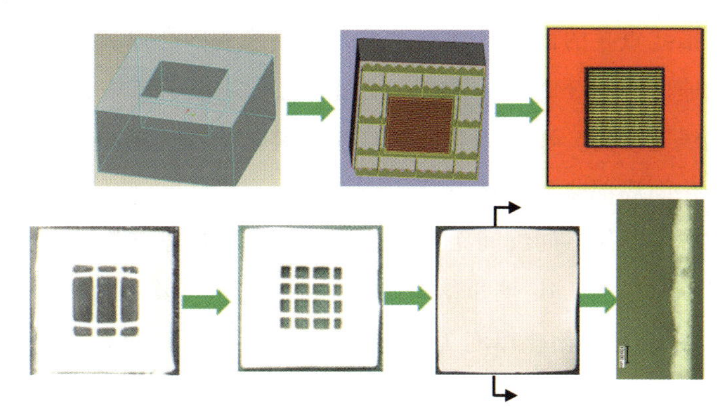

图 4-26　单层固化面制作与观测流程

（下方照片从左至右扫描线间距依次减小：$h=3\sim4\text{mm}\rightarrow0.1\sim0.4\text{mm}$）

需要注意的是，本研究线间距一般设定为 $h=0.1\sim0.4\text{mm}$，因此得到的单层固化面无论是肉眼观察还是在光学显微镜下观察，其扫描线的交错都是比较致密的，不会像一般的支撑那样线与线之间是有间隙的正交网状结构（正常制作零件支撑的间距为 3～4mm，是单层固化面线间距的 10 倍以上，因此线与线之间存在可观察的间隙）。

2. 扫描速度及线间距对单层固化厚度的影响

和观测单条固化线一样，通过 VH-Z100 光学显微镜观察单层固化面的截面形貌，可获得不同线间距下的截面轮廓图像，并在显微镜电脑上测量层厚 L_d 等尺寸。图 4-27 为激光功率 P 为 270mW，扫描速度 3000mm/s 时放大 50 倍的图像，其中线间距 h 分别为 0.1mm、0.2mm 及 0.4mm。

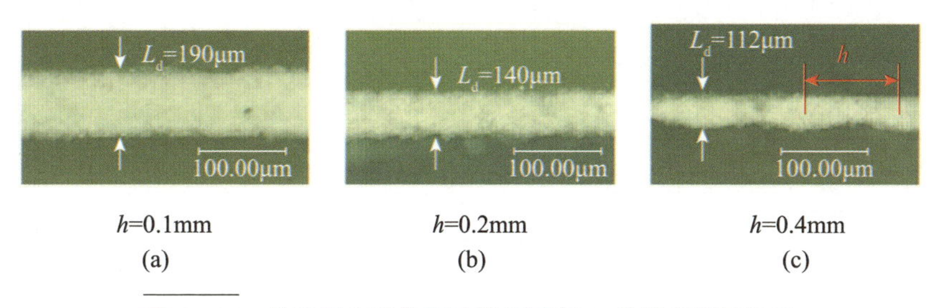

图 4-27　线间距 h 对单层固化面厚度 L_d 的影响测量结果

（扫描速度 $v=3000\text{mm/s}$，激光功率 $P=270\text{mW}$）

由图 4-27 可知，随着扫描线间距 h 的增大，单层固化面厚度 L_d 明显降低，当扫描间距 h 等于 0.4mm 时，单层固化面底部出现波浪状起伏，这说明此时相邻扫描线重叠的固化厚度小于单条扫描线的固化厚度。为避免这种现象，当扫描速度等于 3000mm/s 时，线间距就必须小于 0.4mm。当线间距小于单条固化线宽度时，相邻固化线会产生重叠，当线间距小于某个值时，就能使单层固化面底部非常平整。

根据该方法制作不同线间距和扫描速度条件下的水基陶瓷浆料的单层固化面并测量固化厚度 L_d，测量结果如表 4-15 所示，其中扫描速度 v、单条固化线厚度 C_d 和单层固化厚度 L_d 的单位分别为 mm/s、μm、μm。

表 4-15　线间距 h = 0.1～0.4mm 时不同扫描速度(1000～3500mm/s)下所得单条及单层厚度

扫描速度 v/(mm/s)		1000	1250	1500	1750	2000	2250	2500	2750	3000	3250	3500
单条固化线厚度 C_d/μm		164.0	152.0	149.2	132.1	126.5	116.3	117.7	102.8	90.6	95.7	92.7
单层固化厚度 L_d/μm	h=0.1mm	262.7	231.8	222.4	209.5	188.6	165.9	145	133.8	115.5	113.2	110.1
	STDEV	10.4	7.30	5.6	5.2	4.2	6.9	6.2	2.3	2.1	1.8	1.3
	h=0.15mm	247.3	242.5	228.8	207.1	191.2	185.1	178.5	176.4	168.9	162.4	154
	STDEV	1.9	4	5.2	2.9	3.4	2.2	3.2	5.4	3.1	2.5	5.1
	h=0.2mm	222.4	214.7	210.3	205.3	198.9	172.7	159.3	144.1	136.7	122.6	105.2
	STDEV	0.8	4.2	3.1	0.6	7.3	6.8	1.02	7.8	5.4	0.8	2.2
	h=0.25mm	194.5	163.1	137.8	134.1	122.2	116.3	122.8	106.6	102.1	97.4	90.2
	STDEV	3.5	4.4	6.9	3.9	1.6	3.7	0.9	5.2	0.2	1.1	3.4
	h=0.3mm	175.7	165.7	155.8	139.6	132.4	121.7	116.2	110.7	106.7	95.5	90.7
	STDEV	1.6	1.7	3.3	0.8	3.9	0.7	1.2	2.4	1.8	1.3	2.4
	h=0.35mm	166.6	145.3	135.3	133.1	125.3	116.1	111.3	107	105.5	98.8	96.5
	STDEV	5.5	1.9	3.9	2.4	0.6	0.5	2.3	3.8	3.6	5.7	3.1
	h=0.4mm	180.1	166.6	143.8	134.8	129.7	123.8	118.3	113.5	107.5	102.3	97.7
	STDEV	2.9	0	0.76	1.5	0.9	0.9	0.1	1.1	0.8	1.2	2.1

根据表 4-15 中的测量数据，利用 Origin 绘图，可得图 4-28。

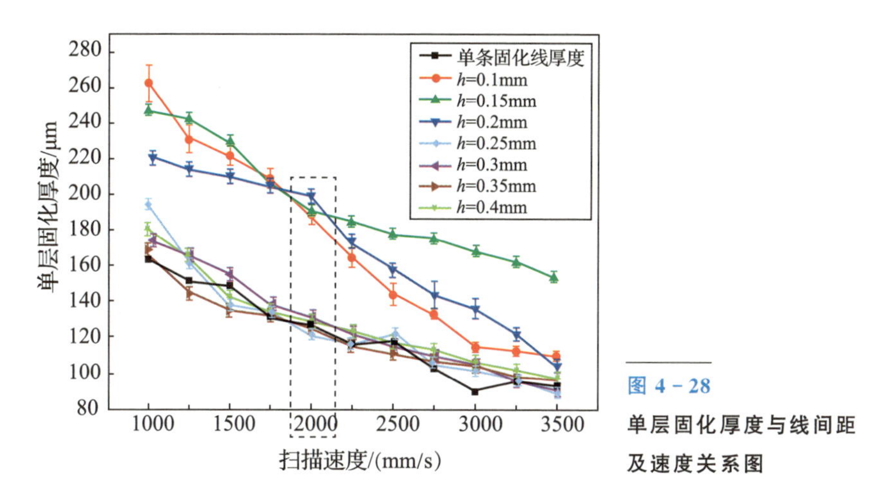

图 4-28　单层固化厚度与线间距及速度关系图

由图 4-28 可知，当扫描线间距 $h>0.2\mathrm{mm}$ 时，L_d与C_d差距较小，当$h\leqslant0.2\mathrm{mm}$ 时，L_d就远大于C_d，这表明扫描线间距对于单层固化面固化厚度的影响较大，在选择工艺参数时，应优先考虑。当 $h>0.2\mathrm{mm}$ 时，只有当扫描速度低于 1000mm/s 时，L_d才有可能大于 200μm。成形过程中的相邻层黏接要求单层固化厚度L_d必须大于 200μm，若选择较大的扫描线间距，可能不利于提高成形效率。因此实际制作中应当选择线间距 $h<0.2\mathrm{mm}$，扫描速率$v<2000\mathrm{mm/s}$。

下面讨论扫描线间距对于单层固化厚度的影响，如图 4-29 所示。

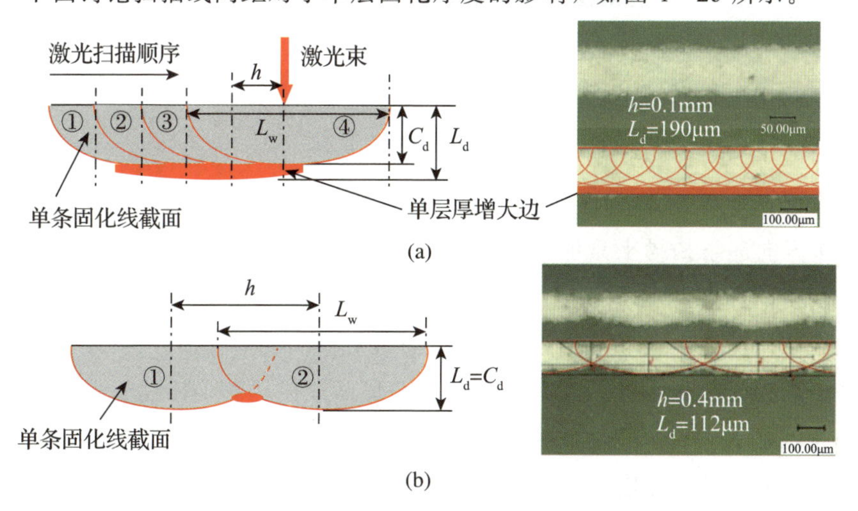

图 4-29　扫描线间距与单条固化线宽度的关系导致相邻扫描线的叠加对单层固化厚度的影响

(a)扫描线间距 h 较小时($h\ll L_w$)，相邻扫描线的叠加使层厚增大($L_d>C_d$)；

(b)扫描线间距较大时($h\to L_w$)，相邻扫描线的叠加不足以使层厚增大($L_d=C_d$)。

当扫描线间距 h 大于单条固化线的固化宽度L_w时，相邻扫描线之间不会存在重叠现象，此时无法得到单层固化面。随着扫描线间距的减小，单条固化线的重叠部分增加，如图 4-29(b)所示，重叠部分的固化厚度增加。当扫描线间距进一步减小时，相邻的多条扫描线可能发生重叠，使得单层固化厚度大于单条固化线的固化厚度，如图 4-29(a)所示。

对于上文研究的例子，可以给予以下解释：当 $h \leqslant 0.2$mm 时，L_d比C_d大很多，其原因为单层中单条扫描散射引起的多次曝光很显著，使扫描线增厚从而单层增厚，如图 4-29(a)所示；而当 $h > 0.2$mm 时，L_d与C_d差别不大，是因为单条增厚对单层的影响不显著，如图 4-29(b)所示。

3. 不同扫描方式对单层固化厚度的影响

光固化成形机可以设定两种效果较好的扫描方式来制作零件，分别为 X 或 Y 单次扫描方式(X-Y)以及 XY 双次叠加扫描方式(XYSTA)，如图 4-30 所示。

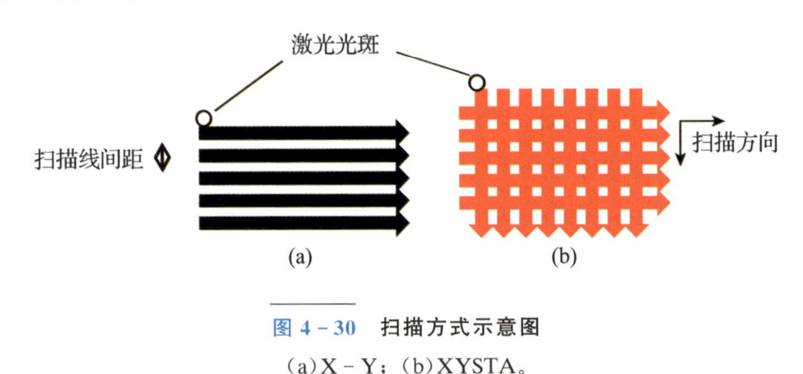

图 4-30 扫描方式示意图
(a)X-Y；(b)XYSTA。

其中：X 或 Y 单次扫描方式(X-Y)指的是制作零件实体时，激光可沿 x 或 y 单方向逐条扫描来累加成单层，而待该层扫描完毕，制作平台下潜、上升，刮刀刮涂浆料，开始新一轮单层制作，接下来的一层可以 y 或者 x 方向扫描，如此反复，直至零件制作完毕；而 XY 双次叠加扫描方式(XYSTA)指的是单层固化面是由 XY 方向两次扫描叠加而成的，相当于 XYSTA 扫描一个回合就是 X-Y 扫描两个回合，但是前者扫描的等效曝光能量及所得层厚与后者并非简单的 2 倍关系，下文将做进一步研究与分析。

使用 XYSTA 扫描方式制作所得的单层厚度较 X-Y 扫描方式的大，且直观上同样扫描速度下，使用 XYSTA 扫描方式制作单层或者实体，其制件时间会被认为比使用 X-Y 扫描方式长，因此被认为制件效率可能较低，但是零件性能较好。本书通过研究这两种扫描方式在不同扫描速度下所得单层固化厚度的比较来确定某一相同固化厚度下 X - Y 和 XYSTA 扫描方式所需的速度分别是多少，进而分别使用这速度来扫描制作三维实体样件，测定制作时间效率、尺寸变化收缩率以及力学性能等，从而评价确定相对效果较好的一种扫描方式。本次实验单层制作方法和过程与前文所述一样。

图 4 - 31 所示为两种扫描方式下扫描速度和单层固化厚度之间的关系。其制作参数为：线间距 $h = 0.1$mm，激光功率 $P = 105$mW。从图中可以看出，同一扫描速度下 XYSTA 扫描方式获得的单层厚度明显大于 X - Y 扫描方式获得的单层厚度。

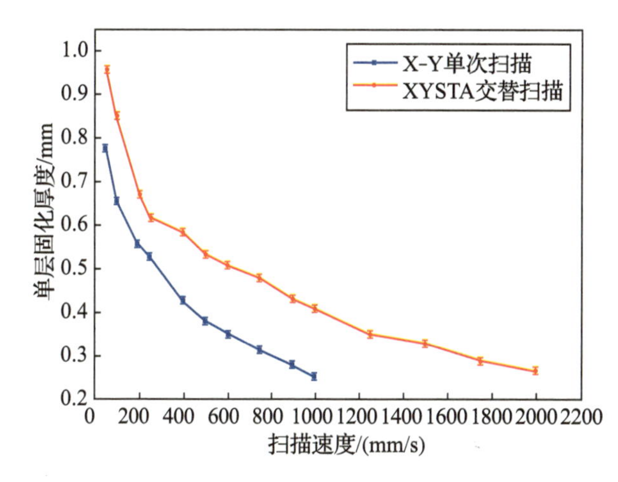

图 4 - 31 不同扫描方式下单层固化厚度和扫描速度的关系

在实际应用中一般要根据单层固化厚度来确定合适的扫描速度。由图 4 - 31 进一步分析可知，使用 X - Y 扫描方式以 1000mm/s 获得的单层厚度与使用 XYSTA 扫描方式以 2000mm/s 获得的单层厚度差距很小，前者为 251 μm，后者为 264 μm。

基于水基陶瓷浆料的流变性和光固化特性与光敏树脂不同，本书讨论了三维陶瓷零件成形过程中的特殊问题，包括水基陶瓷浆料的支撑结构设计、工艺参数的选择、陶瓷零件尺寸精度，主要结论如下。

(1)支撑特征尺寸、结构是影响支撑成形过程的主要因素，支撑结构网格尺寸影响到陶瓷浆料流平性和支撑结构的刚度，一般选择 3～5mm 可满足要求。深潜式再涂层方式使陶瓷零件底部产生翘曲变形，通过采用偏置型支撑结构，削弱网板升降过程中陶瓷浆料对于陶瓷零件的作用力，防止陶瓷零件出现翘曲变形。

(2)光固化成形工艺参数扫描影响到陶瓷零件的成形精度和成形效率，分层厚度是决定其他扫描参数的关键参数，影响到成形效率，一般选择0.15mm；扫描方式XYSTA和X-Y的成形效率和成形精度无明显差异，但是采用XYSTA扫描可提高陶瓷素坯的弹性模量。考虑到陶瓷颗粒的散射作用，轮廓扫描速度应大于填充扫描速度。光斑补偿由扫描速度决定，当扫描速度为2500mm/s时，采用0.25～0.40mm的光斑补偿可使陶瓷零件的成形精度最高。

(3)正交实验结果表明，分层厚度和扫描间距是影响陶瓷坯体试样成形精度的主要因素。综合分析填充扫描速度、扫描间距、分层厚度和轮廓扫描速度的影响规律，最优的实验方案是填充扫描速度为2000mm/s，扫描间距为0.15mm，分层厚度为0.2mm，轮廓扫描速度为3000mm/s。

4.2 氧化锆陶瓷成形机理

4.2.1 单线光固化

在光固化成形过程中，调整工艺参数的实质是改变曝光量，改变曝光量可以改变浆料的固化深度和宽度，从而影响陶瓷零件的成形结果，而影响激光曝光量的主要工艺参数是扫描速度和扫描间距。首先，本实验研究了陶瓷浆料的单线固化和单层固化，得到了陶瓷浆料的临界曝光量和投射深度，建立了激光曝光量与浆料固化厚度的关系模型，以此为基础，确定浆料光固化成形的工艺参数范围。

具体实验方法：选取20mm/s、50mm/s、100mm/s、200mm/s、500mm/s、800mm/s、1000mm/s、1500mm/s、2000mm/s、2500mm/s、3000mm/s、4000mm/s共12组扫描速度，分别对浆料进行单线扫描，获得固化单线，单线干燥后在共聚焦显微镜中观察并测量单线固化宽度L_w和固化厚度C_d，如图4-32所示。

根据Lambert-Beer定律推出单条固化线厚度C_d的理论公式为

$$C_d - D_p\ln\left(\frac{E}{E_c}\right) = D_p(\ln E - \ln E_c) \tag{4-14}$$

式中 D_p——透射深度(μm)；

E——曝光量(mJ)；

E_c——陶瓷浆料的临界曝光量(mJ)。

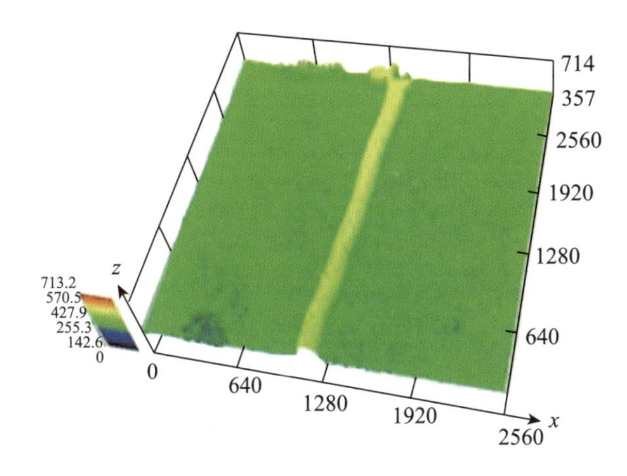

图 4 - 32　固化单线共聚焦显微镜重建三维表面

$$D_p = \frac{2d}{3\phi Q} \tag{4-15}$$

在理论上透射深度D_p与陶瓷颗粒平均粒径 d 成正比，与粉末体积分数及材料的散射系数 Q 成反比。对于已配好的陶瓷浆料，D_p是常数，表示单位能量下浆料的固化能力。

曝光量 E 的表达式为

$$E = \frac{2P}{\pi w_0 v} \tag{4-16}$$

式中　P——激光功率(mW)；

w_0——光斑半径(μm)；

v——扫描速度(mm/s)。

在激光功率 P(280mW)和光斑半径 w_0(70 μm)固定，扫描速度 v 在成形机中设定的情况下，由式(4 - 16)可以求得曝光量 E，E 的单位是 mJ/cm^2。再根据式(4 - 14)，将曝光量 E 和单线固化厚度C_d数值分别设置为横坐标和纵坐标，并在 Origin 软件中进行数值拟合，得到的拟合直线如图 4 - 33 所示。

拟合公式为

$$C_d = 45.99(\ln E - 0.71) \tag{4-17}$$

由此可得光固化氧化锆陶瓷浆料的光敏参数透射深度$D_p = 45.99\ \mu m$ 和临界曝光量$E_c = e^{0.71} = 2.034 mJ/cm^2$。将式(4　16)代入式(4 - 17)中，并代入 $P = 280mW$，$w_0 = 70\ \mu m$ 得

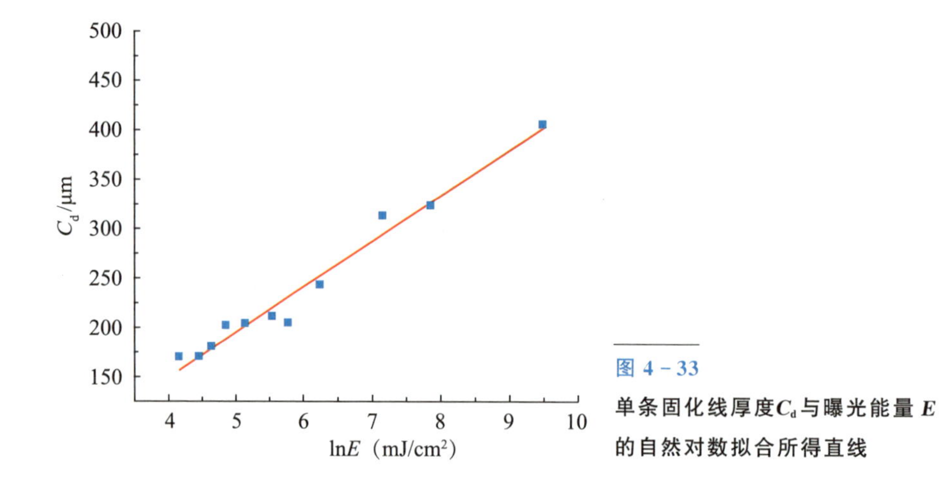

图 4－33
单条固化线厚度C_d与曝光能量 E 的自然对数拟合所得直线

$$C_d = 433.94 - 45.99\ln v \tag{4-18}$$

其中C_d是单线固化深度(μm)，v 是扫描速度(cm/s)。式(4－18)建立了氧化锆陶瓷浆料单线固化深度与扫描速度之间的关系。

在光固化成形过程中，要保证成形质量，必须保证浆料的固化深度。在实验中，默认的分层厚度是 0.1mm，要保证层与层之间的固化质量，单线固化深度 C_d 应不低于 0.2mm。当 $C_d \geqslant 0.2$mm 时，根据式(4－18)得 $v \leqslant 1691.03$mm/s，由此可以初步确定扫描速度的范围。

对于固化深度C_d和固化宽度L_w的实验数据进行线性拟合，可以得到C_d与L_w的线性关系，即

$$L_w = 1.16C_d + 10.23 \tag{4-19}$$

代入式(4－18)，得

$$L_w = 513.6 - 53.35\ln v \tag{4-20}$$

其中扫描速度 v 的单位是 cm/s。由此，便确定了单线固化宽度与扫描速度之间的关系。

单层固化的关键影响因素是曝光量，而在激光功率、光斑半径固定的前提下，影响曝光量的工艺参数有两个，即扫描速度和扫描间距。单层固化的实质是固化单线的排列，扫描速度决定了单线固化的宽度和深度，而扫描间距决定了两条相邻单线结合位置的固化情况。为了研究扫描间距的极限条件，

确定扫描间距的上限，因此提出了临界扫描间距的概念。如图 4－34 所示，当扫描间距为h_s时，相邻两条固化单线的重叠部分(红色)与图中蓝色部分面积相等，假定此时由于曝光量足够且入射激光散射，两条单线之间的固化深度刚好等于单线固化深度C_d，即图中的蓝色部分能够完全固化。

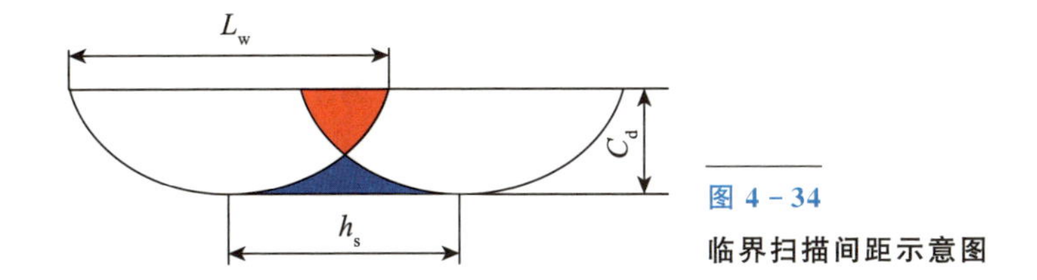

图 4－34
临界扫描间距示意图

并且假设固化单线截面轮廓为圆弧，设 r 为该圆半径，则

$$r = \frac{C_d}{2} + \frac{L_w^2}{8C_d} \tag{4-21}$$

$$h_s = \frac{2}{C_d}\left[\frac{r^2}{2}\arcsin\frac{L_w}{2r} + \frac{L_w}{4}(r - C_d)\right] \tag{4-22}$$

式中　h_s——临界扫描间距(mm)；

C_d——单线固化厚度(mm)；

L_w——单线固化宽度(mm)。

当扫描速度 $v = 1691.03$mm/s 时，$C_d = 200\ \mu$m，$L_w = 242.23\ \mu$m，代入式(4－21)得 $r = 136.67\ \mu$m，再代入式(4－22)得$h_s = 153.11\ \mu$m。实验成形过程中，扫描间距 h 应该不大于临界扫描间距h_s，即 $h \leqslant 0.153$mm。

在陶瓷零件的光固化成形过程中，除了扫描间距和扫描速度等工艺参数外，不同零件形状、加工零件数量及零件的摆放位置等因素均会对光场、流场造成影响。由于其过程的复杂性，难以建立通用的数学模型进行分析，只能针对每一种零件，在由前文给出的参数范围内，选择几组参数进行实验。然后对光固化成形的陶瓷零件进行测量和观察，分析确定陶瓷零件的成形精度，以此确定成形此种零件的工艺参数。在几组参数成形精度相近的情况下，尽量选择较大的工艺参数，因为选择较大的工艺参数，可以提高成形效率，缩短加工时间，同时可以防止过固化的情况发生。

在研究中发现，当激光功率和光斑大小固定的情况下，想要达到一定的曝光量，扫描间距和扫描速度应该是负相关的关系。即当扫描间距减小时，扫描速度增大；当扫描间距增大时，扫描速度减小。因此在本节的实验研究中，采用了固定的扫描间距 0.15mm。通过改变扫描速度，实现改变曝光量的大小，研究对于不同零件的成形情况的影响。

4.2.2 长方体标准件成形

在 Pro/Engineer 软件中建立长宽高尺寸为 50mm×10mm×4mm 的长方体标准件模型，如图 4-35 所示，进行面型化处理，导出 STL 格式文件。在 Magics 软件中，对模型进行加支撑并且分层处理，然后导出 SLC 格式文件。最后将 SLC 格式文件导入光固化成形机中，设置加工参数，进行光固化成形实验。

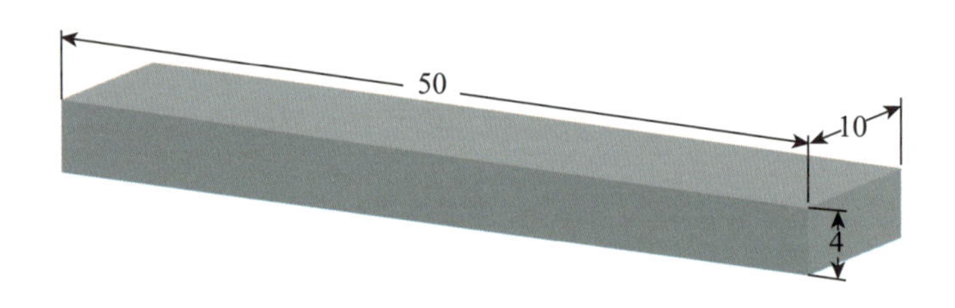

图 4-35 长方体标准件模型

在氧化锆浆料可光固化参数范围内，选定 1000mm/s、1200mm/s、1400mm/s，3 个扫描速度作为研究对象，扫描间距为 0.15mm，每组成形 6 个零件。光固化成形的长方体标准件素坯如图 4-36 所示，将加工完成的素坯从网板上取下，清洁表面，去除支撑及其他杂质，然后用游标卡尺测量长宽高尺寸，并计算平均值和标准差，结果如表 4-16 所示。

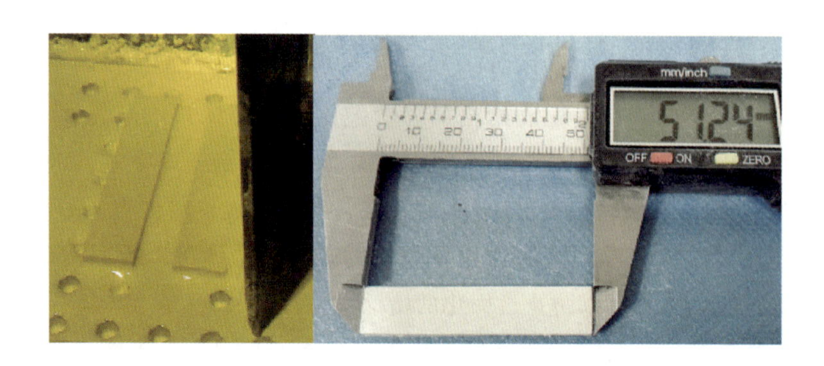

图 4-36 光固化成形长方体标准件素坯

表 4－16　长方体标准件素坯尺寸

扫描速度/(mm/s)	1000	1200	1400
长度/mm	51.90±0.41	51.62±0.26	51.28±1.07
宽度/mm	11.61±0.57	11.54±0.40	11.08±0.64
高度/mm	4.40±0.11	4.15±0.05	4.41±0.22

对比各组素坯在长、宽方向上的尺寸，扫描速度 1400mm/s 时成形的零件在长、宽方向上精度较高，而且此时扫描速度较快，加工效率也较高，因此选择扫描速度 1400mm/s 作为长方体标准件成形的最优参数。而在高方向上，三组实验结果并未观察出明显的趋势，因此推断，零件光固化成形高方向上的尺寸，受填充扫描速度和轮廓扫描速度影响较小，主要与浆料铺平情况有关。

4.2.3　圆柱体标准件成形

在 Pro/Engineer 软件中建立尺寸为 12.5mm×ϕ6mm 的圆柱体标准件模型，如图 4－37 所示，并进行面型化处理，导出 STL 格式文件。在 Magics 软件中，对模型进行加支撑并且分层处理，然后导出 SLC 格式文件。最后将 SLC 格式文件导入光固化成形机中，设置加工参数，进行光固化成形实验。

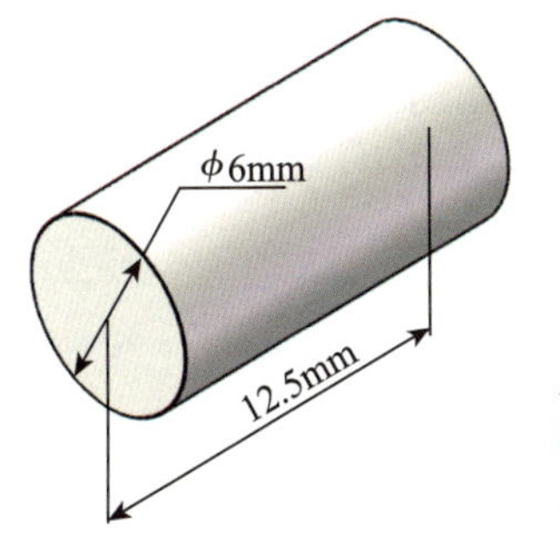

图 4－37
圆柱体标准件模型

在氧化锆浆料可光固化参数范围内，选定 1000mm/s、1200mm/s、1400mm/s，3 个扫描速度作为研究对象，扫描间距为 0.15mm，每组成形 6 个零件。光固化成形的圆柱体标准件素坯如图 4－38 所示，将加工完成的素坯从网板上取下，清洁表面，去除支撑及其他杂质，然后用游标卡尺测量直径和高尺寸，并计算平均值和标准差，结果如表 4－17 所示。对比各组素坯直径尺寸，扫描速度为 1200mm/s 和扫描速度为 1400mm/s 时，零件精度较高，考虑到扫描速度为1400mm/s时加工效率较高，因此选择第3组作为圆柱体标准件成形的最优参数。而在高方向上，3组实验结果并未观察出明显的趋势，因此推断，圆柱体零件光固化成形高方向上的尺寸，受扫描速度影响较小，主要与浆料铺平有关。

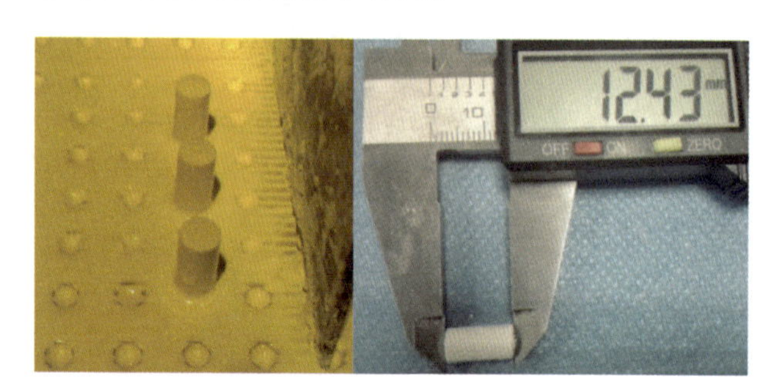

图4-38 光固化成形圆柱体标准件素坯

表4-17 圆柱体标准件素坯尺寸表

扫描速度/(mm/s)	1000	1200	1400
高度/mm	12.31±0.25	12.24±0.30	12.28±0.09
直径/mm	6.18±0.05	6.05±0.04	5.93±0.07

4.2.4 弧面薄壁成形

人造义齿是氧化锆陶瓷的重要应用之一，牙冠桥由牙合面和两侧弧面薄壁组成。其中，弧面薄壁成形的关键在于控制薄壁的厚度，因为牙冠桥需要装配到人体上，如果弧面薄壁结构的厚度大于设计厚度，影响患者体验，而且有可能与两侧牙齿发生干涉，导致需要二次加工，甚至报废；如果弧面薄壁结构的厚度小于设计厚度，则可能导致强度不足，长期使用的情况下，有可能产生牙冠桥损坏远早于设计寿命的结果，给患者带来痛苦和经济负担。因此在本节设计了工艺实验，研究光固化成形工艺参数与弧面薄壁厚度之间的关系。

如图4-39(a)所示，对牙冠桥剖面进行测量，弧面薄壁壁厚平均值约为0.5mm。以此为依据，对模型进行简化，在CAD软件中设计了如图所示的弧面薄壁结构，该模型采用了半圆形弧面，壁厚0.5mm，高度7mm。将此模型导入光固化成形机中，选择5组不同的扫描速度进行光固化成形，光固化成形零件如图4-39(b)所示。

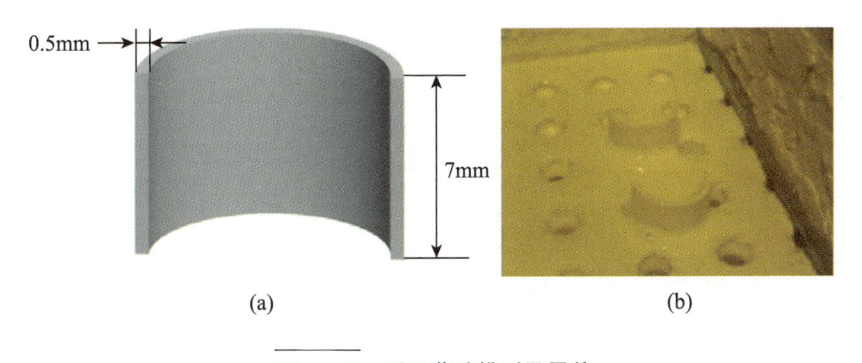

图 4 - 39　**弧面薄壁模型及零件**

(a)牙冠桥剖面；(b)光固化成形零件。

实验中采用游标卡尺分别测量不同扫描速度下弧面薄壁零件的厚度，并绘制不同扫描速度下弧面薄壁厚度变化曲线图，如图 4 - 40 所示。当扫描速度为 1200mm/s 时，弧面薄壁零件的厚度为 0.55mm ± 0.06mm；当扫描速度为 1500mm/s 时，弧面薄壁零件的厚度为 0.46mm ± 0.06mm。对于模型设计壁厚，加工弧面薄壁时的扫描速度应在 1200～1500mm/s 之间，为了保证一定的加工余量，应该选择接近 1200mm/s 的扫描速度。

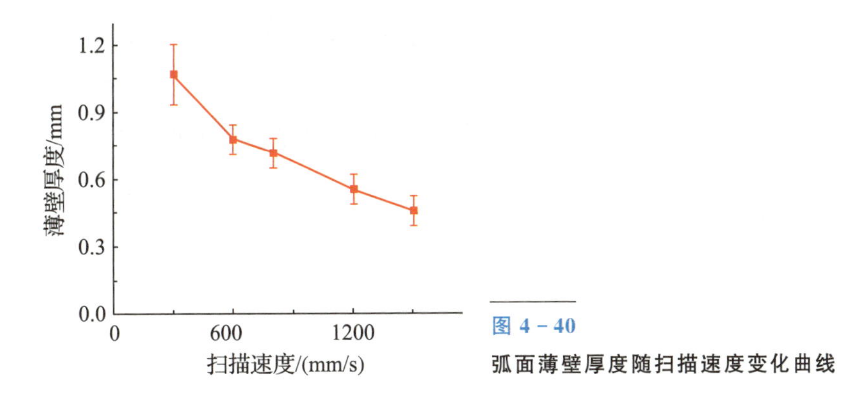

图 4 - 40

弧面薄壁厚度随扫描速度变化曲线

4.2.5　特型螺纹成形

口腔修复领域的陶瓷种植体是一种复杂形状的具有特型螺纹的陶瓷零件，如图 4 - 41 所示，在陶瓷种植体的长圆柱部分，有螺距为 1.27mm、牙高 0.3mm、底部宽 0.26mm 的螺纹。实验中研究了不同扫描速度下，螺纹的成形情况，并最终确定了最佳扫描速度。

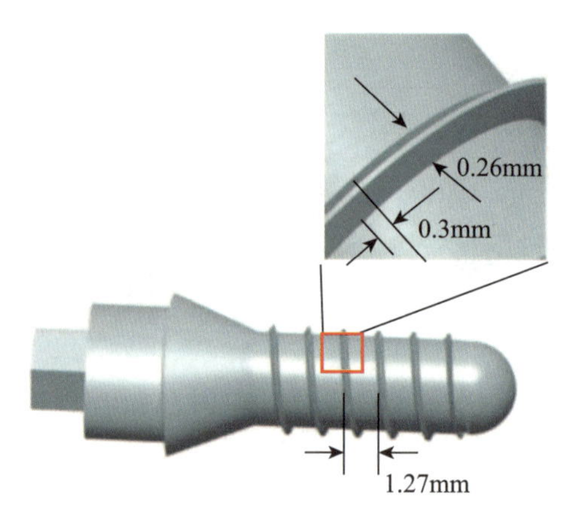

图 4-41 陶瓷种植体模型

实验材料为体积分数 40% 的可光固化氧化锆陶瓷浆料。将模型在 Pro/Engineer 软件中进行了面型化处理，导出 STL 格式文件；再导入 Magics12.0 软件中加支撑并且分层处理，导出 SLC 格式文件；再导入到光固化成形机中，打开 RPbuild 软件，导入 SLC 格式文件，进行光固化成形。设定了 4 组扫描速度：300mm/s、600mm/s、800mm/s、1000mm/s，研究了在这 4 个扫描速度下，零件的成形情况。成形零件如图 4-42 所示。

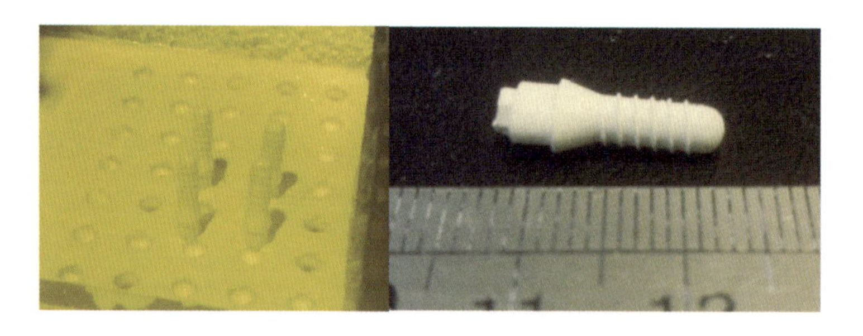

图 4-42 光固化成形氧化锆陶瓷零件

实验中采用了光学显微镜与共聚焦显微镜对零件螺纹的特征进行观察，光学显微镜用于观察螺纹的螺距，共聚焦显微镜用于对螺纹表面进行扫描，并重建三维模型，以此获取螺纹高度和底部宽度，共聚焦显微镜重建螺纹表面三维模型如图 4-43 所示。由于光固化成形采用的是逐层固化、层层叠加的成形原理，从图中可以明显看出螺纹是由层与层拼接组成的。根据原有零件的设计要求，螺纹底部尺寸应该尽量与原模型接近。因此在测量过程中，着重观察螺纹底部拼接部分和非拼接部分尺寸与原模型尺寸的关系。

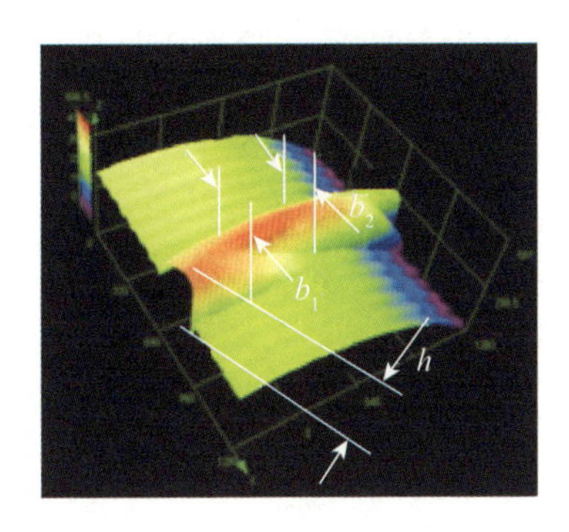

图 4 - 43
共聚焦显微镜重建螺纹表面三维模型

根据实验结果，绘制图 4 - 44，此图为不同扫描速度下，空间曲线螺纹底部宽度的变化曲线，图中 b_1 为拼接部分宽度，b_2 为非拼接部分宽度。从图中可以看出，随着几组扫描速度上升，成形的空间螺纹曲线底部拼接部分宽度和非拼接部分宽度均呈下降趋势。其拼接部分宽度均大于模型宽度 260 μm。当扫描速度为 1000mm/s 时，拼接部分宽度为 280. 54 μm，接近于模型宽度；但非拼接部分宽度为 190. 92 μm，远小于模型宽度。当扫描速度为 300mm/s 时，拼接部分宽度为 367. 93 μm，远大于模型宽度；而非拼接部分宽度为 255. 65 μm，接近模型宽度，但是此时螺纹拼接部分长度远大于非拼接部分。综合考虑拼接部分与非拼接部分的宽度，应该选择扫描速度 600mm/s 作为零件成形工艺参数。

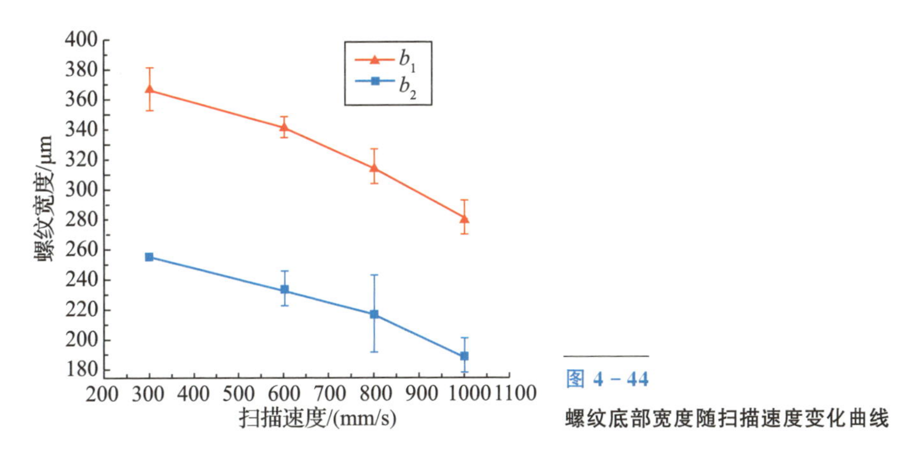

图 4 - 44
螺纹底部宽度随扫描速度变化曲线

图 4 - 45 为不同扫描速度下，螺纹牙高的变化曲线，从图中可以看出，不同扫描速度下，螺纹牙高变化略有波动，但是整体稳定在 250 μm 左右。由此可以看出，扫描速度不是影响螺纹牙高的主要因素。而实际螺纹牙高没有

达到设计高度的主要原因，可能是由于顶端部分较窄，受到成形机成形精度限制难以成形，并且在清洁零件表面的过程中，顶端也有可能部分被侵蚀。

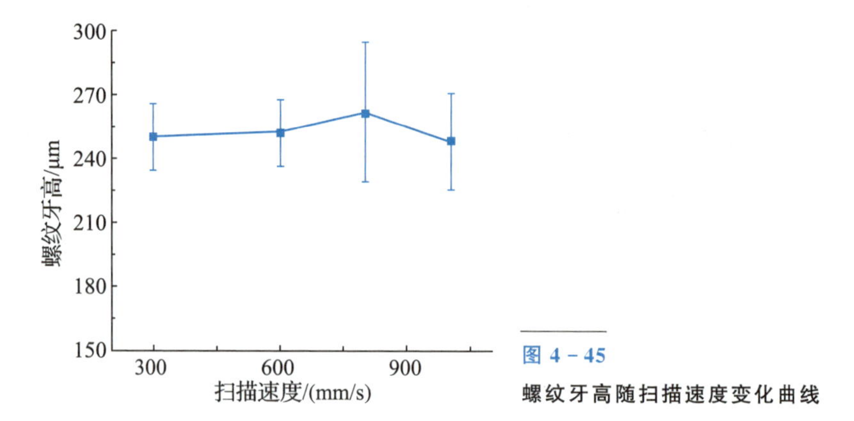

图 4-45
螺纹牙高随扫描速度变化曲线

4.2.6 义齿曲面成形

牙冠桥的几何形状是由牙合面和两侧的弧面薄壁等部分组成的。牙合面是复杂的曲面，其成形质量决定了患者在使用义齿过程中的感受，因此本节研究了不同加工参数下成形的牙冠桥其牙合面成形精度，确定了最优加工参数。

采用三维反求的方法建立牙冠桥模型。首先，将实物放入微米 X 射线三维成像系统中（YXLON，德国），通过 X 射线对牙冠桥实物进行扫描，样品旋转360°，从 3 个视图，包括横截面、冠状面和矢状面视图，拍摄 1024 张二维截面照片，从而获得片层数据，并且将片层数据保存为 DICOM 格式。然后将片层数据导入图像处理软件 Mimics16.0（Materialise，比利时）软件，在界面中需要选择合理的阈值，排除伪影和噪声的干扰，最终确定牙冠桥阈值为 1471～2900，并建立三维模型。将三维模型以 STL 格式文件导出，导入自动化逆向工程软件 Geomagic Studio12.0 中，对于模型表面的缺损和畸变进行修复，最终获得牙冠桥三维模型，模型建立过程如图 4-46 所示。

将模型导入 Magics12.0 软件中加支撑并且分层处理，导出 SLC 格式文件；再导入到光固化成形机中的 RPbuild 软件，设置加工参数，进行光固化成形。实验中选用了 800mm/s、1000mm/s、1200mm/s，3 个扫描速度加工牙冠桥模型，成形牙冠桥如图 4-47 所示。

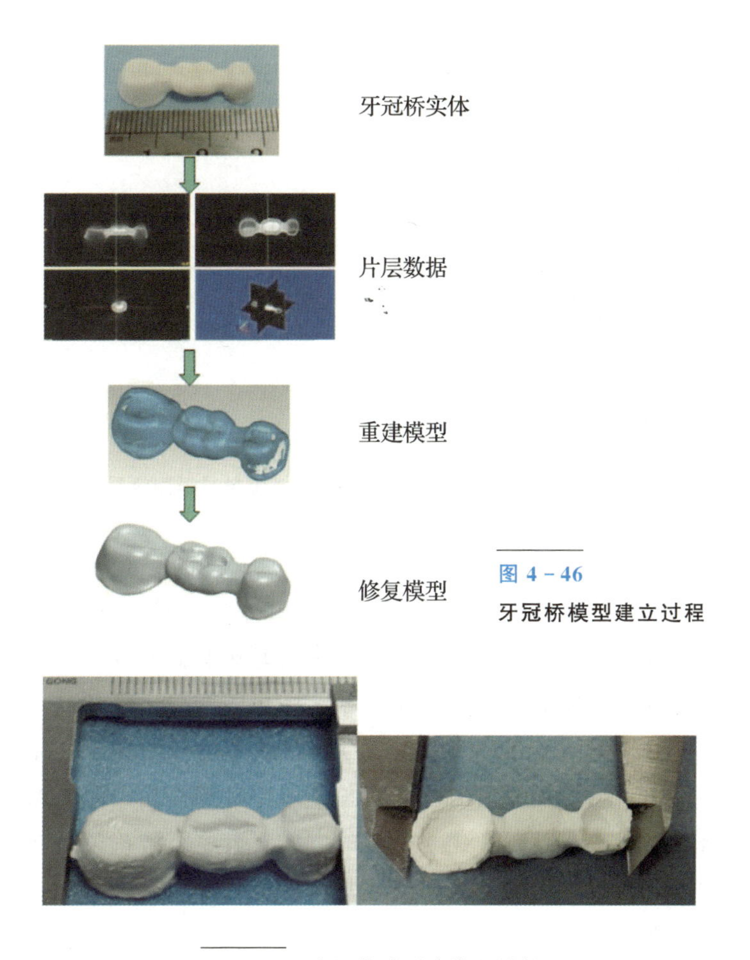

图 4 - 46　牙冠桥模型建立过程

图 4 - 47　光固化成形陶瓷牙冠桥

采用三维反求的方式建立 3 组加工参数下成形并干燥后的牙冠桥零件的三维模型，导入 Geomagic Qualify12.0 软件中，与原模型进行对比，分析结果如图 4 - 48 所示。

根据实验结果，当扫描速度为 800mm/s 时，成形零件平均误差为 0.13mm；当扫描速度为 1000mm/s 时，成形零件平均误差为 0.12mm；当扫描速度为 1200mm/s 时，成形零件平均误差为 0.09mm。根据实验结果，扫描速度 1200mm/s 是牙冠桥复杂曲面的成形最优工艺参数。

加工单个零件时，成形精度的影响因素有：浆料的黏度和光固化性能；加工参数，主要是影响曝光量的两个参数，即扫描速度和扫描间距；以及支撑的结构和零件摆放方式。

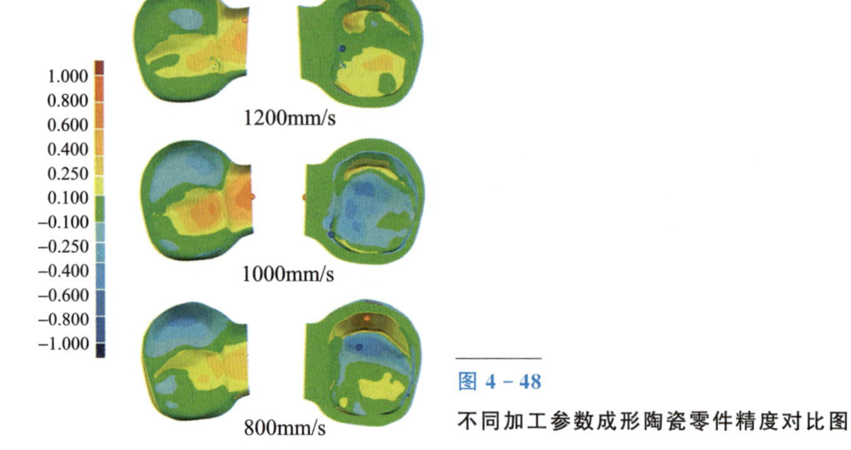

图 4-48
不同加工参数成形陶瓷零件精度对比图

同时加工多个零件时，除了前文提及的几个因素外，还有零件摆放位置和零件数量。因为当同时加工多个零件时，其中一个零件在固化成形过程中，周围零件也会接受少量的激光，成形精度会受到影响。此外，多零件固化成形中，升降过程的流场情况极其复杂。刚刚固化的陶瓷素坯较软，如果存在液体冲击，容易造成已固化部分零件发生形变，或者位置变化。尤其是长径比较大的零件，当竖直摆放的时候，容易倒塌。多零件加工时光场和流场的变化过程极其复杂，难以通过建立模型的方式对其进行准确的分析研究。因此在多零件同时加工时，需要具体问题具体分析，采用实验的方式来验证零件摆放的合理性。

4.3 磷酸三钙陶瓷成形机理

4.3.1 基本工艺参数制定

根据表 4-18 中对陶瓷浆料光敏参数的测定可知，要使得陶瓷浆料固化且层与层间黏结良好，必须满足表 4-18 所列的固化参数基本要求：曝光强度大于临界曝光量E_c，分层厚度要小于浆料固化厚度和透射深度D_p，才能保证浆料在该分层厚度下层层黏结不断层，而浆料固化厚度一般要为分层厚度的 1.5～2.5 倍才较合适。

表 4-18　固化参数基本要求

参数	曝光强度/(mJ/cm²)	分层厚度/μm	固化厚度/μm
基本要求	＞临界曝光量 E_c	分层厚度＜固化厚度； 分层厚度＜透射深度 D_p(149 μm)	1.5～2.5 倍分层厚度

曝光强度 = 光功率密度 × 曝光时间，在光固化工艺中为保证零件的质量及精度，最大分层厚度一般为 100 μm，基于浆料的投射深度只有 149.44 μm，考虑到设备及软件要求、陶瓷素坯成形精度及打印效率，可选分层厚度为 50 μm、75 μm 或 100 μm，则固化厚度应在 75～125 μm(分层厚度为 50 μm)、100～187.5 μm(分层厚度为 75 μm)、150～250 μm(分层厚度为 100 μm)之间较为合适。为确定陶瓷浆料固化过程中合适的曝光强度(光功率密度和曝光时间)、分层厚度、固化厚度等参数，设置光源的光功率密度在 9.7～21.59mW/cm² 之间变化，曝光时间为 3～9s，测量陶瓷浆料在不同光功率密度及曝光时间下固化厚度，结果取平均值，模型为直径 5mm 的圆形，厚度的测量结果如图 4-49 所示。

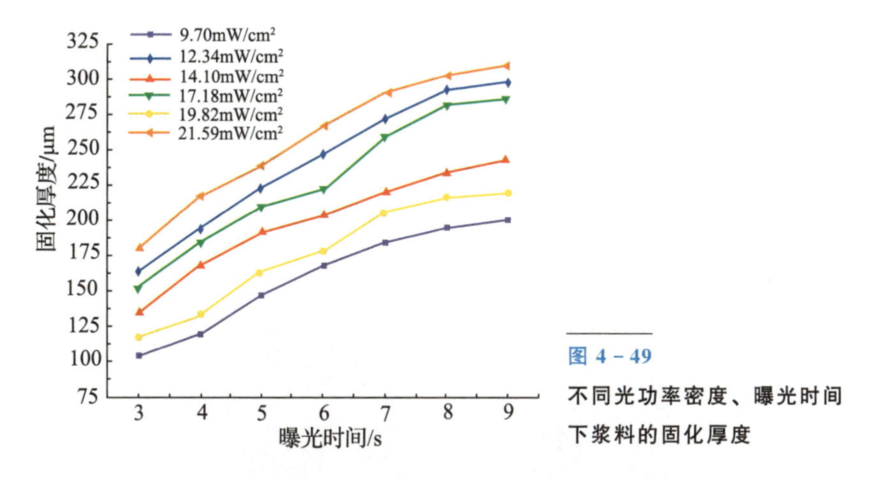

图 4-49　不同光功率密度、曝光时间下浆料的固化厚度

实验结果显示，陶瓷浆料固化厚度随曝光时间增大也逐渐增大，且在同一曝光时间下，随光功率密度增大，固化厚度也增大，但即使光功率密度为 21.59mW/cm²，曝光时间为 9s 时，浆料固化厚度才为 350 μm 左右。在相同曝光强度下，例如，曝光强度都约为 86.4mJ/cm² 时，对应的光功率密度 21.59mW/cm² 曝光时间 4s 和光功率密度 12.34mW/cm² 曝光时间 7s 下，其固化厚度分别为 203 μm 和 216 μm，相比而言，同曝光强度下，光功率密度较

大时其固化厚度也较大，这也说明浆料固化厚度并不是随曝光强度线性变化的，这与 Mitteramskogler 等研究的氧化锆底曝光成形工艺的规律是相似的。在实验中也发现，当光功率密度大于 17.18mW/cm² 时，即使在低曝光时间下，光功率偏大常常将模型图案以外的浆料也固化，因此光功率密度应小于 17.18mW/cm²；此外相同光功率密度下，固化厚度应随曝光时间的变化较稳定才能保证零件打印方向的尺寸误差尽可能小，且固化厚度应满足表 4－18 的要求。综合以上分析取光功率密度为 14.10mW/cm²，根据不同分层厚度选取了如表 4－19 所示的工艺参数。

表 4－19　β－TCP 陶瓷浆料底曝光工艺参数

工艺参数	光功率密度 /(mW/cm²)	曝光时间/s	曝光强度 /(mJ/cm²)	固化厚度 /μm	分层厚度 /μm
1	14.10	2	28.20	93	50
2		4	56.40	159	75
3		7	98.7	213	100

4.3.2　单层打印工艺

陶瓷底曝光技术直接由面到体叠加形成三维零件，因此单层陶瓷素坯的固化直接影响零件的成形精度，若单层固化时的轮廓与设计尺寸偏差较大，则零件最终的精度就无法保证。为测试单层打印情况，打印如图 4－50(a)所示的模型，模型内外孔尺寸分 3 组如表 4－20 变化，打印参数：浆料为固相体

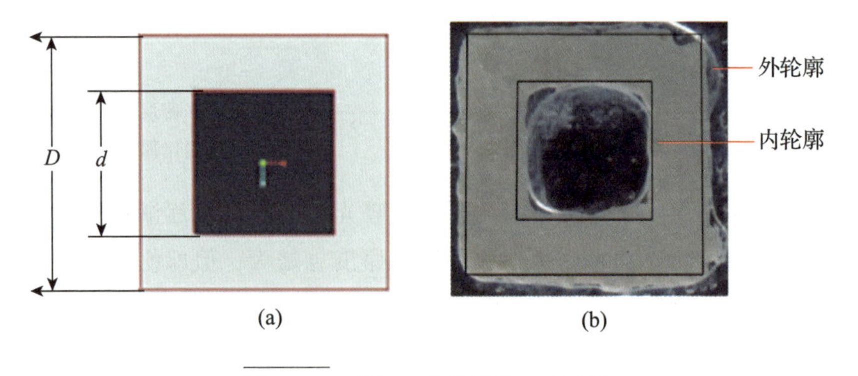

图 4－50　单层固化模型及尺寸测量

(a)单层固化模型；(b)倒置荧光显微镜下测量尺寸。

积分数 40%的陶瓷浆料，设置光源光功率密度为 14.10mW/cm²，打印时间从 35 到 11s，间隔 2s。打印完后用酒精清洗，然后在倒置荧光显微镜(ECLIPSETi，日本 Nikon)下测量其内外轮廓的尺寸，固化模型及显微镜下测量过程如图 4-50 所示。

表 4-20 单层固化模型的内外轮廓尺寸

模型尺寸	1	2	3
外轮廓 *D*/mm	1.5	2.5	3.5
内轮廓 *d*/mm	1	1.5	2

图 4-51 为内外轮廓在不同边长、不同曝光时间下的尺寸误差，打印过程中发现，在同一边长下，内轮廓尺寸相比设计尺寸都偏小，随曝光时间增大内轮廓逐渐减小；在同一边长下，外轮廓尺寸相比设计尺寸都偏大，随曝光时间增大外轮廓尺寸也增大。

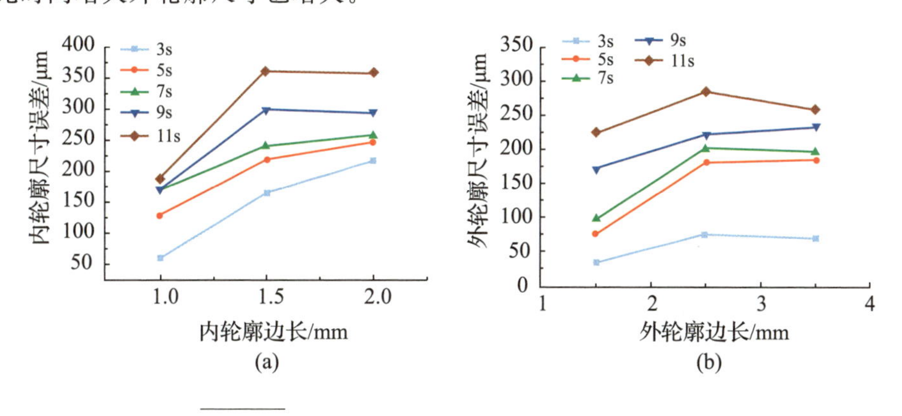

图 4-51 打印单层模型的内外轮廓尺寸误差变化

(a)内轮廓尺寸误差；(b)外轮廓尺寸误差。

通过对比图 4-51 中内外轮廓的尺寸误差变化，可以发现：①在同一边长下，内外轮廓尺寸误差基本都随曝光时间增大而增大；②在同一曝光时间下，内轮廓边长在 1～1.5mm 变化和外轮廓边长在 1.5～2.5mm 变化时，其尺寸误差基本都随边长的增大而迅速增大，当内轮廓边长在 1.5～2mm 变化和外轮廓边长在 2.5～3.5mm 变化时，其尺寸误差增大缓慢甚至有减小；③在不同曝光时间下，内轮廓边长在 1.5mm 和外轮廓边长在 2.5mm 时，尺寸误差变化出现转折，即在一定曝光时间下 x/y 方向尺寸误差不会随模型尺寸增大而无限增大，其最大尺寸误差可以稳定在某一个值内，例如，在光源光功率密度为 14.10mW/cm^2，选定曝光时间为 7s 时，无论内外轮廓尺寸多少，其内轮廓尺寸误差最大约为 250 μm，外轮廓尺寸误差最大约为 180 μm。由于光源投射到固化区域面时，在整个面的能量并不是均匀一致的，因此会造成零件在 *x*/*y* 平面的尺寸会有所偏差，对比预混液和陶瓷浆料的光敏参数可以看出，陶瓷颗粒对光的散射和衍射作用也很明显，因此造成在固化区域底部的图案会比设计尺寸偏大一点。

在内外轮廓边长同为 1.5mm 时，其内外轮廓尺寸误差随曝光时间的变化如图 4-52 所示。

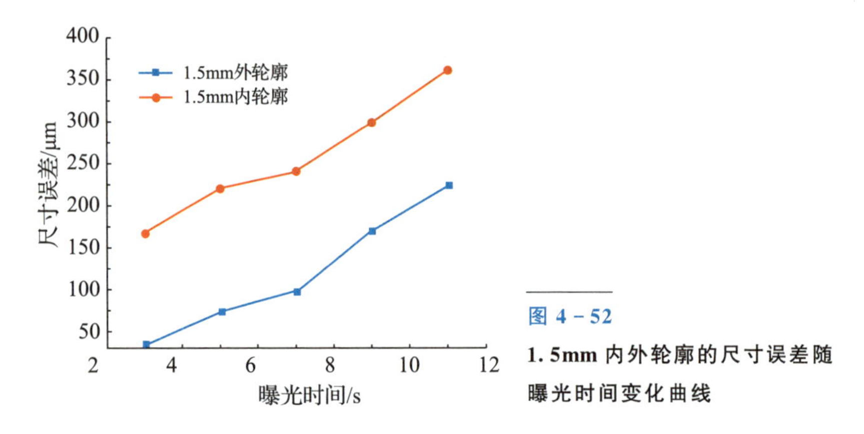

图 4-52
1.5mm 内外轮廓的尺寸误差随曝光时间变化曲线

由图 4-52 可知，同样 1.5mm 的内外轮廓尺寸下，其尺寸误差随曝光时间的变化趋势基本相同，但同样曝光时间下内轮廓误差要远大于外轮廓的，这对在底曝光技术中成形多孔陶瓷零件是不利的。可能的原因是光源投射到固化区域的能量不是均匀的，越靠近中心，能量越高越集中，因此在图案中心容易造成过固化，造成中间的孔道尺寸误差较大或者直接被堵塞。这也会造成在成形大尺寸的零件时，同一层的曝光能量不均匀，受力也不均匀，后期烧结后可能出现缺陷。

测试陶瓷浆料单层固化后的成孔效果，在光源光功率为 14.10mW/cm^2、曝光时间为 7s 的条件下固化单层如图 4-53 所示模型，并用倒置荧光显微镜测量孔尺寸。实验发现设计中孔径小于 0.2mm 的孔都未成形，而在该参数下只能成形 0.2mm 以上的孔，且 0.2mm 孔成形后其轮廓并非规则圆孔，尺寸大约为 138.9～168.3 μm，可能的原因是陶瓷粉体的散射使得较小孔被过固化堵塞，因此所能成形最小孔尺寸在 153.6 μm 左右。

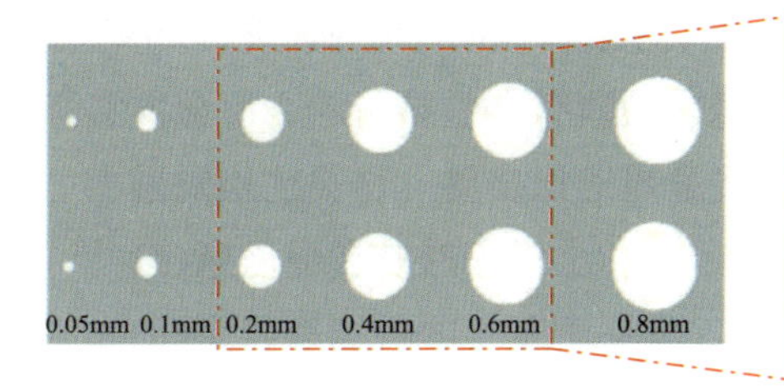

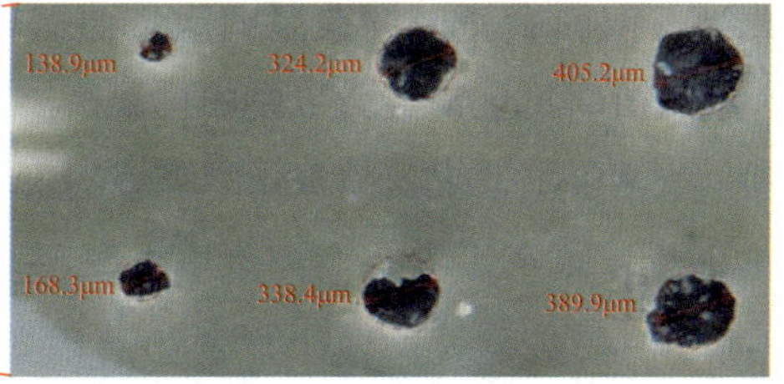

图 4-53　单层固化成孔性测试

4.3.3　多层打印工艺

1. 多层固化表面形貌

根据表 4-21 中的工艺参数，打印了如图 4-54 所示的圆柱形陶瓷素坯和 25°斜面零件，打印信息如下：圆柱形零件，分层厚度为 100 μm，打印层数为 50；25°斜面零件，分层厚度为 25 μm 时曝光时间为 2s，分层厚度为 100 μm 时曝光时间为 7s。利用场发射扫描电镜 SEM(SU-8010，日本)对打印完的圆柱形样本和25°斜面零件进行观测，由图 4-54(b)可知，沿打印方向的圆柱外表面，并未看到明显的台阶效应，表面较光滑；而图 4-54(c)在斜面零件中，当分层厚度为 25 μm 时，斜坡表面已经比较光滑，在扫描电镜下基本看不出台阶状，分层厚度为 100 μm 打印时，零件斜坡表面的台阶效应比较清晰，因

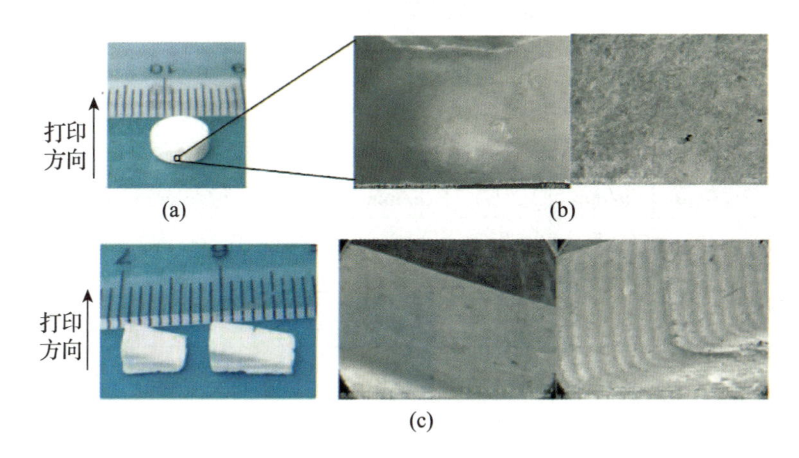

图 4-54　固化多层的陶瓷零件的表面形貌

(a)圆柱形零件；(b)圆柱面表面形貌(左：低倍，右：高倍)；
(c)25°斜面零件：层厚(左)25 μm；(右)100 μm。

此当零件有较大的斜度变化时，可采用较小分层厚度以保证打印表面更加光滑。

2. 陶瓷零件成形分析

图 4-55(a)为一正方形零件，其模型尺寸如表 4-21 所示，沿高度方向打印，分层厚度为 100 μm，共 35 层，打印的模型经 CT 扫描后测量其尺寸，并与实际模型尺寸对比，结果如表 4-21 所示。结果显示成形零件的尺寸与设计尺寸非常接近，除内孔外其余的尺寸误差绝对值均在 0.2%～0.9%之间，即除内孔外的最大误差约为 133 μm，内孔误差绝对值最大，约为 7.867%，即 196.7 μm，且相比设计值偏小，成形零件的角度误差较小，说明底曝光光固化成形工艺成形的陶瓷素坯精度较高，成形过程中零件未变形。

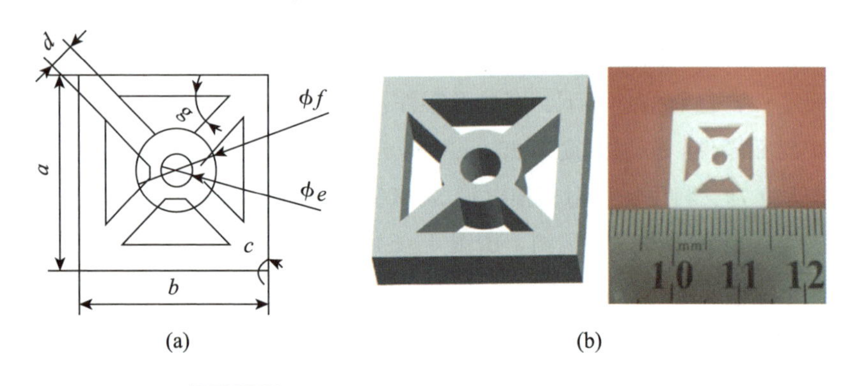

(a)　　(b)

图 4-55　正方形陶瓷零件模型尺寸及成形结果

(a)正方形陶瓷零件及尺寸；(b)打印的陶瓷零件图。

表 4-21　成形陶瓷素坯零件的尺寸测量结果

	边长 a/mm	边长 b/mm	角度 c/(°)	壁宽 d/mm	内孔 e/mm	外圆 f/mm	角度 g/(°)	高度 h/mm
模型尺寸	15	15	90	2	2.5	6.4	45	3.5
实际尺寸	15.127±0.012	15.133±0.021	90.213±0.025	2.013±0.052	2.303±0.009	6.460±0.016	44.907±0.012	3.518±0.009
误差/%	0.844	0.889	0.274	0.667	-7.867	0.938	-0.207	0.514

4.3.4　氧抑制自由基聚合原理

1. 固化层受力分析

陶瓷底曝光技术中固化层夹在先前固化层和液槽底部之间，该间隙最大为 100 μm，当间隙中的浆料固化由液态变固态时，固化层间分子间距变小，更加致密，使得间隙内外部产生了大气压差，从而产生真空力，而该真空力的大小与材料、固化区域的面积、形状以及固化工艺参数都有关系；此外由于所使用的陶瓷浆料较黏稠，黏度一般是树脂的几倍甚至几十倍，零件在拉起时，固化层也会受到液槽中浆料对其向下的黏附力，黏附力的大小与浆料黏度、固化面积等有关。零件在打印时，若将已固化素坯与 z 轴工作台看作一个整体，将正在固化的那一层浆料作为研究对象，则受力如图 4-56 所示。

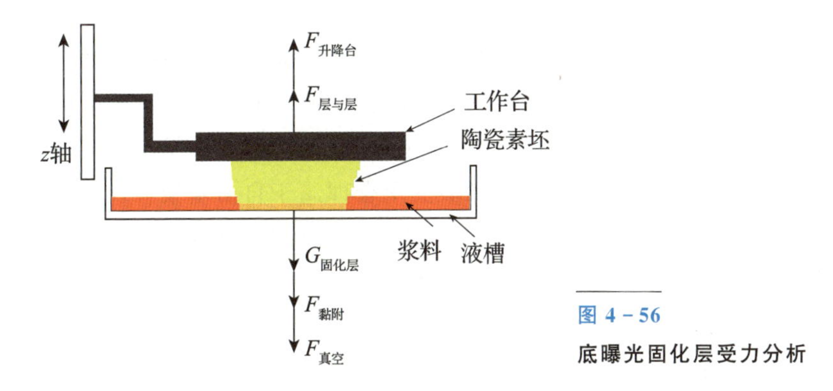

图 4-56
底曝光固化层受力分析

由固化层受力分析可知，向上主要是升降台对该固化层的拉力 $F_{升降台}$ 和层与层间的黏结力 $F_{层与层}$，层与层的黏结力越大，陶瓷素坯之间固化越紧密；向下主要是固化层自身重力 $G_{固化层}$、浆料对固化层的黏附力 $F_{黏附}$、真空态形成的真空力 $F_{真空}$，固化层重力一般较小，可以忽略，$F_{黏附}$ 和 $F_{真空}$ 都是固化层在分离时必须克服的力，将 $F_{黏附}$ 和 $F_{真空}$ 统称为固化层分离力，该力在底曝光技术中对固化层的分离造成了巨大影响，而在陶瓷浆料的固化中更明显。要保证陶瓷素坯与工作台底部黏结牢固且层与层间不发生断层，则层与层之间的黏结力必须大于固化层受到的分离力和自身重力 $G_{固化层}$，则需要

$$F_{层与层} > G_{固化层} + F_{分离} \quad (F_{分离} = F_{黏附} + F_{真空}) \tag{4-23}$$

$G_{固化层}$ 一般较小，可忽略，因此 $F_{层与层}$ 远大于 $F_{分离}$ 时可保证零件分离可靠。增大层与层间的黏结力 $F_{层与层}$ 主要靠调整浆料固化性能或者固化工艺参数（主要是曝光强度和固化时间），此外还可通过在工作台底部设计合理的结构增大首层固化层和工作台间的结合强度，该方法在设备工作台结构的设计中已考虑。减小分离力主要有两条途径：①减小 $F_{真空}$。真空力大小与固化过程中底部形成的真空度以及固化面积有关，若能降低零件打印时固化区域底部

形成的真空度，可以减小真空力，通常是采用底部涂覆硅酮薄膜的方法，并使液槽与零件相对剪切或倾斜实现分离。②减小 $F_{黏附}$。主要靠优化浆料配比以降低黏度。由于真空力的影响较大，主要从其着手。根据 Tumbleston 等[13]的研究，将氧气作为固化抑制剂引入到固化区域底部，便可在液槽和固化层之间建立一层不固化的液态膜，液态膜在光照和氧气作用下一直保持液态，会降低固化过程中的真空度，使真空力大大减小。

2. 氧抑制自由基聚合原理

光固化根据聚合反应机理不同主要分为自由基聚合和阳离子聚合，氧气是双自由基结构，对阳离子聚合不敏感，只抑制自由基聚合。本书中采用自制丙烯酸酯基的陶瓷浆料，其中光引发剂 TPO 在光照下引发单体聚乙二醇二丙烯酸酯和交联剂 3,3 -二甲基丙烯酸的聚合即属于自由基聚合，浆料在紫外线光照射下吸收光能量，激发分解浆料中的光引发剂 TPO 产生自由基，活性游离态的自由基引发单体使其中的双键断开并引起交联、聚合等反应，单体聚合的同时包裹着陶瓷颗粒固化形成一层，层层叠加形成三维结构。

活性自由基既可以引发单体或者低聚物发生聚合反应，同时也可以与氧气反应。氧气会与自由基的聚合反应竞争而消耗自由基，此过程速率较快，可使聚合反应速率迅速下降，且生成的过氧化氢产物非常稳定，没有引发聚合反应的能力，反应原理简化为图 4 - 57。

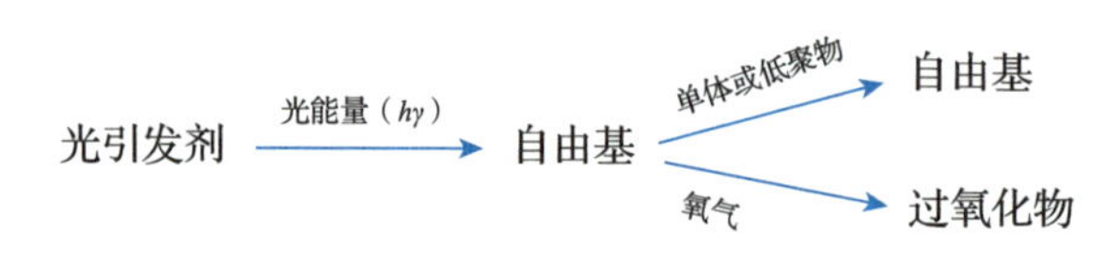

图 4 - 57　自由基聚合中的氧阻聚原理

因此自由基光固化反应中，在空气或者氧气氛围下固化时，氧气会阻止聚合反应导致光敏材料固化不完全或者未固化。若能在底曝光固化陶瓷浆料的同时，在液槽底部制造出富氧环境，通过合理控制固化区域底部氧气和曝光参数，建立新的氧控陶瓷底曝光成形工艺，就可在液槽底部制造出氧阻聚层，即一层不固化的液态浆料，而在该层之上的浆料则可以固化。因此通过合理利用氧气和光照，既能释放打印形成的真空态，避免固化层牢牢黏结在液槽底部，又可以保证氧阻聚层之上的浆料可以固化层层黏接，解决了陶瓷底曝光设备中存在的固化层分离问题。氧控陶瓷底曝光成形工艺具体原理如图 4 - 58 所示。

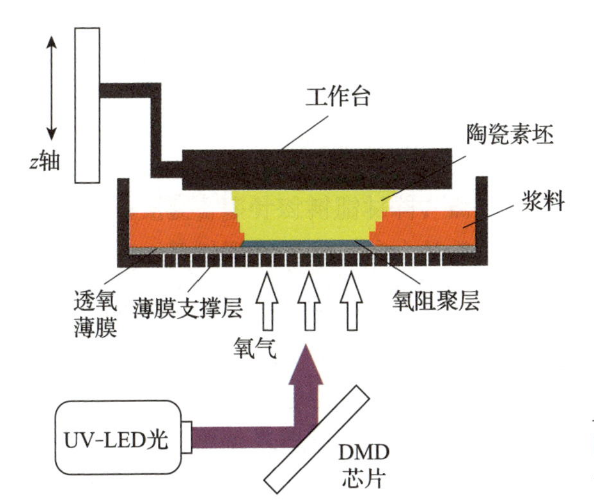

图 4-58
氧控陶瓷底曝光成形工艺原理

3. 透氧膜材料选择

透氧液槽结构及氧控系统在图 3-17 中已有介绍，具体结构如图 4-59 所示，透氧液槽中，氧气由制氧机提供，氧气供给浓度可在 20%～90%间调节，供给流量在 1～4L/min 调节，氧气经带有微孔的薄膜支撑层便可在透氧薄膜底部形成一个富氧环境，而透氧薄膜的透氧性能较好，靠固化过程中的真空压差即可使氧气持续地被供给到固化区域底部，在浆料固化时持续地形成一层氧阻聚层，因此液槽中薄膜材料的选择至关重要。对该薄膜的基本要求：具有较高的透光率和透氧率，且薄膜有一定强度及弹性，一定的化学惰性，与浆料中各物质不发生反应。本书根据要求选取了 3 种透氧薄膜材料进行初步测试，薄膜厚度都为 100 μm，测试结果如表 4-22 所示。

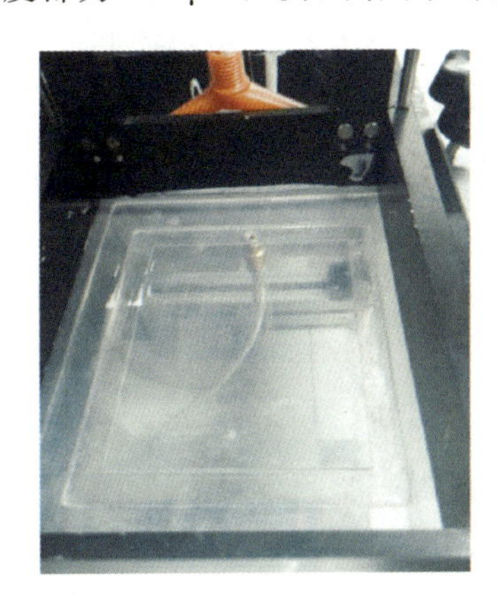

图 4-59
透氧系统结构

表 4-22　3 种透氧膜材料及其特性

透氧膜材料	Teflon AF2400	聚氨酯透气膜	改性聚二甲基硅氧烷
特性	透光率 95% 以上，折射率较低，耐热性、耐腐蚀性较好	高张力、高拉力、强韧和耐老化，透气性良好	透光率 97%，是气体渗透性能最好的材料之一，耐腐蚀，不黏涂层
透氧率	1000 bar[①]	5000 bar	500～600 bar

3 种透氧膜材料中 Teflon AF 2400 是一种透光率和透氧率都较高的薄膜材料，但目前市场上没有找到销售厂家。聚氨酯透气膜虽然具有较高的强度和较好的透气性，但通过实验发现，其光的散射现象太严重，导致投影的图案经过薄膜已变形，无法保证图案精度，且光固化时薄膜会与浆料发生反应。而改性聚二甲基硅氧烷的分离效果最好，该材料是工业中气体渗透性能最好的高分子膜材料之一，Dendukuri 等研究了采用聚二甲基硅氧烷的微流道设备中的氧阻聚原理，已证明聚二甲基硅氧烷是良好的透氧、透光材料，且具有化学惰性，医疗上已广泛作为富氧膜在应用。因此本书中将改性聚二甲基硅氧烷作为透氧薄膜材料，实验中改性聚二甲基硅氧烷薄膜厚度为 0.1mm，透氧率为 600 bar。

4.3.5　氧气对浆料固化影响的研究

1. 氧气对浆料固化厚度的影响

本实验将微量氧气透过透氧薄膜引入到液槽底部，通过测量浆料固化厚度来反映氧气对固化厚度影响的大小。本实验采用控制变量法，在透氧液槽底部持续通入不同浓度(20%、30%、60%、90%)的氧气，通入气体速率为 33mL/s，对照组为相同厚度的玻璃板(底部氧浓度约为 0%)。实验条件：光功率密度为 14.10mW/cm^2，固化时间为 6～24s，间隔 3s，打印模型为直径 5mm 的圆柱形薄片，浆料温度为室温25℃。打印好的圆柱形薄片清洗后，采用测厚仪测量每一组条件下浆料的固化厚度，为保证实验结果的可靠性，每组条件下测量 3 个数据，结果取平均值，测得各个条件下的浆料固化厚度如表 4-23 所示，表中未填数据表示陶瓷浆料在该种条件下无法固化或未完全

① 1 bar = 14.5 psi = 0.1MPa。

固化，无法测量厚度。

表 4 - 23 不同条件下陶瓷浆料的固化厚度测量值(均值±均方差/μm)

曝光时间/s	玻璃板	20%氧浓度	30%氧浓度	60%氧浓度	90%氧浓度
6	121.3±7.14	—	—	—	—
9	156.6±5.24	141.6±5.00	129.4±5.24	—	—
12	173.8±5.34	160.6±5.31	150.8±5.53	—	—
15	196.3±4.66	177.2±5.84	158.4±5.00	100.6±6.89	—
18	229.0±4.85	189.2±6.01	171.0±8.79	129.2±2.48	108.0±5.10
21	257.6±4.92	224.8±5.04	193.8±5.19	156.6±5.68	128.2±6.52
24	278.4±6.47	232.8±4.07	215.6±7.00	176.4±4.97	136.6±5.28

由表 4 - 23 可知氧气对陶瓷浆料的固化有明显影响，在相同曝光时间下，浆料固化厚度随氧气浓度变化会发生明显改变。图 4 - 60 分别为对应的不同条件下的陶瓷固化层和测得的固化厚度，结合图 4 - 60(a)和图 4 - 60(b)可以发现：①相比无氧条件下，浆料需要在更长曝光时间下才能固化，在低曝光时间、高氧浓度下，浆料已经不能固化或者固化层不完整，90%氧浓度下，曝光时间大于 18s 时，才使得浆料可以固化；②在玻璃板上固化的规律和先前的研究结果相符，固化厚度的变化近似直线，但在同一曝光时间下随氧浓度增高，陶瓷浆料的固化厚度会迅速减小，直至不能完全固化或固化不完整，例如在氧浓度 20%、曝光时间 6s 的条件下，浆料已经不能固化；③同一氧浓

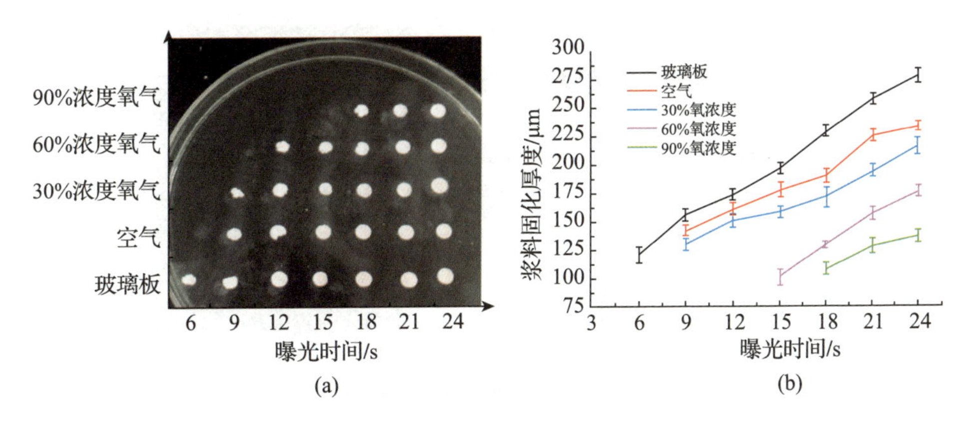

图 4 - 60 不同氧浓度下成形的陶瓷固化层以及测量的固化厚度

(a)成形的陶瓷固化层；(b)不同氧浓度下的固化厚度。

度下，曝光时间每增加 3s，浆料固化厚度会增大 20～30 μm，增大迅速。因此当液槽底部固化区域存在氧气时，对浆料的固化厚度产生严重影响，曝光时间和氧浓度对浆料固化厚度相互抑制。

2. 氧气对氧阻聚层厚度的影响

为了利用氧抑制自由基聚合原理解决陶瓷底曝光中固化层不易分离的问题，必须在液槽底部形成氧阻聚层来减小真空态，而只有当氧阻聚层厚度保持在一定值时，才能有效减小分离力。由氧阻聚层产生的原因可知，其厚度也受曝光时间、氧浓度等参数影响，为测量氧阻聚层厚度，测量方法参考 Tumbleston 等在 CLIP 技术中的测量方法[13]，即氧阻聚层厚度 = 约束固化高度 - 约束固化厚度。若约束固化高度太小，则约束固化厚度也较小，无法测量，且依据原理氧阻聚层厚度与顶面是否被约束无关，本书合理的固化厚度最大为 200 μm 左右，因此约束固化高度定为 200 μm，则氧阻聚层厚度 = 200 μm - 约束固化厚度，原理如图 4 - 61 所示，在约束固化高度下测量不同曝光时间、氧浓度下的固化厚度，间接得到氧阻聚层厚度。分别在透氧液槽底部通入不同浓度（20%、30%、60%、90%）的氧气，通入气体速率为 33mL/s，使浆料固化在一个高度为 200 μm 的凹腔底板上测量固化厚度，从而得出氧阻聚层厚度，对照组为在相同厚度的玻璃板上面固化。实验条件和固化厚度测量同上，每组条件下测量 3 个数据，结果取平均值，当零件固化不完全或者多次未黏结到底板上时，数据不做记录。

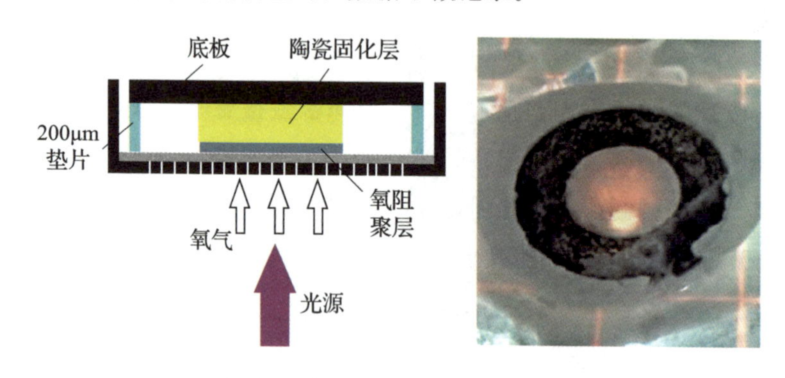

图 4 - 61　氧阻聚层厚度测量原理

表 4 - 24 为不同条件下测量的氧阻聚层厚度，并根据数据得图 4 - 62。实验结果显示如下：

表 4-24　不同条件下氧阻聚层厚度的测量值(均值±均方差/μm)

曝光时间/s	玻璃板	20%氧浓度(空气)	30%氧浓度	60%氧浓度	90%氧浓度
6	—	—	—	—	—
9	—	65.8±3.83	85.7±3.76	—	—
12	—	47.3±4.97	61.3±5.13	—	—
15	—	31.7±5.56	46.6±4.74	90.5±3.65	—
18	4.3±0.58	17.4±5.28	34.9±2.32	66.9±4.19	103±4.36
21	2.5±0.43	11.7±4.28	20.8±4.75	50.4±2.83	71.8±3.63
24	1.8±0.49	7.2±2.74	13.3±3.54	32.6±3.28	49.4±4.98

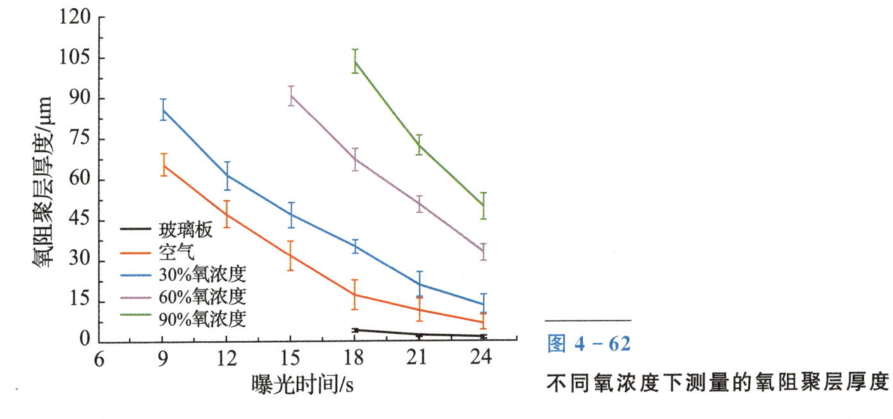

图 4-62
不同氧浓度下测量的氧阻聚层厚度

(1)顶面有约束时与无约束相比，固化厚度减小，直接在玻璃板上(氧浓度约为 0%)固化时，氧阻聚层厚度极小，只有几微米，当曝光时间低于 15s 时，浆料固化厚度不足 200 μm，难以通过间接方法测量出氧阻聚层厚度。

(2)在同样曝光时间下，随氧浓度增加，氧阻聚层变厚，且增加幅度变大，高氧浓度下氧阻聚层厚度达到了和固化厚度同一量级。

(3)在同一氧气浓度下，随曝光时间增大，氧阻聚层厚度减小，由变化幅度可以推测，氧浓度对氧阻聚层厚度影响比曝光时间大；在高氧浓度下，例如，氧浓度为 90%，曝光时间为 15s 时，浆料固化性能较弱，固化厚度较薄，而氧阻聚层较厚，固化的素坯性能太差，故难以成形，因此无法测量其固化厚度来得出氧阻聚层厚度。

3. 氧控陶瓷成形工艺研究

在先前实验中已经讨论过，为保证陶瓷成形精度及表面粗糙度，分层厚度最大为 100 μm；无约束固化厚度为分层厚度的 1.5～2.5 倍较为合适。因此本书在不同的曝光时间、不同的氧浓度的条件下，在浆料固化厚度、氧阻聚层厚度和分层厚度之间找到平衡，图 4-63 为氧控工艺下单层叠加示意图，根据先前讨论将工艺参数选择条件确定为 10 μm≤氧阻聚层厚度＜分层厚度，分层厚度≤100 μm，无约束固化厚度＞分层厚度，约束固化厚度≥氧阻聚层厚度。此外在该原则下还应该保证氧阻聚层较厚，则分层厚度也选择较大，保证浆料在该分层厚度下可以有足够的固化厚度；而在高氧浓度下氧阻聚层较厚，固化厚度较薄，不能保证陶瓷素坯层层黏结，因此高氧浓度不合适。基于以上分析及实验，氧控陶瓷底曝光工艺参数选择如表 4-25 所示。

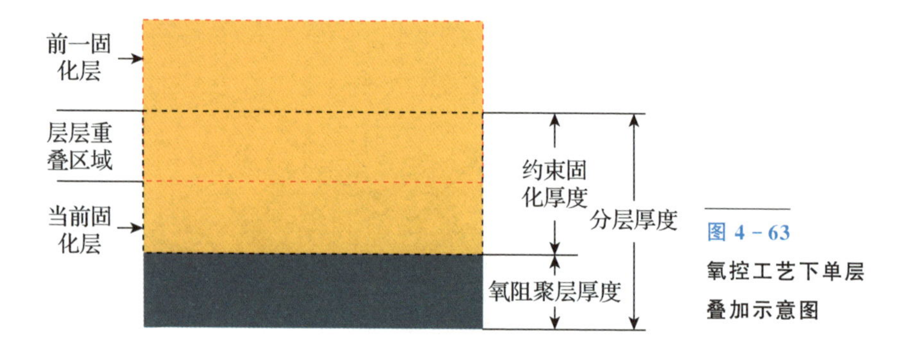

图 4-63 氧控工艺下单层叠加示意图

表 4-25 氧控陶瓷底曝光工艺参数选择

光功率密度 /(mJ/cm²)	氧浓度 /%	曝光时间 /s	氧阻聚层厚度 /μm	固化厚度 /μm	分层厚度 /μm
14.10	20	12～15	47.3～31.7	160.6～177.2	100
		15～18	31.7～17.4	177.2～189.2	75 或 100
		18～21	17.4～11.7	189.2～224.98	50、75、100
	30	15～18	46.6～34.9	158.4～171.0	100
		18～21	34.9～20.8	171.0～193.8	75 或 100
		21～24	20.8～13.3	193.8～215.6	50、75、100

4.3.6 固化层分离力测定

在陶瓷浆料被固化的过程中，每打印完一层，工作台要带动已固化的陶瓷素坯上升，此时素坯最底层和液槽底部接触的地方会受到分离力，有固化产生的真空力和浆料对素坯的黏附力。为了衡量氧控陶瓷底曝光工艺对陶瓷固化层分离力的改进情况，测量了陶瓷素坯固化层分离时的分离力大小。将称重传感器(QLMH-2，中国启励)下端和工作台相连，上端和 z 轴平移台连接；在工作台上升的同时传感器两端受力会将质量信号转变为电信号输出，经过信号变送器处理后输入到单片机读出，再经过线性换算得到分离力，分离力测试原理及方法如图 4-64 所示。

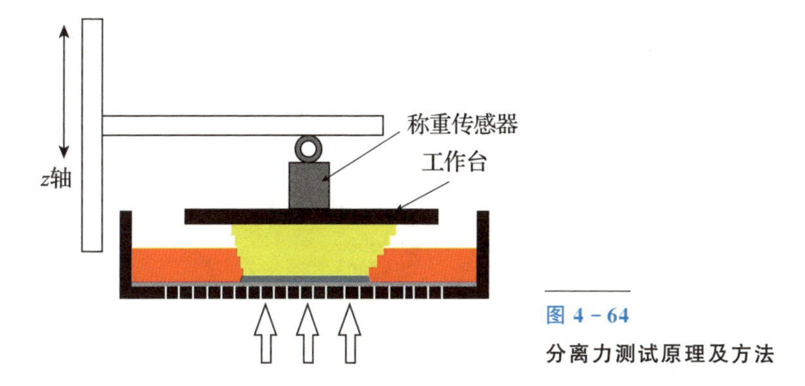

图 4-64
分离力测试原理及方法

实验中所用的称重传感器量程为 20kg，其理论分辨率为 19.53g。实验中首先需要获得传感器数字量和分离力之间的关系，将质量已知的重物连在传感器下端，通过读取计算机上输出的数字量，得到传感器实际数字量和分离力之间的关系，如图 4-65 所示，其分离力为

$$F = 0.191X - 10.696 \tag{4-24}$$

其中 X 为测力时计算机输出的数字量，由测量结果可知传感器实际分辨率为 19.503g(0.191N)，接近传感器的理论分辨率，而 1091.479g(10.696N)即是在实验中考虑到的工作台的质量，将其质量排除后，实验中的分离力即按式(4-24)计算。

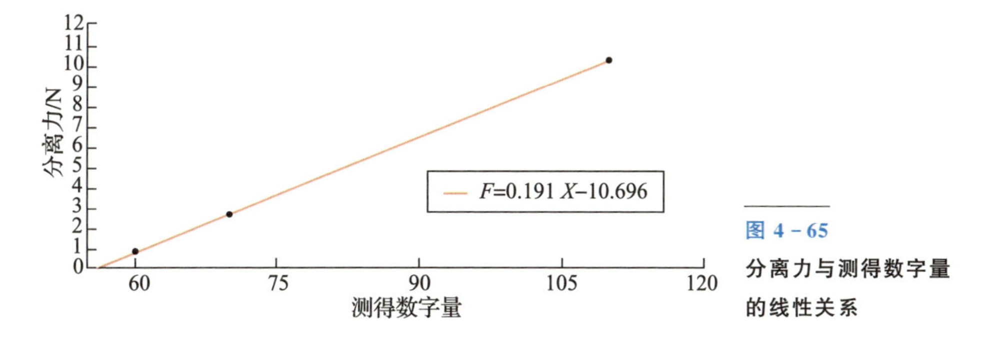

图 4-65
分离力与测得数字量的线性关系

实验时先固化 15 层，因为底曝光中前几层一般需要设置较大曝光参数，使浆料过固化牢牢黏附在工作台底部，因此前几层数据不做记录，从第 16 层开始记录实验数据。实验分别先测量了普通工艺和氧控工艺下固化的分离力变化，普通工艺中采用底部涂覆 1mm 硅酮的玻璃板，该底部无法透氧，氧控工艺中液槽底部氧浓度为 20%。实验条件：光功率密度为 14.10mW/cm^2，固化时间为 13s 和 26s，设置模型分层厚度为 0.1mm，打印模型为截面积为 256mm^2 的正方体，浆料温度为室温25℃；打印完后工作台直接上升 1mm，并实时记录传感器输出值，实验测得的分离力曲线如图 4 - 66 所示。

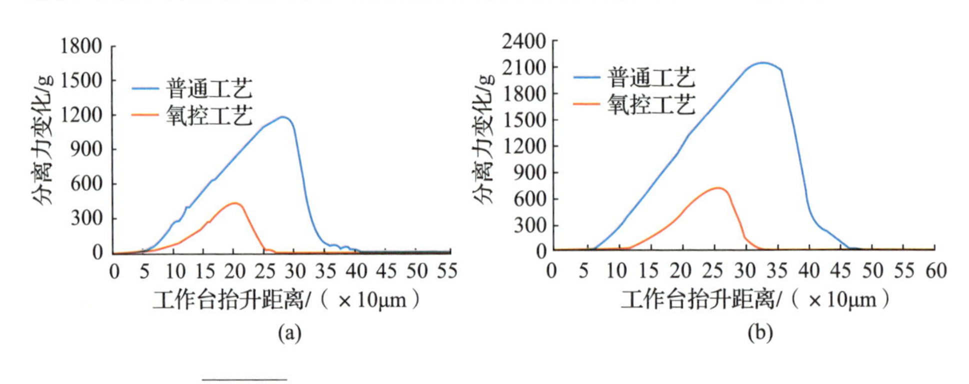

图 4 - 66　在普通工艺和氧控工艺下固化时的分离力变化

(a)固化时间：13s；(b)固化时间：26s。

分别计算分离过程中的最大分离力的大小和位置，并记录在表 4 - 26 中，可知曝光时间 13s 时，普通工艺中，$F = 1189.5g$，即 11.66N；氧控工艺中，最大分离力为 4.20N，相比而言减小了 63.98%。固化时间 26s 时，普通工艺中最大分离力为 21.21N，氧控工艺中最大分离力为 7.25N，减小了 65.81%；而且浆料在氧控工艺下固化相比普通工艺，曝光时间对最大分离力的影响也减小，固化时间增大一倍，氧控工艺下最大分离力增大了 72.62%，而采用普通工艺分离力增大了 80.27%，由此发现，采用氧控陶瓷底曝光工艺可以使最大分离力减小 63%以上。

表 4 - 26　在普通工艺和氧控工艺下固化时的分离状况

	最大分离力		分离开始位置/μm	分离力最大位置/μm	最大分离力增大比例
	$T = 13s$	$T = 26s$			
普通工艺	11.66N	21.02N	50 左右	280($T = 13s$) 230($T = 26s$)	80.27%

（续）

最大分离力			分离开始位置/μm	分离力最大位置/μm	最大分离力增大比例
	$T=13s$	$T=26s$			
氧控工艺	4.20N	7.25N	75 左右	200（$T=13s$） 260（$T=26s$）	72.62%
减小比例	63.98%	65.81%	—	—	—

由实验结果也可以发现，浆料在普通工艺下和氧控工艺下固化时，分离力都随工作台上升距离增加先增大后减小，增大趋势相似，且最大分离力随曝光时间增大也增大，但分离开始、分离结束的位置不相同。在普通工艺中，当工作台抬升大约 50 μm，分离力开始增大，说明此时固化层和液槽底部开始分离，分离力最大的位置分别为 280 μm（曝光时间 13s）和 330 μm（曝光时间 26s），分离力最大的位置也随曝光时间而增大；在氧控工艺中，分离开始位置大约为 75 μm，分离力最大的位置分别大约为 200 μm（固化时间 13s）和 260 μm（固化时间 26s）。由对比可知，浆料在氧控工艺下固化相比普通工艺，分离开始得迟，但分离完成较快，说明采用氧控陶瓷底曝光工艺后，固化层的最大分离力被有效减小，主要减小了底部的真空力，但仍然会存在浆料的黏附力。

参考文献

[1] JACOBS P F. Rapid prototyping & manufacturing-fundamentals of stereolithography[M]. New York：Mcgraw-Hill，1992.

[2] GRIFFITH M L. Stereolithography of ceramics [D]. Ann Arbor：University of Michigan，1995.

[3] GARGR. Stereolithographic processing of ceramics：Photon diffusion in colloidal dispersion[D]. Princeton：Princeton University，1999.

[4] BRADY G A，HALLORAN J W. Stereolithography of ceramic suspensions [J]. Rapid Prototyping Journal，1997，3(2)：61－65.

[5] CHARTIER T，CHAPUT C，DOREAU F，et al. Stereolithography of structural complex ceramic parts[J]. Journal of materials science，2002，37(15)：3141－3147.

[6] LIAO H M. Stereolithography using compositions containing ceramic powders[D]. Toronto：University of Toronto，1997.

[7] HINCZEWSKI C，CORBEL S，CHARTIER T. Stereolithography for the fabrication of ceramic three-dimensional parts [J]. Rapid Prototyping Journal，1998，4(3)：104-111.

[8] WU K C. Parametric study and optimization of ceramic stereolithography [D]. Ann Arbor：University of Michigan，2005.

[9] BAE C-J. Integrally cored ceramic investment casting mold fabricated by ceramic stereolithography[D]. Ann Arbor：University of Michigan，2008.

[10] CORCIONE C E，MONTAGNA F，GRECO A，et al. Free form fabrication of silica moulds for aluminium casting by stereolithography [J]. Rapid Prototyping Journal，2006，12(4)：184-188.

[11] 赵毅. 激光快速成型中光敏树脂特性的实验研究[J]. 高分子材料科学与工程，2004，20(1)：184-190.

[12] 陈魁. 实验设计与分析[M]. 北京：清华大学出版社，2006.

[13] TUMBLESTON J R，SHIRVANYANTS D，ERMOSHKIN N，et al. Continuous liquid interface production of 3D objects[J]. Science，2015，347(6228)：1349-1352.

第 5 章
光固化陶瓷坯体的后处理工艺

5.1 氧化硅陶瓷坯体的后处理工艺

光固化成形后的陶瓷湿素坯内含有约 22%质量分数的水分，需采取措施除去陶瓷坯体中的水分，否则在自然干燥情况下陶瓷湿素坯将会因各部分失水速率不均匀而出现翘曲变形，如图 5-1 所示。而不完全干燥的陶瓷坯体会由于剩余水分在焙烧过程中变成水蒸气集中释放，使陶瓷坯体产生爆裂现象。在干燥过程中，水分被从陶瓷坯体中去除，因此陶瓷坯体会不可避免地产生收缩。为提高陶瓷坯体的成形精度，必须控制湿陶瓷坯体的干燥收缩率，因此干燥工艺的目的是彻底除去陶瓷坯体中的水分，并使陶瓷坯体干燥收缩率降到最低。

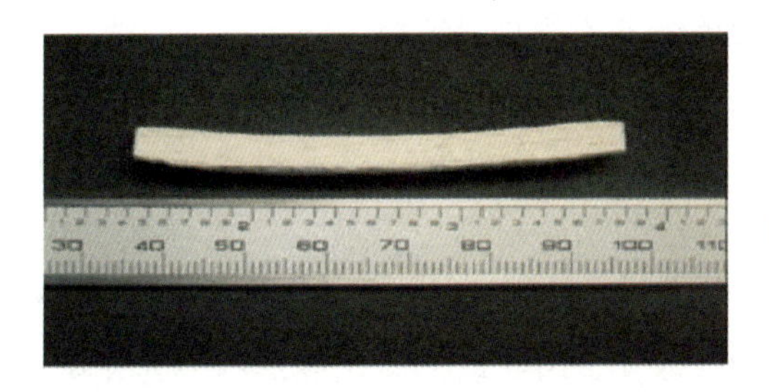

图 5-1
自然干燥情况下产生翘曲变形的陶瓷湿素坯

在陶瓷坯体的干燥工艺中，对流干燥是最常用的干燥方法，包括恒速干燥、降速干燥和高分子扩散 3 个阶段。但是在这种干燥工艺中，需要严格控制环境的温湿度，使陶瓷坯体中的水分均匀迁移，否则同样导致陶瓷坯体翘曲变形。且在固/液界面张力作用下，陶瓷坯体表层干燥后形成一层坚硬、致密的“外壳”，堵塞毛细管，阻碍内部水分向外迁移，使失水过程缓慢[1-2]。因此这种干燥工艺不适合于陶瓷湿素坯的快速干燥。

当陶瓷坯体完全干燥后，还需进行焙烧处理，以去除陶瓷坯体中的有机黏结剂，实现陶瓷坯体微观结构致密化，最终使陶瓷零件具有一定的强度和刚度，存在的主要问题是陶瓷坯体在脱脂和烧结过程中会出现裂纹，如图 5-2 所示。

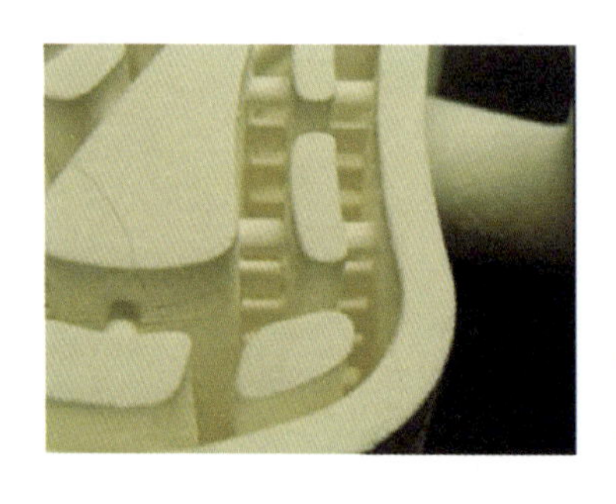

图 5-2
陶瓷坯体在烧结过程中存在的问题

陶瓷坯体出现裂纹现象的原因：在烧结过程中陶瓷坯体烧结速率快，陶瓷坯体中的有机黏结剂在热解过程中集中释放的气体使陶瓷坯体出现裂纹。

在光固化陶瓷坯体的烧结方面，C. J. Bae 讨论了二氧化硅粉末烧结过程中的相变动力学，K. C. Wu 则讨论了材料特性对于脱脂和烧结工艺的影响[3-4]，但是均未考虑烧结工艺参数对于陶瓷坯体性能的影响，及干燥和烧结工艺对于陶瓷坯体成形精度的影响。C. Hinczewski、S. Corbel 和 T. Chartier 参考了热重分析，优化了脱脂工艺，氧化铝陶瓷坯体烧结至1580℃时，其线性收缩率可达 15%[5]；C. E. Corcione，F. Montagna 等人研究了氧化硅组合铸型的光固化成形、烧结及铝合金浇铸等，发现陶瓷素坯体经烧结后的抗弯强度大幅提高[6-7]，但是未讨论烧结工艺参数的影响。

陶瓷光固化工艺可实现一体化陶瓷铸型的直接成形，消除熔模铸造中制蜡模和挂壳、除蜡等步骤，因此能够大幅降低制壳成本和周期。国家标准对于熔模铸造型芯有明确的性能指标要求，根据中国航空行业标准 HB5353—2004《熔模铸造陶瓷型芯性能试验方法》，常温抗弯强度为 10MPa，开孔隙率大于 35%，烧成收缩率为 0.5%～1%。因此以光固化成形的一体化陶瓷铸型为对象，研究陶瓷铸型的干燥、脱脂和烧结工艺，及工艺参数对于陶瓷铸型的成形精度、抗弯强度、孔隙率等影响，最后研究了台阶效应对于陶瓷铸型表面粗糙度的影响，并给出了应用实例。

5.1.1 氧化硅陶瓷的干燥工艺

采用吸水性强的高分子溶液作为液态干燥剂干燥陶瓷湿素坯是一种新型的干燥方法，即利用湿陶瓷坯体和聚乙二醇溶液（polyethylene glycol，PEG）

溶液间的水分浓度差和 PEG 的高吸水性，使水分子在渗透压差作用下进入 PEG 溶液中，实现脱水的目的。该方法的优点在于陶瓷坯体各部分的失水速率一致，不会产生变形和开裂等现象[8-9]。真空冷冻干燥工艺主要用于食品和医疗及陶瓷微粉制备等，在陶瓷坯体干燥方面的相关报道较少，包括冷却固化、升华和解析干燥等过程，即首先使湿态陶瓷坯体中的水分冻结成冰晶，然后在低真空度下将冰晶直接升华为水蒸气排出，最后使陶瓷坯体中的不可冻结水变成自由水，再以水蒸气的形式去除[10]，该工艺的优点在于可降低干燥收缩率。因此实验选择以上两种干燥方法来处理光固化陶瓷坯体，并以陶瓷坯体干燥收缩率和相对失水率作为指标，来比较干燥工艺的效果。其中相对失水率是指陶瓷坯体失去的水分占坯体中全部水分的百分比，干燥收缩率指的是干燥完成后陶瓷坯体三个方向的最大线收缩率，计算公式如下：

$$s = \frac{L_{\mathrm{i}} - L_{\mathrm{f}}}{L_{\mathrm{i}}} \tag{5-1}$$

式中 s——干燥收缩率；

L_{i}——干燥开始前试样尺寸(mm)；

L_{f}——干燥结束后试样尺寸(mm)。

1. 液态干燥剂干燥

1)实验条件

考虑使用方便和渗透压力梯度，选用 PEG400 和 PEG600 作为液体干燥剂，研究光固化陶瓷湿素坯体在 PEG 干燥过程中的失水规律及其收缩率。实验中采用矩形干燥试样，其尺寸为 60mm×10mm×6mm。陶瓷浆料配方如表 2-19所示，成形过程的工艺参数如表 5-1 所示。

表 5-1 成形工艺参数

激光功率/mW	填充扫描速度/(mm/s)	分层厚度/mm	扫描间距/mm	轮廓扫描速度/(mm/s)
213	1000	0.1	0.15	2000

2)干燥实验结果

将成形后的矩形陶瓷试样分别浸入 PEG400 和 PEG600 溶液中，每隔一段时间，将其从 PEG 溶液中捞出，擦拭干净后，测量其 x 方向的尺寸及陶瓷坯体的质量。图 5-3 为矩形试样 x 方向尺寸(长度)和质量损失与干燥时间的关系。

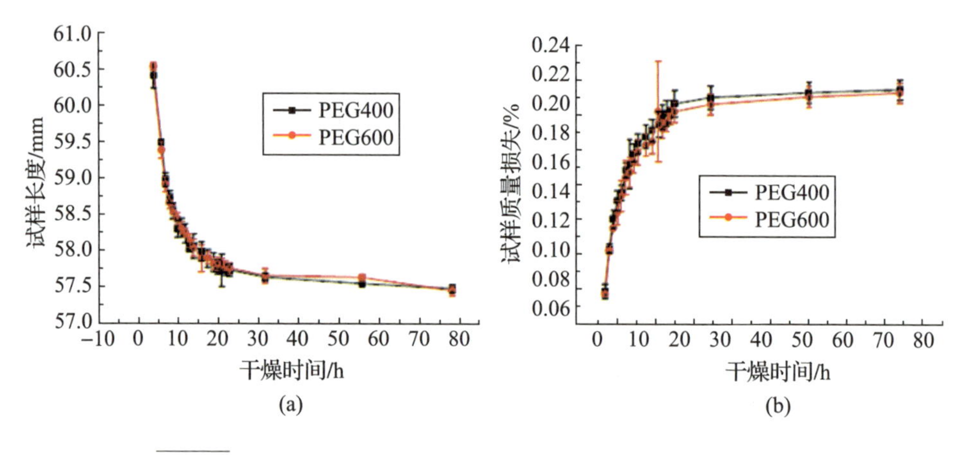

图 5-3　矩形陶瓷试样 x 方向尺寸和质量损失与干燥时间的关系

(a) x 方向尺寸；(b)陶瓷坯体质量损失。

由图 5-3 可知，陶瓷试样的长度随干燥时间的增加而迅速减小，当干燥时间超过 30h 后，陶瓷坯体的长度仅有微小变化；陶瓷试样的质量损失随干燥时间的增加而急剧增加，其规律与长度随干燥时间的变化规律类似。干燥 30h 后，陶瓷试样的 x 方向尺寸和质量同时达到稳定状态，此时失去的水分约占陶瓷试样质量的 20%，可见此刻陶瓷试样和 PEG 溶液中的渗透压处于平衡状态，已达到了 PEG400 和 PEG600 的干燥极限，因此须将 PEG 干燥后的陶瓷坯体放入干燥箱中除去剩余的水分。

2. 真空冷冻干燥工艺

前期实验中采用 DTY-1SL 冷冻干燥机(北京德天佑科技发展有限公司生产)测量丙烯酰胺水凝胶的共晶点，后期实验中采用北京博医康实验仪器有限公司生产的 VFD2000 真空冷冻干燥机进行冷冻干燥工艺研究。

1)共晶点测定

本书采用电阻法测定陶瓷坯体中凝胶的共晶点[11]。实验过程如下：取单体质量分数为 25%的预混液 200mL，加入引发剂过硫酸铵和催化剂四甲基乙二胺(其质量分别为预混液的 1%和 0.2%)，三者混合均匀后将 VC9804A 万用表的表针延长线和温度传感器插入预混液中，保持表针位置直至预混液全部固化，待水凝胶固化并冷却至室温后，将其放入真空冷冻干燥机的干燥室内，盖上玻璃盖板，确保密封良好。图 5-4 为测量水凝胶共晶点的实验装置。

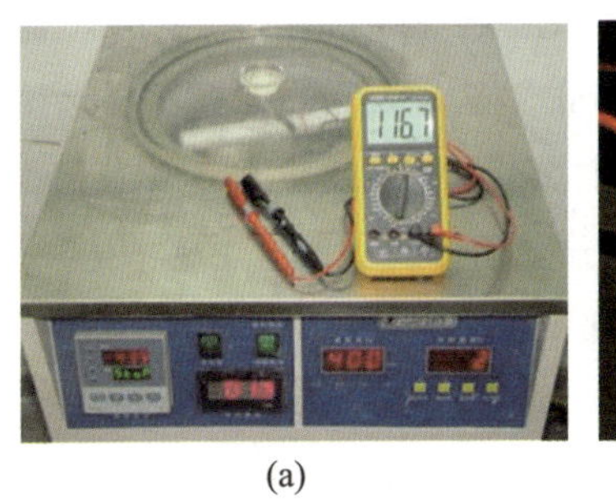

(a)

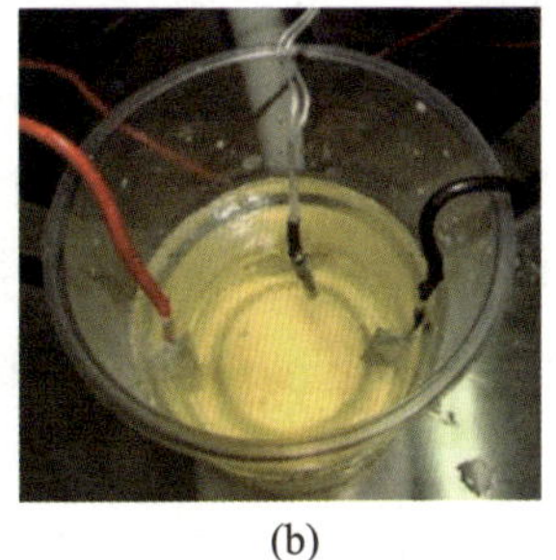

(b)

图 5 - 4　水凝胶共晶点测量实验

(a)实验设备；(b)水凝胶。

在实验过程中，开启制冷，利用万用表测量水凝胶的电阻值随温度下降时的变化，同步读取取样电阻值和凝胶的温度值。图 5 - 5 为水凝胶的电阻值随温度的变化关系。

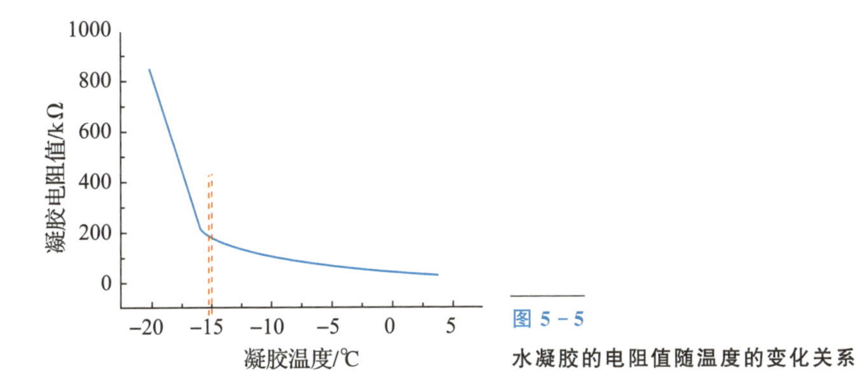

图 5 - 5
水凝胶的电阻值随温度的变化关系

由图 5 - 5 可知，随着温度降低，水凝胶的电阻值逐渐增加。当温度低于 - 15℃后，电阻值急剧增加，因此水凝胶的共晶点约为 - 15℃。该温度低于凝胶注模工艺中水凝胶的共晶点[12]，导致该结果的原因在于水和甘油混合使预混液的冰点降低，从而导致预混液的共晶点降低。

2)预冻温度

预冻温度影响到陶瓷坯体的干燥收缩率及烧结收缩率[12]，因此为降低陶瓷坯体的干燥收缩率，须选择合适的预冻温度。实验采用北京博医康实验仪器有限公司的 VFD2000 真空冷冻干燥机，其最低冷冻温度为 - 40℃。由于预混液共晶点为 - 15℃，为确保预混液完全冻结，选择陶瓷坯体的冻结温度为

-30℃、-35℃和-40℃。利用光固化成形机成形3组矩形陶瓷试样，每组3个，其尺寸为60mm×10mm×6mm。将成形后的陶瓷试样清洗干净，测量试样的长度并编号，然后将陶瓷试样从室温预冻至指定预冻温度，抽真空使冷阱内真空度低于13Pa，开始如下升温程序：

(1)从预冻温度升至-20℃，用时1h，在-20℃保温4h；

(2)升温至-15℃，用时1h，在-15℃保温4h；

(3)最终将陶瓷试样加热至25℃，用时3h，保温2h。待陶瓷坯体干燥完成后取出并测量陶瓷坯体三方向的尺寸，获得各组试样的收缩率。表5-2和图5-6为陶瓷坯体的干燥收缩率与预冻温度的关系。

表5-2 预冻温度对于冻干后试样线性收缩率的影响

预冻温度	线性收缩率/%		
	长	宽	高
-30℃	1.31	1.89	0.58
-35℃	1.93	2.93	1.03
-40℃	1.28	2.28	1.41

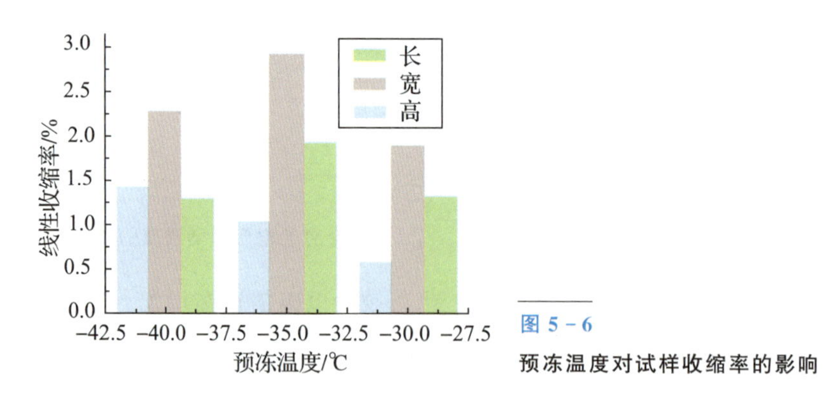

图5-6 预冻温度对试样收缩率的影响

由图5-6可知，矩形陶瓷试样长度和宽度方向的尺寸收缩率随预冻温度由-30℃降至-40℃呈微幅波动，而高度方向尺寸则是大幅降低。当预冻温度为-35℃时，长度和宽度方向的尺寸收缩率最小，但是高度方向的收缩率较大。因此，从3个方向的尺寸收缩率综合来看，-30℃可以取得较小的尺寸收缩率，故在后续实验中预冻温度采用-30℃较为合适。同时可知，3种不同预冻温度下各方向的线性收缩率均不一样，但都是宽度方向收缩率最大，而高度方向收缩率最小。预冻温度为-35℃时在长度和宽度方向上样品具有最大收缩率，最大值达到 2.93%。随着预冻温度的降低，高度方向上的收缩率增大。

3)升温温度

由于物料在升华过程中基本没有体积变化，但是为除去陶瓷坯体中的水分，必须逐渐升温，在升温过程中，陶瓷坯体会发生收缩，因此本书研究了升温温度对于其干燥收缩率的影响。因 VFD2000 真空冷冻干燥机的最高升温温度为40℃，因此确定10℃、25℃和40℃为升温温度，预冻温度为 −30℃。表 5 − 3 和图 5 − 7 为最终升温温度对于陶瓷坯体干燥收缩率的实验结果。

表 5 − 3　升温温度对于冻干试样线性收缩率的影响

最高升温温度	线性收缩率/%		
	长	宽	高
10℃	0.76	0.41	2.19
25℃	1.31	1.89	1.38
40℃	1.62	1.84	1.47

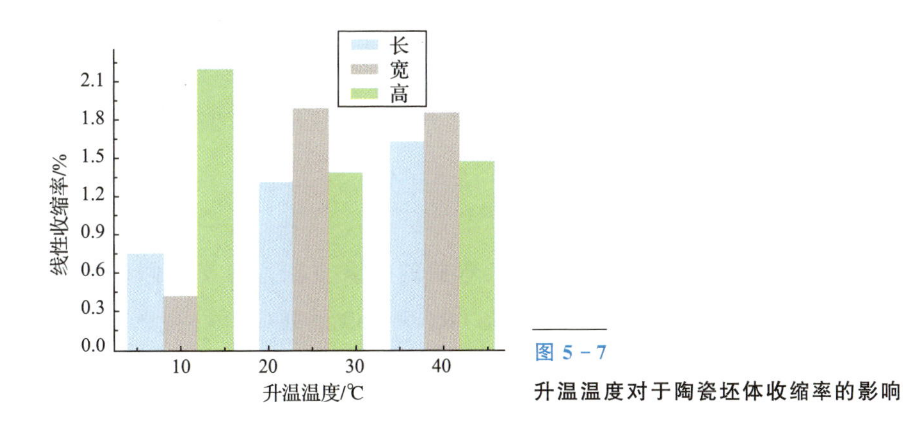

图 5 − 7
升温温度对于陶瓷坯体收缩率的影响

由图 5 − 7 可知，随着升温温度的增加，陶瓷坯体的收缩率并非全部呈线性增加，对于长度和宽度方向尺寸而言，温度增加使陶瓷坯体的收缩率增大；但是高度方向的尺寸收缩率随温度的增加先降低后增加。对于长度和宽度方向而言，其尺寸随升温温度的收缩率增加可能原因在于随着温度的升高，解析干燥中吸附水和部分自由水升华，使得陶瓷坯体随温度增加而收缩；对于高度方向尺寸的变化可能在于测量的误差。综合来说，考虑 3 个方向的尺寸收缩率，选择25℃可获得较小的尺寸收缩率。根据上面对于共晶点、预冻温度和升温温度的研究，并参考冻干机厂家的使用说明，本研究确定的冷冻干燥工艺如下：

(1)降温预冻至-30℃，保温时间2h；

(2)升温至-20℃，用时1h，保温4h；

(3)升温至-15℃，用时1h，保温4h；

(4)升温到室温25℃，用时3h，保温2h。

3. 干燥实验结果

1)干燥收缩率和相对失水率

表5-4为两种干燥工艺的实验结果对比。

表5-4 干燥实验结果对比

干燥方法	线性收缩率/%			相对失水率/%
	长	宽	高	
液态干燥剂干燥	2.53	3.73	2.74	90
真空冷冻干燥	1.31	1.89	1.38	95

由表5-4可知，PEG干燥的收缩率大于真空冷冻干燥，而真空冷冻干燥的相对失水率高于液态干燥剂干燥，因此真空冷冻干燥的干燥效果优于PEG干燥工艺。

2)抗弯强度

将干燥后的陶瓷试样，采用3点弯曲的加载方法，两支点间的距离为50mm，利用电子万能材料实验机INSTRON1195系列(英国)测量其抗弯强度，加载速率为0.5N/s。表5-5为实验结果。

表5-5 陶瓷素坯干燥后抗弯强度测试结果

试样编号	宽度/mm	厚度/mm	支点跨距/mm	最大载荷/N	抗弯强度/MPa
1	9.62	5.04	50.00	23.74	7.28
2	9.62	5.12	50.00	35.13	10.45
3	9.66	5.06	50.00	25.06	7.60
4	9.74	5.40	50.00	34.58	9.13
5	9.66	5.06	50.00	26.93	8.17

由表 5-5 可知，陶瓷素坯试样的抗弯强度在 7～10MPa 之间，同时实验中发现陶瓷素坯试样在加载过程中出现弹性变形，其原因在于陶瓷素坯中聚丙烯酰胺高分子黏结剂使得陶瓷素坯在外力作用下产生变形。

5.1.2　陶瓷坯体焙烧工艺

1. 热重及差示扫描量热分析

通过对光固化陶瓷坯体进行热重及差示扫描量热分析，揭示不同温度阶段陶瓷坯体的质量损失及热量变化，可为制定脱脂工艺路线提供参考。实验设备采用 NETZSCHSTA499C（德国），实验条件：升温速率10℃/min，氮气氛围保护。图 5-8 为光固化陶瓷坯体试样的热重及差示扫描量热实验结果。

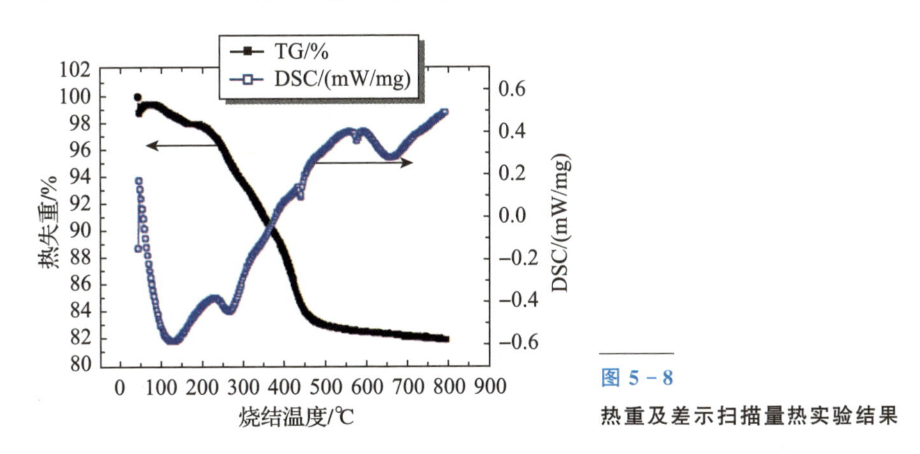

图 5-8
热重及差示扫描量热实验结果

由图 5-8 可知，当温度从室温升至600℃时，陶瓷坯体试样的放热曲线（蓝色曲线）出现 3 个放热峰，同时热重曲线（黑色曲线）表明在此温度范围内陶瓷坯体试样质量损失为试样总质量的 17.64%。结合热重和差示扫描量热两条实验曲线结果，可知光固化陶瓷坯体中的聚丙烯酰胺热解温度范围在600℃以下，尤其是200～600℃，陶瓷坯体的质量出现急剧减少，因此在该温度范围内必须控制升温速度，以防止因升温速度过快，有机物热解产生大量气体导致陶瓷坯体产生裂纹。

2. 焙烧工艺路线制定

由于研究对象是光固化二氧化硅陶瓷铸型的烧结问题，因此在热重和差示扫描量热实验的基础上，参考传统熔模铸造工艺中硅基型芯的烧结工艺[13]，得到初步的焙烧工艺路线，如图 5-9 所示。二氧化硅陶瓷铸型的焙烧工艺分为 5 个阶段：200℃以下属于预热阶段；200～600℃为脱脂阶段，升温速率为60℃/h；600～900℃ 为预烧结；而900℃以上属于最终烧结；烧结完成后随炉冷却，其中决定陶瓷铸型收缩率和性能的主要是900℃后的烧结过程。由于200℃ 以下及600～900℃间不属于脱脂阶段，为提高工艺效率，采用了较高的升温速度，即100℃/h和 150℃/h，脱脂阶段的升温速率为 60℃/h。由此本书制定的脱脂工艺路线如下：

(1)从室温开始以100℃/h的升温速度升温至 200℃，保温 1h；

(2)以 60℃/h 的升温速度升温至 600℃，保温 1h；

(3)以 150℃/h 的升温速度升温至900℃，保温 1h，随后进入陶瓷铸型的最终烧结阶段。

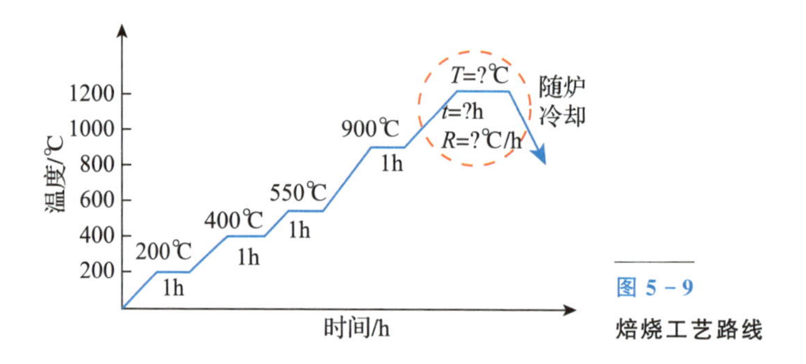

图 5-9
焙烧工艺路线

由于最终烧结是影响陶瓷铸型尺寸收缩率和性能的关键阶段，因此将该阶段作为研究陶瓷铸型焙烧工艺路线的重点。

为研究陶瓷铸型的烧结工艺，参考 GB/T4741—1999《陶瓷材料抗弯强度试验方法》，设计尺寸为 10mm×5mm×55mm 的矩形试样。

1)正交实验设计

(1)因素及水平选择。决定陶瓷坯体最终收缩率和性能的工程因素包括烧结温度、保温时间和升温速率[14]，为降低实验次数，采用正交实验研究这 3 个工艺参数对于陶瓷铸型性能和收缩率的影响。经过查询已有的正交表，发现选择正交表 $L_9(3^4)$中前 3 列可满足要求[15]。选择烧结温度、保温时间和升温速率作为陶瓷铸型烧结实验中的影响因素，下面讨论这 3 个工程因素的取值。

对于烧结温度来说，陶瓷材料烧结温度一般在其熔点的 70%～90%之间，二氧化硅陶瓷的熔点为1723℃，故其烧结的温度范围为 1206～1550℃[16]，为此确定烧结温度水平为1000℃、1200℃ 和 1400℃。对于保温时间来说，传统熔模铸造工艺中的保温时间为 2h，考虑时间的影响，确定其水平为 1h、2h 和 4h。初步烧结实验结果表明，当升温速率大于 300℃/h 时，会导致陶瓷坯体产生裂纹，因此确定升温速率的水平为 60℃/h、150℃/h 和 300℃/h。二氧化硅陶瓷铸型烧结实验的因素及水平如表 5-6 所示。

表 5-6 烧结工艺因素及水平

水平	因素		
	A 烧结温度/℃	B 保温时间/h	C 升温速率/(℃/h)
1	1000	1	60
2	1200	2	150
3	1400	4	300

由表 5-6 可得正交实验表 $L_9(3^3)$，如表 5-7 所示。

表 5-7 烧结实验正交实验表

水平	因素		
	A 烧结温度/℃	B 保温时间/h	C 升温速率/(℃/h)
1	1000	1	60
2	1000	2	150
3	1000	4	300
4	1200	1	150
5	1200	2	300
6	1200	4	60
7	1400	1	300
8	1400	2	60
9	1400	4	150

(2)实验指标。以一体化陶瓷铸型为研究对象，因此抗弯强度和孔隙率是衡量其力学性能和致密度的重要参数；同时陶瓷铸型在烧结过程中的收缩率影响到铸件的精度，因此选抗弯强度、孔隙率和烧成收缩率作为实验指标。

2)实验过程及结果

实验中采用50%固相体积分数的水基陶瓷浆料，配方见表 2-19。首先，在光固化成形机 SPS450B 上成形 9 组矩形试样，每组 5 个试样，激光功率为 290mW，扫描速度为 2000mm/s，扫描间距为 0.1mm；其次，将成形后湿陶瓷试样干燥后利用细砂纸将其底面打磨光洁，并将每组试样编号后测量并记录试样尺寸；试样烧结完成后，测量并记录试样尺寸，然后在万能材料实验机 INSTRON1195 上测量陶瓷试样的抗弯强度；最后，采用浸润法测量陶瓷坯体的开孔隙率。抗弯强度和开孔隙率的实验结果如图 5-10 所示。

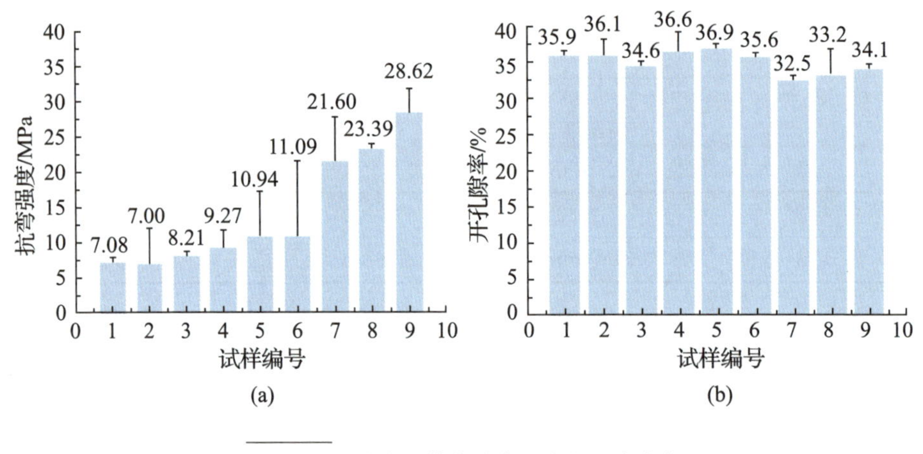

图 5-10　陶瓷坯体的抗弯强度和开孔隙率

(a)抗弯强度；(b)开孔隙率。

由图 5-10 可知，抗弯试样的抗弯强度随着烧结温度的升高而增加，在同一烧结温度下，抗弯强度随烧结时间增加而提高；第 9 组试样的抗弯强度为第 1 组抗弯强度的 4 倍。陶瓷坯体的开孔隙率随着烧结温度的升高先升高后降低，但是其变化幅度较小，在烧结温度为1200℃时，陶瓷坯体的孔隙率达到最大值 36.9%。

矩形陶瓷试样在 x、y 和 z 三个方向上的线性收缩率的实验结果如表 5-8 所示。

表 5-8　矩形陶瓷试样的烧结收缩率

实验组别	收缩率/%		
	长	宽	高
1	-0.46	-0.69	-0.13
2	-0.41	-0.46	-0.13
3	-0.47	0	-0.91

（续）

实验组别	收缩率/%		
	长	宽	高
4	-0.21	0	0.27
5	-0.38	-0.46	0.26
6	-0.07	0	0.13
7	-0.12	0.20	1.73
8	-0.38	0.64	1.73
9	-0.35	0.64	2.27

由表 5-8 可发现，随着烧结温度升高，矩形陶瓷试样在长、宽、高三个方向上的尺寸收缩率由负转正，这说明矩形陶瓷试样出现膨胀现象，其原因在于二氧化硅在烧结过程中发生相变[16]。

3)正交实验结果分析

首先采用直观分析法分析单个实验指标，然后采用综合平衡法分析，确定主要影响因素，最终得到综合较优的实验方案。

(1)抗弯强度。根据图 5-10 所示的实验结果，采用直观分析法，可得如表 5-9 所示的结果。

由表 5-9 可知，在烧结温度、保温时间和升温速率 3 个因素中，烧结温度对应的极差最大，其次为保温时间和升温速率，因此 3 个因素对于陶瓷坯体抗弯强度影响的顺序依次为烧结温度>保温时间>升温速率，其中烧结温度为影响陶瓷坯体抗弯强度的主要因素。为获得最高的抗弯强度，较好的实验方案为 $A_3B_3C_2$，即烧结温度1400℃，保温时间 4h，升温速率 150℃/h，第 9 组是最佳搭配。根据图 5-10 中的结果，第 9 组的抗弯强度确实最高，与分析结果符合。

表 5-9　烧结后陶瓷坯体的抗弯强度

因素	水平			极差
	水平 1	水平 2	水平 3	
烧结温度	7.43	10.43	24.54	17.11
保温时间	12.65	13.78	15.97	3.32
升温速率	13.85	14.96	13.58	1.38

(2)孔隙率。根据图 5－10 所示的实验结果，采用直观分析法，对于陶瓷坯体孔隙率的分析结果如表 5－10 所示。

表 5－10　烧结后陶瓷坯体的孔隙率

因素	水平			极差
	水平 1	水平 2	水平 3	
烧结温度	35.5	36.4	33.3	3.1
保温时间	34.9	35.6	34.7	0.9
升温速率	35.0	35.4	34.8	0.6

由表 5－10 可知，对于陶瓷坯体孔隙率的影响作用大小顺序为：烧结温度＞升温速率＞保温时间，其中烧结温度为影响孔隙率的主要因素，这与抗弯强度的分析结果类似。对于孔隙率来说，较优的实验方案为 $A_3B_3C_3$，可获得较小的孔隙率，正交实验表中无实验方案与之符合。

下面采用综合平衡法分析各工程因素对于抗弯强度和孔隙率的影响，如图 5－11 所示。

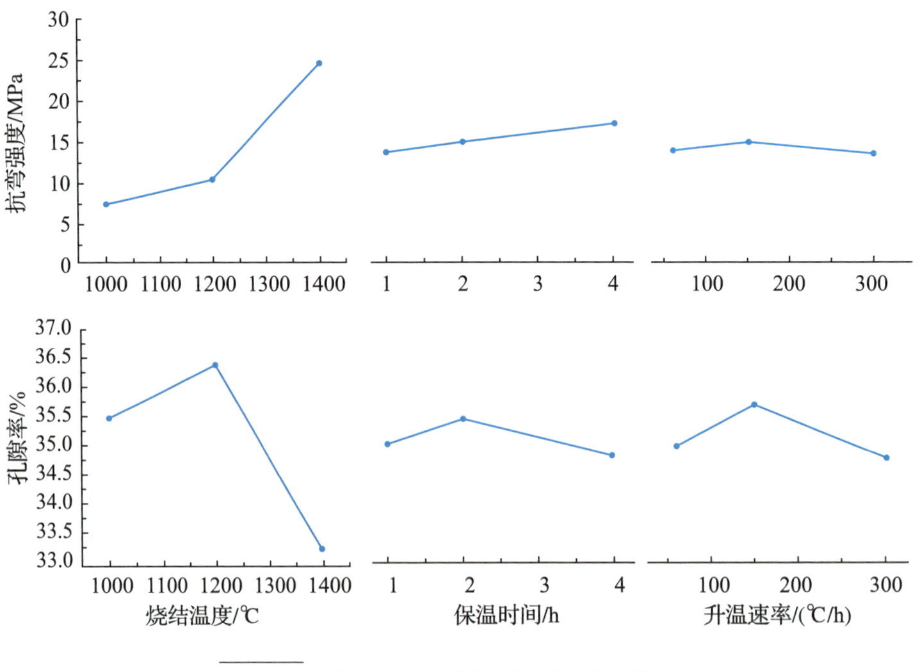

图 5－11　抗弯强度和孔隙率随因素水平的变化

把焙烧正交实验结果及图 5－11 结合起来分析，看每一个因素对各指标的影响。

首先，讨论烧结温度对于各指标的影响。由表 5－9、表 5－10 可知，对于抗弯强度、孔隙率，烧结温度的极差都是最大的，也就是说烧结温度是影响最大的因素。从图 5－11 可知，显然取1400℃比较好，对于抗弯强度来说，无疑可以取得最大值；对于孔隙率而言，虽然孔隙率最低，但是仍然大于 33%。

其次，考虑保温时间对于各指标的影响。由表 5－9 和表 5－10 可知，对于抗弯强度、孔隙率，保温时间的极差都不是最大的，也就是说，保温时间不是影响较大的因素，是较次要的因素。从图 5－11 看出，综合考虑两个指标，保温时间取 2h 为好。

最后，升温速率对于各指标的影响。由表 5－9 和表 5－10 可知，对于抗弯强度、孔隙率，升温速率的极差不是最大的，这意味着升温速率不是影响较大的因素，从图 5－11 可知，对于抗弯强度而言，升温速率的影响不大，而对于孔隙率来说，升温速率300℃/h可以取得较小的孔隙率，因此综合考虑两个指标，升温速率取300℃/h为好。

通过各工艺因素对抗弯强度和孔隙率影响的综合分析，得出较好的实验方案：

A_3：烧结温度，第 3 水平，1400℃；

B_2：保温时间，第 2 水平，2h；

C_3：升温速率，第 3 水平，300℃/h。

(3)烧成收缩率。根据表 5－8 中的实验结果，采用直观分析法的结果如表 5－11 所示。

表 5－11　陶瓷试样的烧成收缩率

因素		水平			极差
		水平 1	水平 2	水平 3	
x 方向	烧结温度	－0.45	－0.22	0.28	0.73
	保温时间	－0.05	－0.09	－0.24	0.19
	升温速率	－0.19	－0.14	－0.06	0.13
y 方向	烧结温度	－0.38	－0.15	0.49	0.87
	保温时间	－0.02	－0.06	0.09	0.15
	升温速率	－0.16	－0.10	0.21	0.37

（续）

因素		水平			极差
		水平 1	水平 2	水平 3	
z 方向	烧结温度	－0.39	0.44	1.38	1.77
	保温时间	0.62	0.80	0	0.80
	升温速率	0.09	－0.80	0.54	1.34

由表 5－11 可知，在矩形陶瓷试样 x、z 方向上，工艺因素对于陶瓷坯体烧成收缩率的影响顺序是：烧结温度＞升温速率＞保温时间，其中烧结温度是最主要影响因素；但是陶瓷试样 y 方向上，工程因素对于陶瓷试样的影响顺序是：烧结温度＞保温时间＞升温速率，其中烧结温度是最主要影响因素。因需要考虑陶瓷试样 3 个方向的烧成收缩率，下面采用综合分析法分析各工程因素对于陶瓷试样 3 个方向烧成收缩率的影响，以选择最优的实验方案，分析结果如图 5－12 所示。

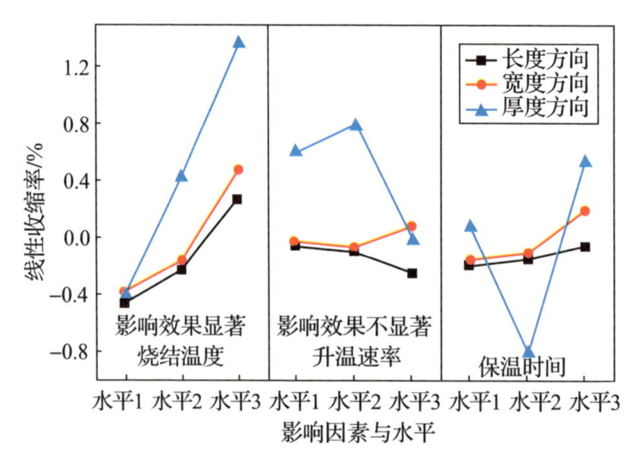

图 5－12　陶瓷试样 3 个方向收缩率与影响因素关系

由表 5－11 和图 5－12 可知，烧结温度是影响陶瓷坯体 3 个方向的烧成收缩率的显著因素，升温速率影响最小，保温时间的影响居中。陶瓷样件在烧结后各方向的尺寸收缩率随着烧结温度的增大由负值（膨胀）增大成为正值（收缩），并在水平 3 也就是 1400℃ 达到最大；同时也可发现厚度方向的尺寸收缩率最大，宽度方向其次，长度方向最小。其原因一方面归结于厚度方向的测量误差，起因于陶瓷件底部支撑使得下表面起伏不平；另一方面厚度方向是制件过程中累加成形的方向，其尺寸小于长度和宽度方向尺寸，若在脱脂和烧结过程中 3 个方向尺寸变化相同，则陶瓷试样在厚度方向上的收缩率将大于长度和宽度方向的收缩率。

由图 5－12 中可以看出，长度和宽度方向收缩率绝对值均值均小于 0.6%，而厚度方向收缩率绝对值均值均小于 1.4%，下面讨论最优工艺参数的选择问题。

①要使长度方向收缩较小，则参数可选择：烧结温度为水平 2，升温速率为水平 1，保温时间为水平 3；

②要使宽度方向收缩较小，则参数可选择：烧结温度为水平 2，升温速率为水平 1，保温时间为水平 2；

③要使厚度方向收缩较小，则参数可选择：烧结温度为水平 1，升温速率为水平 3，保温时间为水平 1。

综合考虑陶瓷试样 3 个方向的尺寸收缩率，烧结温度选择水平 2，即 1200℃ 时，尺寸收缩率最低；升温速率为水平 3 时，即150℃/h，陶瓷试样的烧成收缩率接近于 0；对于保温时间而言，当保温时间为水平 3，即 4h 时，陶瓷试样的烧成收缩率较小；故为得到较低烧成收缩率，较好烧结参数组合为：烧结温度 1200℃，保温时间 4h，升温速率 150℃/h。

3. 显微结构

陶瓷材料的显微结构是决定陶瓷材料的宏观性能的重要因素，图 5－13 为二氧化硅陶瓷试样烧结前后的显微结构对比。

由图 5－13 可以看出，光固化工艺成形的二氧化硅陶瓷试样烧结前可看到网状结构，应该是聚丙烯酰胺高分子聚合物，网状高分子包裹的是二氧化硅陶瓷微粒，至于气孔相，在图 5－13(a)中不明显。在图 5－13(b)所示的烧

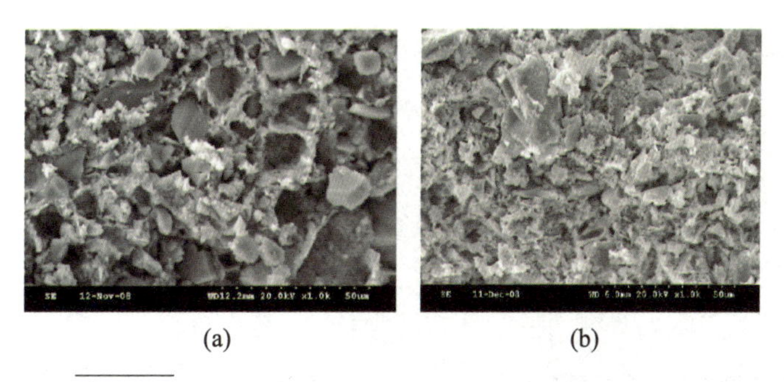

(a)　　(b)

图 5－13　二氧化硅陶瓷试样烧结前后的显微结构对比

(a)烧结前；(b)烧结后(烧结温度 1200℃)。

结后的二氧化硅陶瓷中已看不到明显的网状结构，仅能观察到二氧化硅颗粒及颗粒附近的玻璃相和气孔。

5.1.3 表面粗糙度

对于光固化过程中因阶梯效应引起的表面粗糙度问题，Philip E. Reeves 和 Richard C. Cobb 推导出表面粗糙度（*Ra*）的计算公式，并分析了成形过程中各参数对于表面粗糙度的影响[17-18]。赵万华分析了影响光固化树脂件产生翘曲变形的机理，并建立了台阶效应的数学模型[19]。邹建锋讨论了工艺参数对于树脂件成形精度的影响及不同角度对于台阶效应的影响[20]。但是陶瓷光固化成形工艺精度方面的研究，目前还未见相关文献报道。光固化陶瓷铸型的表面粗糙度与传统树脂不同，成形后的陶瓷素坯湿强度较低，无法用现有方法评价其粗糙度，因此表面粗糙度主要是针对干燥及烧结后的光固化陶瓷铸型。传统的打磨后处理方法仅适用于具有简单尺寸且精度要求不高的陶瓷件，对于具有复杂形状和内腔的陶瓷件则无法采用，因此研究光固化陶瓷铸型的表面粗糙度问题具有重要意义。

1. 干燥方法影响

之前研究了 PEG 干燥和冷冻干燥工艺，下面研究这两种干燥工艺对陶瓷件表面精度的影响。使用相同光固化工艺制作两组陶瓷标样分别进行 PEG 干燥和冷冻干燥，观察并测量其表面粗糙度。光固化工艺参数：实体扫描速度 $v = 1400\text{mm/s}$，扫描线间距 $h = 0.1\text{mm}$，分层厚度 $s = 0.15\text{mm}$，光斑补偿 $c = 0.35\text{mm}$，采用 XYSTA 扫描方式。在光学显微镜下观察经这两种干燥工艺完全干燥的陶瓷件上表面与侧面形貌（放大 200 倍），并使用 Taylor Hobson Surtronic - X 粗糙度仪测量表面粗糙度，结果如图 5 - 14 和表 5 - 12 所示。

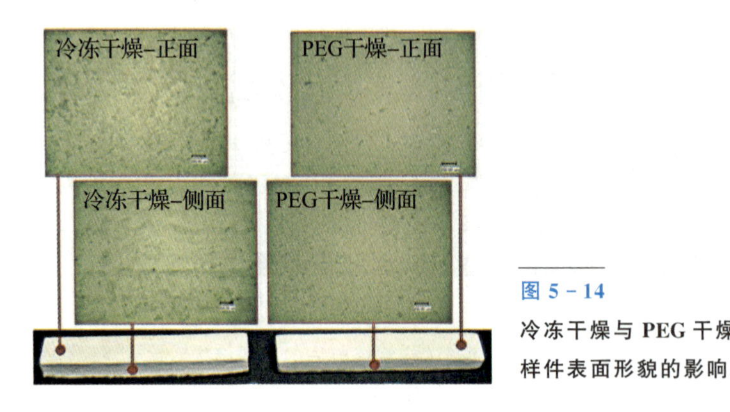

图 5 - 14
冷冻干燥与 PEG 干燥对陶瓷样件表面形貌的影响

表 5-12　冷冻干燥与 PEG 干燥对陶瓷样件表面粗糙度的影响

干燥方法	粗糙度 Ra/μm	
	上表面	侧表面
PEG600 干燥	1.0	2.5
真空冷冻干燥	1.8	4.7

由 5.1.1 节可知，与冷冻干燥相比，PEG 干燥会使陶瓷试样产生较大收缩率，且干燥脱水率较低，但是图 5-14 说明 PEG 干燥试样的表面质量却比冷冻干燥好很多，表现为均匀光洁，而冷冻干燥的样品表面则有明显的扫描痕迹；PEG 干燥样品表面粗糙度明显小于冷冻干燥。究其原因，主要是由两种干燥方法的不同机理决定的。

2. 台阶效应

1)理论公式

快速成形工艺作为一种累积成形工艺，不可避免地存在台阶效应[19]，其数学模型如下：

$$\delta = \frac{T}{\cos\theta}\cos(\alpha - \theta) \tag{5-2}$$

式中　δ——台阶效应值；

T——分层厚度(mm)；

α——模型件表面轮廓与水平面之间的倾斜夹角；

θ——描述实际轮廓表面位置与特征的角度，其大小与单体固化线的轮廓形状、陶瓷浆料的光固化特性、分层的厚度等有关。

可由式(5-2)得到

$$\theta = \arctan\left[\frac{L_w}{2T}\left(1 - \sqrt{1 - \frac{T}{C_d}}\right)\right] \tag{5-3}$$

式中　T——分层厚度；

L_w——单条固化线的固化宽度；

C_d——单条固化线的固化厚度。

由此，同颖稚推导了陶瓷试样上斜面轮廓算术平均偏差 Ra 和微观不平度十点高度 Rz 值的计算公式[21]，如式(5-4)和式(5-5)，其中 $\theta \neq 0$。

$$Ra = \frac{1}{4}\frac{T}{\cos\theta}\cos(\alpha - \theta) \tag{5-4}$$

$$Rz = \frac{T}{\cos\theta}\cos(\alpha - \theta) \tag{5-5}$$

由式(5－4)和式(5－5)可知，当陶瓷浆料配方和SPS450B型光固化成形机的工艺参数确定后，影响的主要因素就是分层厚度 T 和倾斜夹角 α，为此下面分别研究分层厚度和倾斜角对于陶瓷坯体表面粗糙度 Ra 和 Rz 的影响。

2)实验结果

为研究倾斜角和分层厚度 T 对于陶瓷铸型表面粗糙度的影响，设计了一组倾斜角度在0°～90°之间、间隔15°的表面粗糙度试样，如图5－15所示，然后利用表2－19中所示的水基陶瓷浆料配方，以分层厚度0.1mm、0.15mm、0.2mm，XYSTA扫描方式，光固化成形5组表面粗糙度试样，进行干燥。对于干燥后的陶瓷表面粗糙度试样，使用Taylor Hobson Surtronic粗糙度仪测量上述试样的粗糙度 Ra 和 Rz 值，实验结果如表5－13、表5－14和图5－16所示。

图5－15　不同倾斜角度的表面粗糙度试样

表5－13　不同分层厚度上斜面各倾角的 Ra 值

分层厚度/mm	粗糙度	倾斜角/(°)						
		0	15	30	45	60	75	90
0.1mm	Ra/μm	1.40	2.72	1.68	1.46	1.60	1.44	1.32
STDEV		0.16	0.18	0.23	0.17	0.14	0.09	0.41
0.15mm		1.40	10.04	9.27	5.05	6.45	4.73	4.07
STDEV		0.00	0.96	0.31	0.55	1.58	1.22	0.42
0.20mm		1.60	15.15	11.45	8.30	8.96	7.10	4.67
STDEV		0.00	1.39	1.48	1.03	0.88	0.99	0.99

表 5 - 14　不同分层厚度上斜面各倾角的 *Rz* 值

分层厚度/mm	粗糙度	倾斜角/(°)						
		0	15	30	45	60	75	90
0.1mm	*Ra*/μm	10.75	16.00	11.20	11.60	11.40	10.00	10.00
STDEV		1.71	0.00	0.30	1.14	1.34	0.71	1.58
0.15mm		12.00	41.8	43.67	27.50	31.88	26.75	22.33
STDEV		0.00	3.84	2.08	4.43	7.32	5.56	2.89
0.20mm		12.00	69.75	53.50	38.67	43.60	35.25	24.33
STDEV		0.00	6.54	9.57	3.67	5.55	5.32	2.52

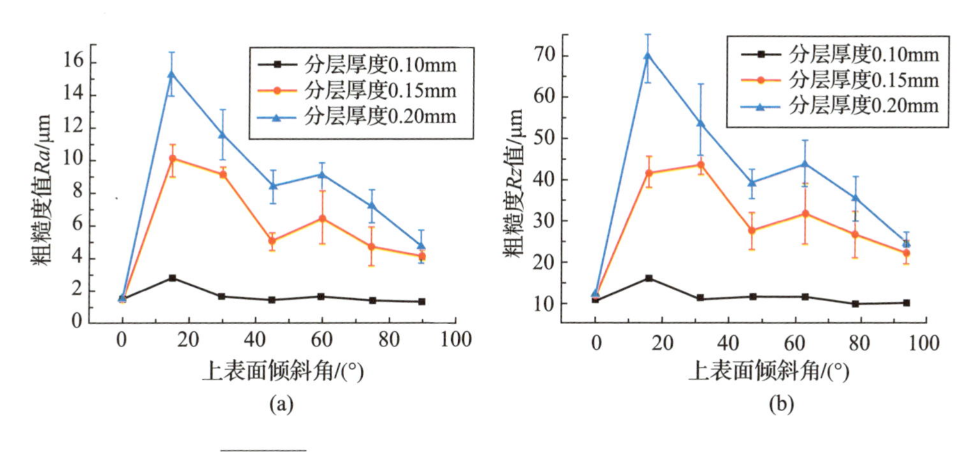

图 5 - 16　不同分层厚度上斜面各倾角的 *Ra* 和 *Rz* 值

(a) *Ra* 值；(b) *Rz* 值。

由图 5 - 16 可知，除倾斜角 0°即上表面外，同一倾斜角度的表面粗糙度 *Ra* 和 *Rz* 值随分层厚度的增大而增大；而同一分层厚度下，陶瓷试样的表面粗糙度变化规律一致，随着倾斜角 α 增加，陶瓷试样的表面粗糙度值在 15°达到最大值，当倾斜角继续增大时，陶瓷试样的表面粗糙度随之下降。当分层厚度为 0.1mm 时，粗糙度随倾斜角度变化除了在 15°有一较大值外，其余角度变化均比较平缓。倾斜角为 0°时，所测面即为陶瓷件的上表面，由第 3 章陶瓷光固化单层面构成机理可知，上表面具有所有面中最小的粗糙度，当倾斜角为 0°时，$Ra = 1.4 \sim 1.6$ μm，$Rz = 10.75 \sim 12$ μm，且与分层厚度无关。当倾斜角为90°时，对于陶瓷试样的垂直表面，此时不存在台阶效应，因此垂直侧面的表面粗糙度较小。当倾斜角为 15°～30°之间时，表面粗糙度达到最大。这与传统光敏树脂的规律类似，但是上表面的 *Ra* 和 *Rz* 值均小于光敏树脂相同角度下的表面粗糙度 *Ra* 和 *Rz* 值。

为了比较不同倾斜角时上下斜面的表面粗糙度，本书使用相同的光固化和干燥工艺参数制作分层厚度为 0.15mm 时的不同倾角的下斜面样件，并测量其表面粗糙度，所得实验结果如表 5－15 和图 5－17 所示。

表 5－15　分层厚度为 0.15mm 时上、下斜面不同倾角的 *Ra* 和 *Rz* 值对比

倾斜角度	0°	15°	30°	45°	60°	75°	90°
上斜面 *Ra*	1.40	10.04	9.27	5.05	6.45	4.73	4.07
STDEV	0.00	0.96	0.31	0.55	1.58	1.22	0.42
下斜面 *Ra*	1.60	3.67	2.20	1.47	1.67	2.50	2.47
STDEV	0.00	0.83	0.35	0.12	0.24	0.14	0.23
上斜面 *Rz*	12.00	41.8	43.67	27.5	31.88	26.75	22.33
STDEV	0.00	3.84	2.08	4.43	7.32	5.56	2.89
下斜面 *Rz*	12.00	19.67	13.33	10.00	10.67	14.00	15.67
STDEV	0.00	3.79	1.15	1.00	1.03	1.41	3.02

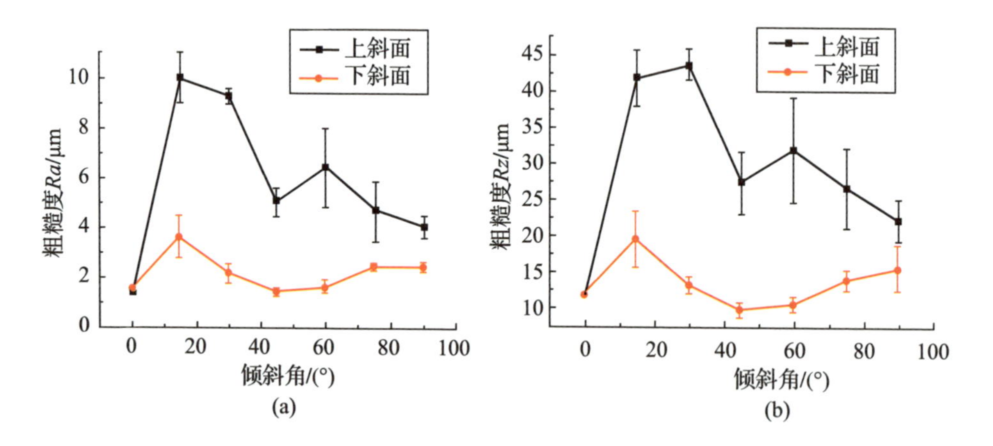

图 5－17　分层厚度为 0.15mm 时上、下斜面不同倾角的粗糙度 *Ra* 和 *Rz* 值对比
(a) *Ra* 值；(b) *Rz* 值。

3）实验结果讨论

由第 3 章研究可知，陶瓷浆料单条固化线的固化线宽和固化厚度随扫描速度增加而降低，因此为确保陶瓷浆料成形过程中相邻层的黏结，根据分层厚度不同，选择相应的扫描速度。因此，对应分层厚度0.10mm、0.15mm和0.20mm，在3.2节中选择相应的扫描速度，其对应的单条固化特征参数及根据式(5-3)计算得到的θ角如表5-16所示。

表5-16　不同分层厚度对应的单条固化线特征参数及θ角

分层厚度/mm	单条线固化线宽L_w/μm	单条线固化厚度C_d/μm	θ/(°)
0.10	356.22	126.52	44.00
0.15	657.33	180.51	51.36
0.20	1051.31	244.00	56.52

根据式(5-4)，计算可得不同倾斜角α和T的条件下，陶瓷试样上斜面表面粗糙度Ra值如表5-17所示。

表5-17　陶瓷试样上斜面表面粗糙度Ra理论计算值

分层厚度/mm	粗糙度	倾斜角/(°)					
		15	30	45	60	75	90
0.1	Ra/μm	30.40	33.72	34.75	33.41	29.79	24.14
0.15		48.36	55.93	59.69	59.38	55.02	46.91
0.20		67.87	81.11	88.82	90.48	85.97	75.61

对比表5-17和表5-13可知，在相同分层厚度和倾斜角的情况下，陶瓷试样表面粗糙度的测量值远低于理论计算值。

其原因在于在陶瓷试样成形过程中，水基陶瓷浆料吸附在零件表面，削弱了台阶效应，在后续干燥工艺中陶瓷试样的收缩也是陶瓷试样表面粗糙度降低的原因。

3. 烧结工艺

将采用PEG干燥和真空冷冻干燥的两组表面粗糙度陶瓷试样放入高温烧结炉中，采用正交实验分析的烧结工艺进行脱脂和烧结，然后利用表面粗糙度测试仪(泰勒SURTRONIC 25，英国)，多次测量试样表面的粗糙度值，并进行平均，得到表面粗糙度Ra与倾斜角度的关系，如图5-18为采用这两种冷冻干燥工艺所得的粗糙度试样烧结前后的表面粗糙度变化。

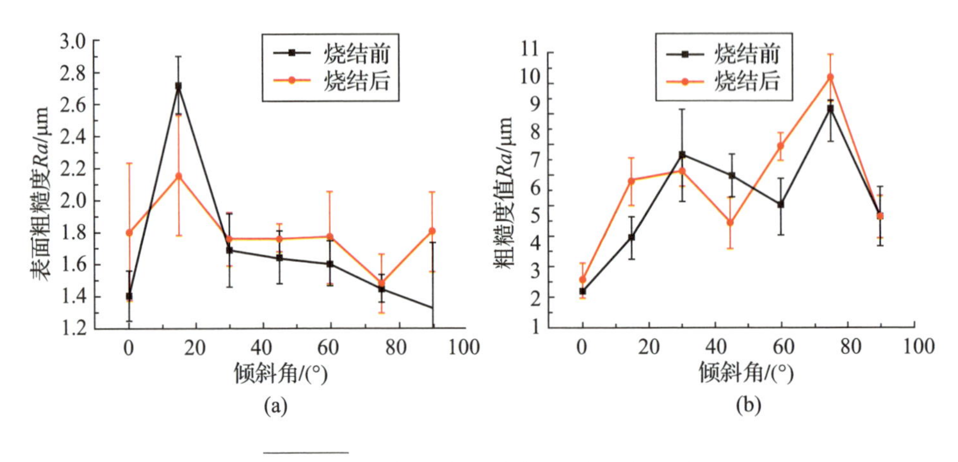

图 5-18　烧结工艺对于表面粗糙度的影响

(a)PEG 干燥；(b)真空冷冻干燥。

由图 5-18 可知，随着倾斜角度增加，采用 PEG 干燥的陶瓷试样表面粗糙度值在 15°时达到最大，而采用真空冷冻干燥工艺的陶瓷试样在75°时达到最大；PEG 干燥的陶瓷试样烧结后的表面粗糙度 Ra 在15°处大幅降低，而其他角度的表面粗糙度增加；真空冷冻干燥的陶瓷试样烧结后的表面粗糙度仅有小幅变化。其原因在于陶瓷试样经过脱脂和烧结后，陶瓷试样中的有机黏结剂全部被去除，在烧结过程中陶瓷试样出现收缩和膨胀的变化，从而导致陶瓷试样的表面粗糙度在烧结后增加。

5.1.4　三维零件的其他变形与缺陷

光固化过程、后处理的干燥以及烧结过程除了会引起陶瓷件的线性尺寸变化以及影响其表面粗糙度以外，还可能导致其他类型的结构变形或缺陷。这些变形与缺陷主要包括分层、翘曲、开裂和起泡等。本节将简要地分析这些变形与缺陷的形成机理、影响因素以及采取何种措施才能避免这些变形和缺陷的发生概率或避免其发生。

1. 翘曲

翘曲是一种弯曲变形，往往表现为在零件的端部产生上下弯曲。体积收缩过程中伴随的收缩应力是零件翘曲变形的内在动力。传统的树脂光固化成形过程中，零件的翘曲变形是影响零件精度的一个主要因素。而在陶瓷光固化中，翘曲现象不是很严重，同时我们可以采取支撑外廓补偿的方法防止翘曲的发生。

同时，翘曲还有可能在干燥过程产生，例如，传统的干燥工艺因其干燥机理是内部水分输出到外表面蒸发的过程，这将使零件在各个方向上的失水收缩不均衡，因此往往会引起零件两端的翘曲。而如前文所述，采用本书制定的真空冷冻干燥工艺就能完全避免这种翘曲现象的发生。

2. 分层

分层指的是相邻层与层之间的分离现象，这种现象主要是由快速成形技术的层层累加原理造成的。在光固化制作陶瓷件的过程中，陶瓷零件沿着 z 方向也就是成形平台升降的方向层层固化叠加成形，当单层固化面厚度与分层厚度差别较小不足以满足相邻层间的较好黏结连续性的时候，就会发生后一层与前一层的分离。因此我们强调制件过程中单层固化面厚度必须要大于分层厚度，满足一定的过固化量，这样才能保证层间有效黏结从而完成三维成形。

即使表面上看陶瓷素坯在光固化过程中层层黏结良好，但是由于其过固化量不够充足，在干燥或者烧结过程中，这样的层与层之间就会随着坯体水分以及有机物的散失烧蚀开始分层。因此选取一定的扫描工艺参数来获得满足条件的单层固化厚度是使陶瓷件不至于分层的关键。

3. 开裂与起泡

与分层不同，开裂往往不指层间的分离，而是陶瓷件上下表面或者是与单层面成一定角度贯穿好几层的一种结构裂纹。这种裂纹形状不规则，同时可能在裂纹周围伴随翘曲、分层、起泡等现象。

开裂现象主要与烧结工艺有关。由于烧结过程中不同的烧结温度和升温速率会导致单位时间内陶瓷件内部有机物烧蚀成气体往零件表面排放的量和速度不同，故如果烧结温度和升温速率不合适，有可能造成某个时刻产生的气体较多，并集中向外表面排出，这将导致零件表面起泡凸起。而当起泡严重时，集中的冲击力就能破坏陶瓷件内部与表面结构导致结构断裂，从而引起由内而外的开裂。同时，烧结过程中导致的收缩应力也将会破坏陶瓷件内外结构导致开裂。因此制定合理的烧结工艺是避免零件起泡和开裂的重要前提。另外，光固化制件过程导致陶瓷件结构的不均匀性也可能间接导致开裂。

本节讨论了光固化陶瓷铸型的干燥和脱脂烧结工艺，对比了 PEG 干燥和真空冷冻干燥工艺的干燥效果，研究了脱脂烧结工艺对陶瓷铸型性能、收缩率和表面粗糙度的影响规律及台阶效应对于表面粗糙度的影响规律，主要结论如下：

(1)通过对比 PEG 干燥和真空冷冻干燥工艺的干燥收缩率和相对失水率，发现采用真空冷冻干燥工艺的陶瓷试样的干燥收缩率较低，且相对失水率更高，但是 PEG 干燥的陶瓷试样坯体致密，表面粗糙度更低；经过 PEG 干燥的陶瓷试样的抗弯强度为 7～10MPa。

(2)通过热重和差热分析，确定聚丙烯酰胺的热解温度范围为 200～600℃；以烧结温度、保温时间和升温速率为因素，烧成收缩率、抗弯强度和孔隙率为实验指标，设计了 $L_9(3^3)$ 正交实验，研究表明：烧结温度是影响陶瓷铸型抗弯强度、孔隙率和烧成收缩率的主要因素，抗弯强度随烧结温度增加而增加，最高达到 28.62MPa；孔隙率随烧结温度增加出现小幅波动，当烧结温度为 1200℃ 时，孔隙率最高为 36.9%；陶瓷试样的烧成收缩率长度和宽度方向小于 0.6%，而高度方向小于 1.4%。对于抗弯强度和孔隙率实验结果的综合分析表明：优化的焙烧工艺参数是烧结温度1400℃，保温时间 2h，升温速率300℃/h；对于烧成收缩率的实验结果分析表明，获得最小烧成收缩率的工艺参数是烧结温度 1200℃，保温时间 4h，升温速率 150℃/h。

(3)通过研究陶瓷试样的表面粗糙度与倾斜角和分层厚度间的关系，发现陶瓷试样上斜面的表面粗糙度 *Ra* 和 *Rz* 值随分层厚度增加而增加，当倾斜角位于 15°时，表面粗糙度达到最大值；在相同倾斜角的前提下，陶瓷试样的上斜面的表面粗糙度值大于下斜面的表面粗糙度值；上斜面表面粗糙度 *Ra* 测量结果远低于根据理论公式的计算结果，因此有利于提高复杂陶瓷零件的表面质量。

5.2 氧化锆陶瓷素坯后处理工艺

5.2.1 冷冻干燥处理

刚成形的陶瓷素坯表面及内部均含有大量水分，如果采用自然干燥的方式，由于素坯各部分失水速率不均匀，产生内应力，会导致零件翘曲变形或开裂。而不完全干燥的素坯在烧结过程中，伴随着温度升高，内部水分转变成水蒸气释放出来，导致零件损坏。因此对于素坯需要进行干燥处理，常见的干燥处理方法有对流干燥、干燥剂干燥和真空冷冻干燥。对流干燥是最常见的干燥方法，但对于环境温湿度的控制要求严格，且素坯各部分失水速率不易控制，容易导致素坯翘曲变形。干燥剂干燥时通常选用聚乙二醇作为干燥剂，该方法利用了 PEG 的高吸水性，优点在于可以保证素坯各部分失水速率一致，从而避免变形和开裂等现象。真空冷冻干燥是将素坯进行真空冷冻，使得素坯内部的水冻结成冰，冰再升华为水蒸气排出的干燥过程，可以有效地去除素坯中的水分。与 PEG 干燥法相比，真空冷冻干燥的陶瓷素坯干燥收缩率更低。

本书中的陶瓷光固化成形采用了水基陶瓷浆料，因此光固化成形后的陶瓷素坯表面和内部含有大量的水。本实验中将采用真空冷冻干燥对陶瓷素坯进行处理。

具体实验过程如下：

(1)将光固化成形的陶瓷素坯取出，用去离子水清洗表面，去除残留在表面的浆料、支撑结构和杂质；

(2)将陶瓷素坯放在室温条件下，约 10min，然后将素坯放入 -30℃冰柜中进行预冻，预冻时间 2h；

(3)将氧化锆陶瓷素坯从冰柜中取出，放入真空冷冻干燥机，编写升温程序，并启动运行，升温过程如表 5-18 所示。

(4)等待程序运行完毕，关闭真空冷冻干燥机，取出氧化锆陶瓷素坯，放入自封袋中，密闭保存，并尽量保持恒温。

表 5-18　冷冻干燥升温程序表

	起始温度/℃	升温时间/min	目标温度/℃	保温时间/h
第一阶段	-30	—	-30	2
第二阶段	-30	60	-20	4
第三阶段	-20	60	-15	4
第四阶段	-15	180	25	2

对于冷冻干燥后的长方体标准件素坯进行测试和分析，主要包括素坯尺寸的测量，并计算冷冻干燥过程中零件的线性收缩率，测定素坯的孔隙率。

5.2.2 尺寸收缩率测定

选取经冷冻干燥的长方体标准件(主要加工参数：填充扫描速度1400mm/s，轮廓扫描速度1600mm/s)共6件，用游标卡尺测量这6个零件的长、宽、高，求出平均值和标准差，并与模型尺寸对比如表5-19所示。

表5-19 冷冻干燥后素坯尺寸表

项目	模型尺寸/mm	冻干后尺寸/mm	收缩率/%
长	50	47.61±0.15	4.8
宽	10	9.86±0.29	1.4
高	4	3.9±0.19	2.5

从上表可以看出冷冻干燥后，氧化锆零件的长、宽、高尺寸收缩率均小于5%，但略大于参考文献中的数值。其原因主要是氧化锆陶瓷浆料的固相含量较低，导致成形素坯内部的水分较多，冷冻干燥后，素坯失水，发生了较大的尺寸变形。

5.2.3 密度测定

素坯密度的测定通常采用阿基米德法，实验中选取5个经真空冷冻干燥的长方体标准件素坯(主要加工参数：填充扫描速度1400mm/s，轮廓扫描速度1600mm/s)，测定并计算了这5个长方体标准件的孔隙率和实际密度，如表5-20所示。根据表中数据计算出冷冻干燥后的氧化锆陶瓷素坯孔隙率平均值为23.46%±1.05%，说明素坯内部结构比较疏松，气孔较多。因此想要获得高力学性能的陶瓷零件，还需要对陶瓷素坯进行处理。由于此时的陶瓷素坯是由氧化锆陶瓷粉和聚合有机物混合构成的，难以准确计算素坯的真密度，所以用实际密度表征陶瓷素坯的密度，作为参考。

表5-20 素坯密度统计表

零件编号	1	2	3	4	5
孔隙率/%	21.83	23.47	23.36	24.67	23.98
实际密度/(g/cm^3)	2.74	2.64	2.64	2.59	2.64

5.2.4　微观形貌观察

陶瓷零件的微观形貌是决定零件宏观性能的重要因素，因此选取了一个长方体标准件素坯，在样品中间截取了一个断面，然后对断面进行了打磨以及喷金处理，放入场发射扫描电镜中(SEM，设备型号 SU-8010，日本日立)，调整放大倍数和焦距，观察陶瓷素坯的微观形貌。同时，还选取了氧化锆陶瓷原料粉少量，进行了喷金处理，放入扫描电镜中，与素坯进行对比观察。

图5-19为中径0.2μm氧化锆原料粉在SEM中拍摄的照片，图5-20为光固化成形长方体标准件素坯的断面在SEM中拍摄的照片。从图5-19(a)中可以看出，原料粉多数为球形的纳米级小颗粒，从图5-19(b)中可以看出，陶瓷粉末的粒径比较均匀。而从图5-20(a)中可以看出，在经过光固化成形过程后，原有浆料中的单体交联剂在激光照射下转变为有机聚合物聚丙烯酰胺凝胶，并将氧化锆陶瓷包裹在其中。光固化成形氧化锆陶瓷素坯的实质就是氧化锆陶瓷粉与包裹其成形的有机聚合物的混合体。同时，从图5-20(b)中可以看出，光固化成形的氧化锆陶瓷素坯其内部在微观层面上有大量的气孔和裂纹等缺陷。关于气孔和裂纹等问题，可以通过浸渗处理与高温烧结相结合的方式得到一定程度的解决。因此为了提高零件的力学性能，需要采用后处理工艺，对素坯进行处理。

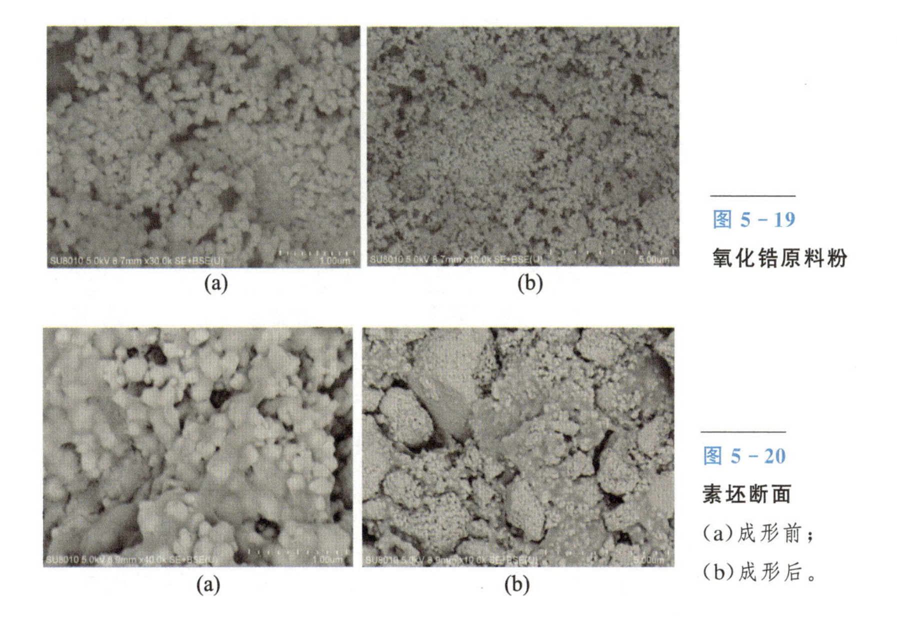

图5-19
氧化锆原料粉

图5-20
素坯断面
(a)成形前；
(b)成形后。

5.2.5 陶瓷零件浸渗工艺

1. 实验材料与设备

实验前准备采用光固化成形工艺制造的氧化锆陶瓷长方体标准件(50mm×10mm×4mm)素坯若干，加工参数：扫描速度1400mm/s，扫描间距0.15mm。

在对陶瓷素坯进行真空浸渗处理的过程中，需要使用的实验设备和仪器如表5-21所示。

表5-21 实验设备和仪器

仪器设备	型号	生产厂家	用途
电子天平	JD300-3	上海精密仪器制造有限公司	物品精密称量
球磨机	KQM-X4Y/B	陕西金宏机械厂	陶瓷浆料制备
超声分散机	—	—	超声分散
真空振动注形机	ZD800	西安交通大学RPM工程研究中心	真空浸渗

真空浸渗处理实验所需的实验材料及特性如表5-22所示。

表5-22 实验材料及其特性

原料与溶剂	用途	生产厂家	备注
氧化锆陶瓷粉	陶瓷原料	上海池工	中径0.2μm、2μm
氧化铝陶瓷粉	陶瓷原料	山东大学	中径2μm
去离子水	溶剂	实验室	—
丙烯酰胺	单体	天津科密欧	粉体
N,N-二甲基双丙烯酰胺	交联剂	天津福晨	粉体
2-羟基-甲基苯基丙烷-1-酮	光引发剂	上海阿达马斯	液体
丙三醇	调整折射率	天津福晨	透明液体

2. 氧化锆/氧化铝浆料浸渗工艺

本书中的陶瓷素坯是采用氧化锆陶瓷浆料光固化成形制造的，因此选用预混液相同、陶瓷粉相同、固相体积分数为40%的氧化锆陶瓷浆料作为浸渗液。

实验中配制约500mL氧化锆陶瓷浆料作为浸渗液，浆料固相体积分数

30%，预混液配方与第 2 章中的可光固化浆料中的预混液相同，配方如表 5-23 所示。

表 5-23　氧化锆浸渗液配方表

组分			占比
预混液	丙烯酰胺	22.5%	60%
	N,N-亚甲基双丙烯酰胺	2.5%	
	甘油	10%	
	去离子水	65%	
氧化锆陶瓷粉末(级配 2μm：0.2μm，1：9)			40%

具体实验步骤如下：

(1)取若干个干燥的长方体标准件，测量并记录零件长、宽、高方向的尺寸。

(2)将标准件浸入氧化锆陶瓷浆料中，保证零件完全浸没在浸渗液中；然后将浸没在浸渗液中的零件放入真空注形机中，紧闭舱门，打开真空泵抽真空，当压强达到 82kPa 时关闭真空泵。

(3)在 82kPa 的压强条件下，保压半小时。保压过程中，当发现压强缓慢变小时，应该及时打开真空泵，待抽至 82kPa 时，关闭真空泵。

(4)真空浸渗完成后，将零件取出，清洁表面，将零件放入真空冷冻干燥机中，对零件进行冷冻干燥处理，升温曲线如图 5-21 所示。

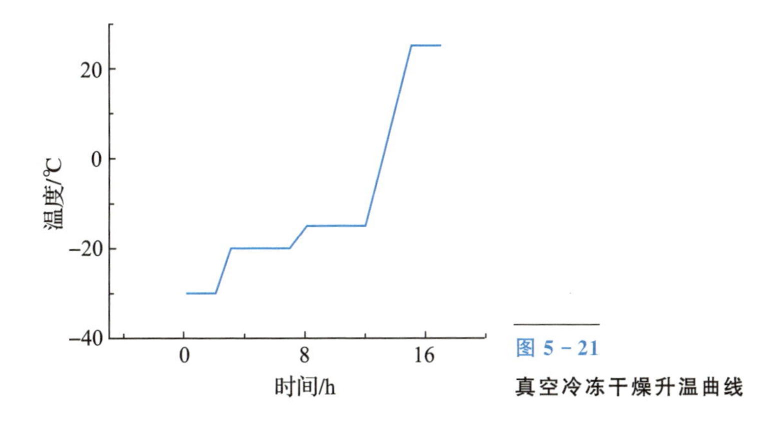

图 5-21
真空冷冻干燥升温曲线

氧化铝浸渗处理实验中，采用了中径 2μm 的氧化铝陶瓷粉，配制了 500mL 体积分数 40%氧化铝陶瓷浆料作为浸渗液，具体配方如表 5-24 所示。

表 5-24 氧化铝浸渗液配方表

<table>
<tr><th colspan="3">组分</th><th>占比</th></tr>
<tr><td rowspan="4">预混液</td><td>丙烯酰胺</td><td>22.5%</td><td rowspan="4">60%</td></tr>
<tr><td>N,N-二甲基双丙烯酰胺</td><td>2.5%</td></tr>
<tr><td>甘油</td><td>10%</td></tr>
<tr><td>去离子水</td><td>65%</td></tr>
<tr><td colspan="3">氧化铝陶瓷粉末(中径 2 μm)</td><td>40%</td></tr>
</table>

5.2.6 陶瓷零件脱脂/烧结处理

冷冻干燥后的陶瓷素坯，其实质是由凝胶包裹着的陶瓷粉体，欲使陶瓷零件获得强度，就需要对素坯进行脱脂和烧结处理。而陶瓷材料在脱脂/烧结过程中会发生一系列的物理和化学变化，尤其是物质损失、相变、体积收缩等现象均对最终获得的陶瓷零件有较大的影响，因此需要进行研究。

采用热分析对陶瓷素坯进行热重/差热(TG/DSC)分析和热膨胀分析。热重分析法(TG)是在温度变化过程中，观察样品的质量分数随温度或时间变化的一种热分析测试方法，而差示扫描量热法(DSC)是在程序控制温度条件下，测量输入给样品与参比物的功率差与温度或者时间的关系的一种热分析测试方法。通过热重/差热分析，可以掌握陶瓷零件在升温过程中的质量分数变化和热量变化，为脱脂升温过程提供参考。热膨胀分析是在一定的温度程序、负载力接近于零的情况下，测量样品的尺寸变化随温度或时间的函数关系的一种热分析测试方法。通过热膨胀分析，可以掌握零件在升温过程中体积变化，为确定烧结过程中的重要温度节点设定和终烧温度设定提供参考。综上所述，最终根据热分析的结果，设计了氧化锆陶瓷素坯的脱脂/烧结升温程序。

1. 热重/差热分析

对氧化锆陶瓷素坯进行热重/差热分析，是为了揭示不同温度下素坯质量分数变化和热量变化，为脱脂升温程序的设定提供参考。实验设备采用了德国耐驰 STA449F3 热分析系统。实验条件为升温速率10℃/min，氮气氛围保护。图 5-22 为光固化成形氧化锆陶瓷素坯热重/差热分析实验结果。

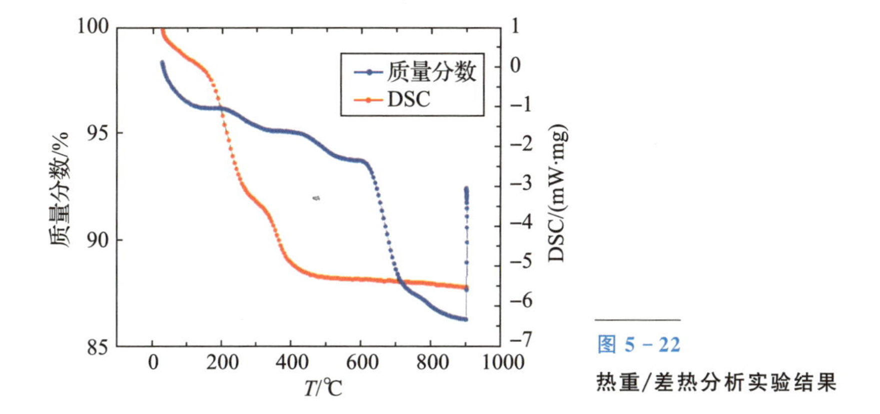

图 5-22
热重/差热分析实验结果

由图 5-22 可知，当温度从室温升至 100℃后，素坯质量分数急剧下降，同时出现放热峰，这是由坯体中的水分和结合水蒸发为水蒸气所导致的。在 200～600℃之间，素坯质量分数再次下降，并出现放热峰，在此温度范围内，这是由包裹陶瓷粉的聚丙烯酰胺热解所导致的。超过 600℃之后，素坯质量分数基本保持稳定，此时有机物热解已基本结束。超过 900℃时素坯开始吸热，此吸热过程应该是氧化锆陶瓷从单斜相变为四方相的相变造成的。根据图 5-22 分析的结果，在600℃以下时，应该注意控制升温速率，防止升温速率过快导致产生大量水蒸气以及聚合物热解释放大量气体破坏素坯结构，产生裂纹等。

2. 热膨胀分析

采用德国耐驰仪器制造有限公司生产的 DIL402PC 热膨胀仪，测试光固化成形氧化锆陶瓷素坯的热膨胀曲线。测试用样品以60℃/h的升温速度从室温升至200℃，保温 1h，再以 60°C/h 的升温速率从 200°C 升至600℃，保温 1h，然后以 200℃/h 的升温速率从600℃升至 1500℃。试样为光固化成形氧化锆圆柱体素坯，尺寸ϕ10mm×50mm。实验结果绘制曲线如图 5-23 所示。

从图 5-23 可以看出，当温度从室温逐渐升高至约 200℃时，陶瓷素坯体积增大；随后体积收缩，在 400～800℃的区间内，体积缓慢膨胀；从900℃开始，体积急剧收缩，至 1130℃收缩率最大，随后又缓慢上升。在800℃以下时，由于素坯中的水分和有机聚合物先后汽化，导致素坯体积略微膨胀。从900℃开始，由于单斜相氧化锆转变为四方相氧化锆，素坯体积急剧收缩，胚体密度增大，至1130℃时，胚体密度达到最大。随后温度升高，四方相氧化锆陶瓷晶粒不断生长，导致体积缓慢膨胀。

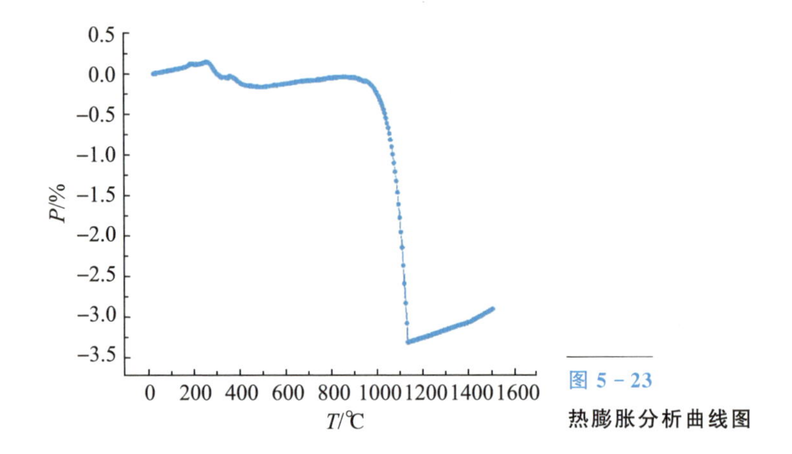

图 5-23
热膨胀分析曲线图

5.2.7 脱脂/烧结工艺路线

根据以上两节的分析与判断，确定了脱脂/烧结工艺路线。

(1)第一阶段，从室温至 200℃，在此阶段素坯中的水分转化为水蒸气，素坯体积略微膨胀，此时应注意控制升温速率，因此升温速率定为60℃/h，至200℃保温 1h；

(2)第二阶段，从 200℃ 至 600℃，此阶段是脱脂阶段，素坯中的聚丙烯酰胺热解成为气体排出，素坯体积略微膨胀，此阶段升温速率为 60℃/h，目的是防止大量气体排出时损伤零件，至 600℃ 保温 1h；

(3)第三阶段，从 600℃ 到 900℃，为预烧结阶段，升温速率为 150℃/h，至 900℃ 保温 1h；

(4)第四阶段，从 900℃ 至 1500℃，是终烧阶段，从900℃开始，单斜相氧化锆陶瓷开始转变为四方相，此阶段素坯体积由于相变，首先急剧收缩，并且大量吸热，而后四方相晶粒开始长大，体积稍微胀大。升温至1500℃后，保温 2h，然后随炉自然冷却。

根据以上分析，绘制氧化锆陶瓷素坯脱脂/烧结升温路线图，如图 5-24 所示。

在原有树脂光固化成形机的基础上改装了适用于陶瓷材料的光固化成形实验平台，通过单线固化实验和单面固化分析，确定了影响光固化成形的两个主要加工参数的合理范围，在此范围内，成形了标准陶瓷零件与几种典型的复杂形状陶瓷零件，并针对不同特征的陶瓷零件，分别建立了几种研究光固化成形工艺参数优化的方法。

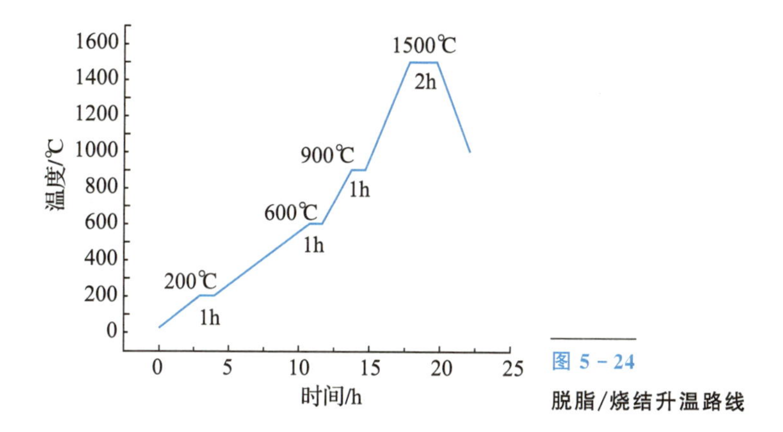

图 5-24
脱脂/烧结升温路线

对于真空冷冻干燥后的光固化成形氧化锆陶瓷素坯，测定了陶瓷素坯的孔隙率，平均值为 23.46%；测定了陶瓷素坯在冷冻干燥过程中各方向的尺寸收缩率，均在 5%以下；通过电子扫描显微镜观察的素坯微观形貌可以看到，光固化成形陶瓷素坯的本质是包裹了陶瓷颗粒的光固化凝胶，同时内部存在有大量气孔、裂纹等缺陷，需要进行脱脂/烧结等后处理。

5.2.8　氧化锆零件后处理方法

氧化锆陶瓷浆料光固化成形可以制造标准件以及复杂形状的陶瓷素坯，但是对素坯的测试与观察发现，其密度依然较低，孔隙率较高，内部存在有很多缺陷，且素坯的实质是由有机聚合物包裹的陶瓷粉体，力学强度不足。针对这个问题，采用了浸渗与脱脂/烧结相结合的后处理工艺方法对陶瓷素坯进行处理，以期最终获得高密度、高强度的陶瓷零件。

浸渗是一种微孔渗透工艺，将浸渗液通过自然渗透、抽真空和加压等方法渗入陶瓷素坯的气孔中，填补成形件气孔及内部缺陷，从而提高密度及力学强度。根据浸渗液的不同，浸渗工艺又分为浸渍工艺和熔渗工艺两种，浸渍工艺采用的浸渗液为陶瓷浆料或溶液，熔渗工艺采用的浸渗液为熔融玻璃或熔融金属。根据第 1 章对比分析的结果，本书选用了是真空浸渍工艺，浸渍液选用了水基氧化锆陶瓷浆料、水基氧化铝陶瓷浆料两种材料。

陶瓷材料在脱脂/烧结过程中会发生一系列的物理和化学变化，采用了热膨胀分析和热重/差热分析的方式，研究了脱脂/烧结过程中，陶瓷零件的物质变化与热变化，从而分析其相变和升温过程中的收缩。热膨胀仪能精确测定陶瓷素坯在烧成过程中的膨胀和收缩率，根据热膨胀曲线，确定陶瓷坯体的最佳烧结温度和终烧温度保温时间，并研究升温速率对陶瓷坯体最佳烧结温度的影响。而通过差热曲线和热重曲线，可以分析各种陶瓷坯体在烧结过程中的物质损失和吸热放热等物理化学变化。通过对氧化锆陶瓷材料的热膨胀分析和热重及差热分析，最终可确定氧化锆陶瓷零件的烧结工艺曲线。

对于实验获得的烧结氧化锆零件、氧化锆浸渗/烧结陶瓷零件、氧化铝浸渗/烧结复合陶瓷零件，测定了这 3 种零件的尺寸收缩率和密度，进行了 3 点弯曲强度和维氏硬度测试，采用扫描电镜(SEM)观察零件内部的晶相和显微结构，对这 3 种零件进行了对比和分析研究。

5.3 磷酸三钙陶瓷后处理工艺

5.3.1 烧结工艺及成分检测

陶瓷素坯打印好后，一般要经过高温烧结去除其中的有机杂质，使陶瓷颗粒晶化，得到高性能的陶瓷零件，而烧结后陶瓷材料的晶相对零件性能有很大影响。本书中成形的陶瓷素坯主要包含两种物质：丙烯酸酯凝胶以及被其包裹的陶瓷颗粒，在烧结过程中，凝胶会逐渐氧化分解，陶瓷素坯会发生失重，质量降低，待凝胶完全分解后陶瓷颗粒慢慢烧结融合并最终晶化。TCP 陶瓷根据不同的烧结温度有 3 种相变产物：烧结温度在1180℃以下为 β-TCP，在 1180～1400℃ 之间为 α-TCP，在大约1470℃时为 δ-TCP。β-TCP 向 α-TCP 转变的温度大约在 1200℃，而 β-TCP 陶瓷由于具有良好生物相容性和骨诱导性，在骨组织工程中常被用来制造骨植入物，因此要得到 β-TCP 陶瓷，烧结时必须严格控制陶瓷的晶化温度，烧结最高温度为1150℃，采用热重分析仪(TGA/SDTA851，梅特勒托利多，瑞士)对 β-TCP 陶瓷素坯进行热重分析，升温速率1.5℃/min，为陶瓷素坯的烧结工艺提供依据。陶瓷素坯热重曲线如图 5-25 所示。

由图 5-25 可知，素坯首先在 110℃ 出现快速失重，在 230℃ 时单体聚合物产生氧化反应，在此温度失重大约 5.01%；在390℃时上阶段产生的氧化物开始分解，一直持续到450℃，素坯中的胶体分解完，素坯质量基本不发生变化。因此在110℃、230℃、390℃应分别设置保温时间，且加热速度应较慢；450～700℃应快速升温，保证排完胶的陶瓷颗粒间迅速融合烧结，且在最高烧结温度应设置保温时间。根据以上分析，并参考朱林重等关于β－TCP陶瓷的烧结工艺，确定了图5－26所示的脱脂/烧结工艺路线。

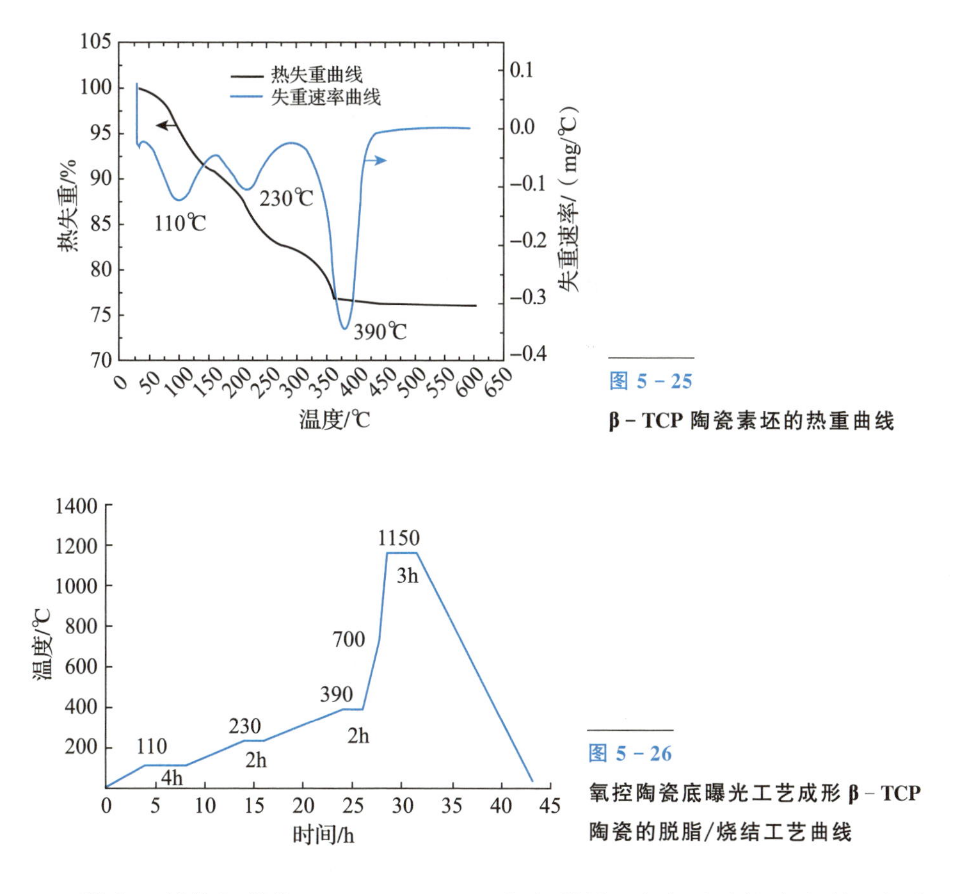

图 5－25

β－TCP 陶瓷素坯的热重曲线

图 5－26

氧控陶瓷底曝光工艺成形 β－TCP 陶瓷的脱脂/烧结工艺曲线

利用X射线衍射仪（EXPLORER，北京利曼）对购买时的陶瓷粉、打印的陶瓷素坯和烧结后的陶瓷零件进行化学成分检测，测量条件：$2\Phi = 0.02°$，电压为40kV，电流20mA，扫描速度4°/min；并利用场发射扫描电镜（SU－8010，日本日立）对烧结后陶瓷的元素进行分析。由图5－27(a)可知烧结后的陶瓷粉与原始β－TCP陶瓷粉体衍射峰值相吻合，说明烧结后的粉体成分与使用粉体一致，均为β－TCP。图5－27(b)表明了烧结后各元素的占比，其中烧结后的β－TCP陶瓷的钙磷比为1.46，与正常骨组织接近。

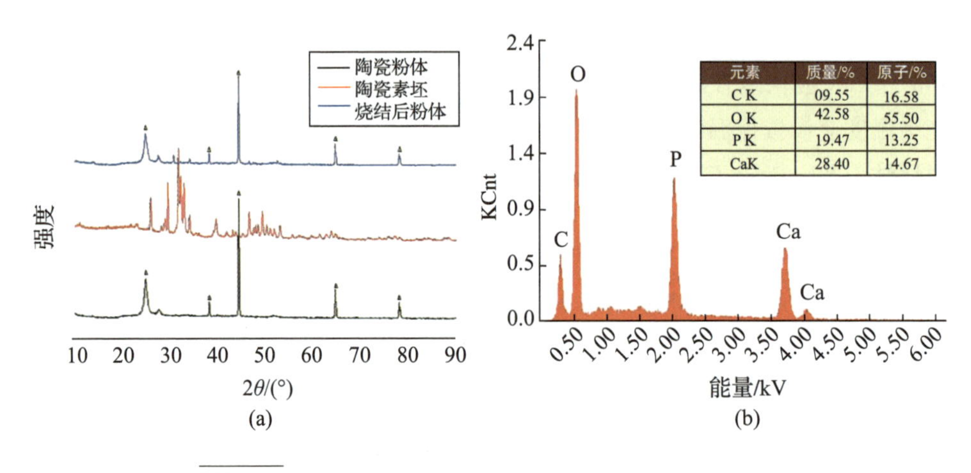

图 5-27 β-TCP 陶瓷素坯烧结后的成分检测及元素测试

(a)烧结后陶瓷的成分检测；(b)烧结后陶瓷的元素占比分析。

5.3.2 烧结尺寸收缩率测定实验

为了评价陶瓷零件在烧结后的三维尺寸变化，采用正交实验样本（长×宽×高：6mm×4.8mm×5.5mm），在表 5-25 中组合一参数下打印，并对其素坯及烧结后的尺寸利用游标卡尺进行测量，共打印 5 个零件，求出每个零件尺寸的平均值，实验结果如表 5-25 所示。

表 5-25 烧结后陶瓷零件的尺寸收缩率

项目	陶瓷素坯尺寸/mm	误差/%	烧结后零件尺寸/mm	收缩率/%
长	5.943±0.014	-0.95	5.107±0.012	14.07
宽	4.810±0.011	0.21	4.171±0.011	13.28
高	5.519±0.009	0.35	4.984±0.009	10.35

由表 5-25 可知，陶瓷素坯的陶瓷素坯尺寸相比设计尺寸，长度方向（投影平面尺寸较大的方向）误差最大，为-0.95%，层层叠加方向误差最小仅为 0.35%，而宽度方向误差较长度方向误差小的原因正如之前分析，可能是素坯在打印时有微量收缩变形。经脱脂/烧结后的陶瓷零件，三方向尺寸均发生一定收缩，其中长、宽方向尺寸收缩率相近，最大为 14%左右，垂直方向尺寸收缩较小，仅为 10.35%。基于此可通过误差补偿放大打印模型，减小烧结后陶瓷尺寸和设计尺寸间的尺寸误差。

5.3.3　陶瓷形貌观测

陶瓷材料的晶相组织、微观形貌对最终零件的性能有较大的影响，本节利用场发射扫描电镜(SU-8010，日本日立)对原材料粉体、打印的陶瓷素坯及烧结后陶瓷的断裂面进行微观形貌观测，结果如图 5-28 所示。

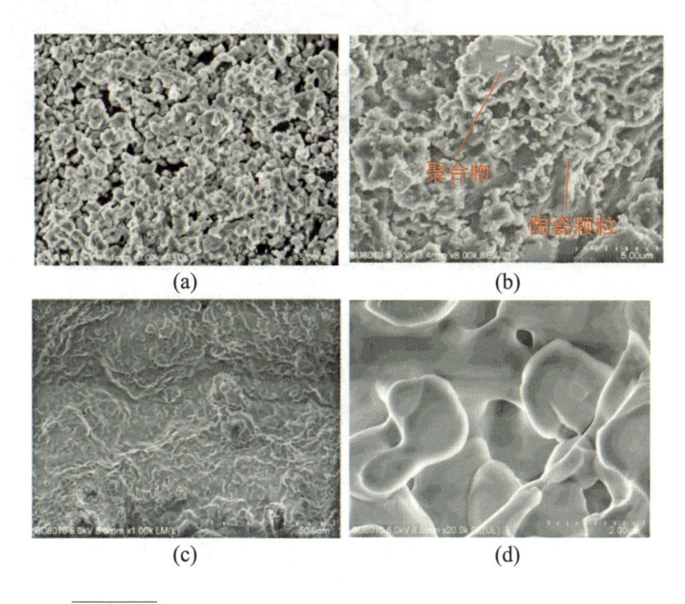

图 5-28　陶瓷粉体、素坯及烧结后零件的表面形貌图

(a)陶瓷粉体；(b)陶瓷素坯；(c)烧结后零件的断裂面(低倍)；(d)烧结后零件的断裂面(高倍)。

所用β-TCP 陶瓷粉体为圆球形颗粒，粒径基本在 5μm 以下，如图 5-28(a)所示，部分陶瓷粉体颗粒已经出现了团聚现象，可能放置太久颗粒间相互吸附，粉体的团聚对浆料的流动性及成形性能有一定的影响，因此配制浆料前需对陶瓷粉体进行处理。图 5-28(b)显示打印的陶瓷素坯中，聚合的丙烯酸酯聚合物包裹着陶瓷颗粒，结合较为紧密，聚合过程较充分。图 5-28(c)、(d)为烧结后陶瓷零件的断裂面 SEM 图像，由图可知烧结后的陶瓷颗粒已经融黏在一起，颗粒排列紧密，内部未有裂纹出现。将烧结后的陶瓷零件(图 5-29(a))进行 CT 扫描，并将扫描数据导入软件 VG Studio Max2.2 中进行缺陷分析。

由图 5-29(b)可以看出，烧结后的陶瓷样本内部虽然比较致密无裂纹，但会有细微小孔，最大孔体积在 0.02mm^3 左右，这些微孔虽然有助于陶瓷作为骨植入物植入时降解，但会影响其力学性能，未来拟通过进一步提高浆料固相含量，并辅助其他后处理工艺如冷热等静压、压力渗透等后处理工艺，进一步提高陶瓷零件的致密度和力学性能。

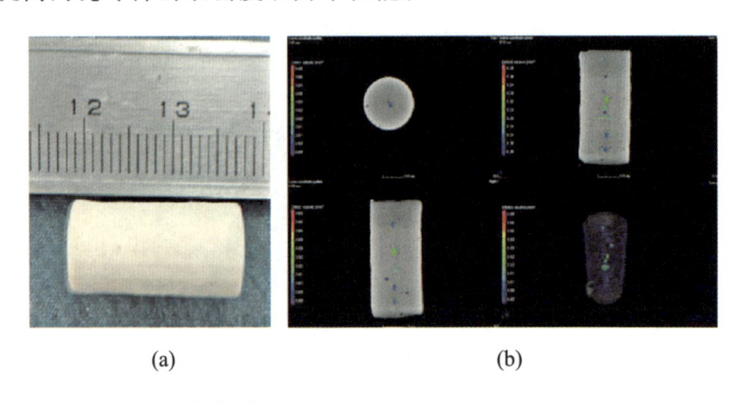

(a) (b)

图 5-29 烧结后陶瓷零件及其缺陷分析

(a)烧结后的陶瓷圆柱形零件；(b)致密零件缺陷分析。

5.3.4 致密度和显气孔率检测

对打印的陶瓷素坯和烧结后的陶瓷零件，采用阿基米德原理进行表观密度和显气孔率检测，参考标准为 GB/T25995—2010《精细陶瓷密度和显气孔率试验方法》，实验样品为 β-TCP 陶瓷圆柱形样本（图 5-30），尺寸为 ϕ 9mm ×18mm，先对素坯进行检测，检测完经干燥后进行烧结处理，再对烧结后的零件进行检测，共制作 3 个样本，测量结果取平均值，具体检测过程如下：

(1)将陶瓷零件先进行干燥，然后冷却至室温称重，得干燥试样质量 m_1；

(2)将零件浸入去离子水中煮沸 3h，冷却至室温，再浸入去离子水中称重，得试样浮重 m_2；

(3)将零件取出并擦干，迅速称量，得湿试样质量 m_3，则体积密度和显气孔率的具体计算公式如下。

表观密度：

$$\rho = \frac{m_1}{(m_1 - m_2)\rho_1} \tag{5-6}$$

显气孔率：

$$\Phi = \frac{(m_3 - m_1)}{(m_3 - m_2)} \times 100\% \tag{5-7}$$

式中　m_1——干燥陶瓷零件的质量(g)；

m_2——陶瓷在去离子水中的浮重(g)；

m_3——陶瓷零件湿试样质量(g)；

ρ_1——浸入蒸馏水在实验温度下的密度(g/cm^3)，实验时温度为18℃，蒸馏水密度为 $0.999g/cm^3$。

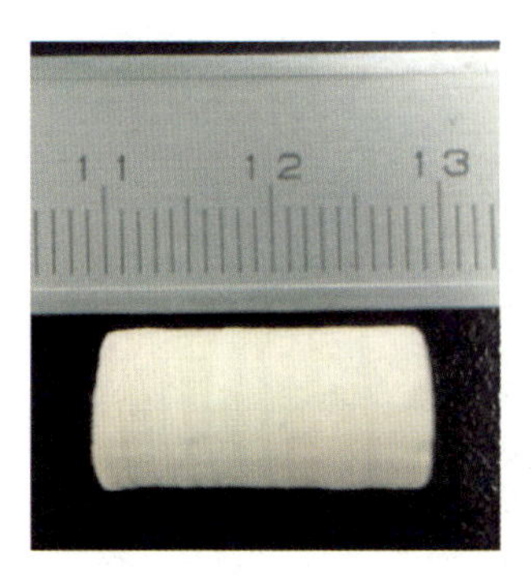

图 5－30
表观密度及显气孔率检测零件

实验结果如表 5－26 所示，测得 β－TCP 陶瓷素坯的表观密度为 $2.698g/cm^3$，为陶瓷粉体理论密度 $3.18g/cm^3$ 的 84.8%，显气孔率为 9.88%。相比而言，经烧结后的陶瓷样本的表观密度和显气孔率分别达到了 91.5% 和 8.50%。Felzmann 等[22]采用固相体积分数 45%的 β－TCP 陶瓷浆料进行工艺实验，结果显示其烧结后陶瓷的密度大约为 $2.8g/cm^3$，为理论密度 $3.18g/cm^3$ 的 88%，因此本书中采用该工艺成形的 β－TCP 陶瓷零件的致密度较高，但仍然有进一步提升的空间。

表 5－26　陶瓷素坯及烧结后零件的致密度及显气孔率

	陶瓷素坯	烧结后样本
表观密度/(g/cm^3)	2.698(84.8%)	2.911(91.5%)
显气孔率	9.88%	8.50%

5.3.5　力学性能实验

β－TCP 陶瓷作为一种良好的生物陶瓷材料，常用来作骨替代物修复骨组织缺损，因此陶瓷支架植入时必须具备一定的力学性能，保证支架能够维持

β-TCP陶瓷的降解和骨组织的长入。支架在植入后主要处于受压状态，因此对其进行压缩强度测试。首先对陶瓷致密零件进行测试，在表5-25中组合一所示的参数下，打印了标准压缩样本（ϕ5mm×12.5mm）共10个样本，其中5个样本经脱脂烧结，利用多功能静力学实验机（CMT4304，SANS）分别对陶瓷素坯及烧结后零件进行静态压缩力学实验（见图5-31），参考标准为GB/T8489—2006《精细陶瓷压缩强度试验方法》，压缩加载速度为0.2mm/min，温度为室温，测量结果如表5-27所示。

表5-27　致密陶瓷件的压缩强度

样本序号	1	2	3	4	5	均值
素坯压缩强度/MPa	24.75	25.91	24.05	23.52	20.34	23.71±1.86
烧结后压缩强度/MPa	61.31	68.19	69.65	67.88	64.85	66.4±2.98

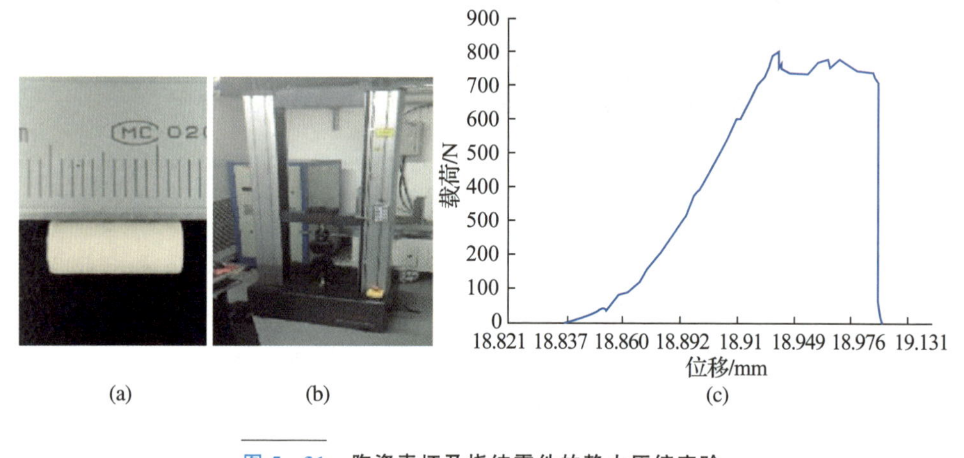

图5-31　陶瓷素坯及烧结零件的静力压缩实验

(a)标准压缩样本；(b)静力学实验机；(c)压缩载荷-位移线。

由测得的数据可知氧控陶瓷底曝光成形的β-TCP陶瓷素坯，其平均压缩强度为23.71MPa，而经烧结后期压缩强度为66.4MPa，增大了1.8倍，烧结后陶瓷颗粒之间熔融晶化，组织更加致密使得其力学性能提高。

5.3.6　三点弯曲强度测试

对烧结后的β-TCP陶瓷进行三点弯曲实验，在图5-25中组合一所示的参数下打印三点弯曲试样共3个样本，并在多功能静力学实验机（CMT4304，

SANS)上进行三点弯曲实验，如图 5-32 所示，标准尺寸(长×宽×高)为 35mm×4mm×3mm，参考标准为 GB/T6569—2006，实验中三点弯曲支撑跨距为 28mm，加载速度为 0.5mm/min，实验结果如表 5-28 所示。

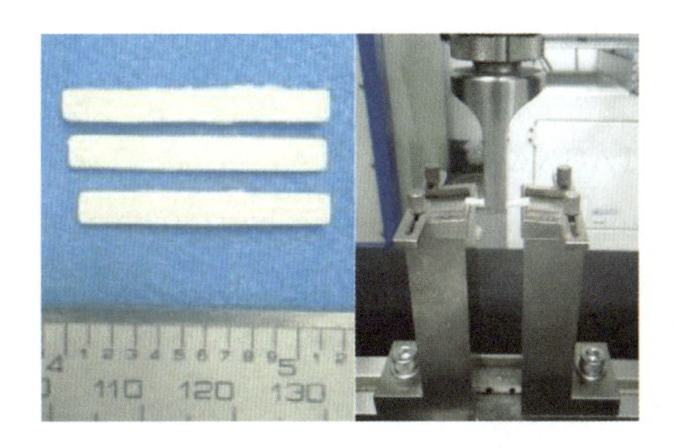

图 5-32
陶瓷三点弯曲试样及实验装置

表 5-28　陶瓷零件三点弯曲强度

样本序号	1	2	3	均值
样本尺寸/mm	30.683×3.452×2.598	30.787×3.464×2.595	30.767×3.455×2.575	30.746×3.457×2.589
三点弯曲强度/MPa	16.27	21.09	16.71	18.03±2.18

实验结果显示，成形的 β-TCP 陶瓷的平均三点弯曲强度为 18.03MPa，最大为 21.09MPa，相比传统成形工艺，其三点弯曲强度还有待提高。

参考文献

[1] SCHERER G W. Theory of Drying[J]. Journal of the American ceramic society, 2010, 73(1): 3-14.

[2] GHOSAL S, EMAMI-NAEINI A, HARN Y P, et al. A physical model for the drying of gelcast ceramics[J]. Journal of the American ceramic society, 2004, 82(3): 513-520.

[3] WU K C. Parametric study and optimization of ceramic stereolithography [D]. Ann Arbor: University of Michigan, 2005.

[4] BAE C J, HALLORAN J W. Integrally cored ceramic mold fabricated by ceramic stereolithography[J]. International journal of applied ceramic technology, 2011, 8(6): 1255-1262.

[5] HINCZEWSKI C, CORBEL S, CHARTIER T. Stereolithography for the

fabrication of ceramic three-dimensional parts[J]. Rapid prototyping journal, 1998, 4(3): 104-111.

[6] CORCIONE C E, GRECO A, MONTAGNA F, et al. Silica moulds built by stereolithography[J]. Journal of materials science, 2005, 40(18): 4899-4904.

[7] CORCIONE C E, F MONTAGNA, GRECO A, et al. Free form fabrication of silica moulds for aluminium casting by stereolithography [J]. Rapid prototyping journal, 2006, 12(4): 184-188.

[8] BARATI A, KOKABI M, FAMILI M. Drying of gelcast ceramic parts via the liquid desiccant method[J]. Journal of the european ceramic society, 2003, 23(13): 2265-2272.

[9] Mark. A. Janney, James. O. Kiggans. J. Method of drying articles: US 5885493[P]. 1999-3-23.

[10] 华泽钊. 冷冻干燥新技术[M]. 北京：科学出版社，2006.

[11] 崔清亮，郭玉明，程正伟. 冷冻干燥物料共晶点和共熔点的电阻法测量[J]. 农业机械学报，2008，39(5)：65-69.

[12] 崔锋录. 空心涡轮叶片整体式陶瓷铸型干燥与焙烧工艺研究[D]. 西安：西安交通大学，2009.

[13] 包彦堃，谭继良，朱锦伦. 熔模铸造技术[M]. 杭州：浙江大学出版社，1997.

[14] TIAN X, J GÜNSTER, MELCHER J, et al. Process parameters analysis of direct laser sintering and post treatment of porcelain components using Taguchi's method [J]. Journal of the european ceramic society, 2009, 29(10): 1903-1915.

[15] 陈魁. 实验设计与分析[M]. 北京：清华大学出版社，2006.

[16] 徐维忠. 耐火材料[M]. 北京：冶金工业出版社，1992.

[17] REEVES P E, COBB R C. Reducing the surface deviation of stereolithography using in-process techniques[J]. Rapid prototyping journal, 1997, 3(1): 20-31.

[18] PÉREZ C J L, CALVET J V, PÉREZ M A S. Geometric roughness analysis in solid free-form manufacturing processes [J]. Journal of

materials processing tech，2001，119(1－3)：52－57.
[19] 赵万华. 激光固化快速成型的精度研究[D]. 西安：西安交通大学，2000.
[20] 邹建锋. 光固化成形工艺及制件精度研究[D]. 武汉：华中科技大学，2004.
[21] 同颖稚. 涂平法改善光固化原型表面质量工艺研究[D]. 西安：西安交通大学，2008.
[22] FELZMANN R，GRUBER S，MITTERAMSKOGLER G，et al. Lithography-based additive manufacturing of cellular ceramic structures[J]. Advanced engineering materials，2012，14(12)：1052－1058.

第6章 陶瓷光固化工艺应用实例

基于本书研究的陶瓷光固化工艺，采用文中制备的50%体积分数的水基二氧化硅陶瓷浆料，在光固化成形机 SPS450B 上直接成形陶瓷铸型素坯，然后将成形后的一体化陶瓷铸型素坯利用 PEG 干燥方法进行干燥，最后根据正交实验结果选择的实验方案进行烧结，将得到的一体化陶瓷铸型利用反重力浇铸法浇铸铝合金零件，图 6-1 和图 6-2 为二氧化硅陶瓷一体化铸型和所得的铝合金铸件。采用文中制备的40%体积分数的水基氧化锆陶瓷浆料在自制的设备中成形素坯，然后利用 PEG 方法进行干燥，最后根据文中选择方法进行烧结与浸渗。图 6-3 为氧化锆陶瓷一体化成形制得的陶瓷种植体模型，图 6-4为氧化锆陶瓷牙桥模型。采用文中制备的β-TCP 脂基浆料在自制的面曝光成形设备上可制备出如图 6-5 所示的复杂曲面模型，图 6-6 所示的大尺寸骨模型，图 6-7 所示的多孔陶瓷支架模型。

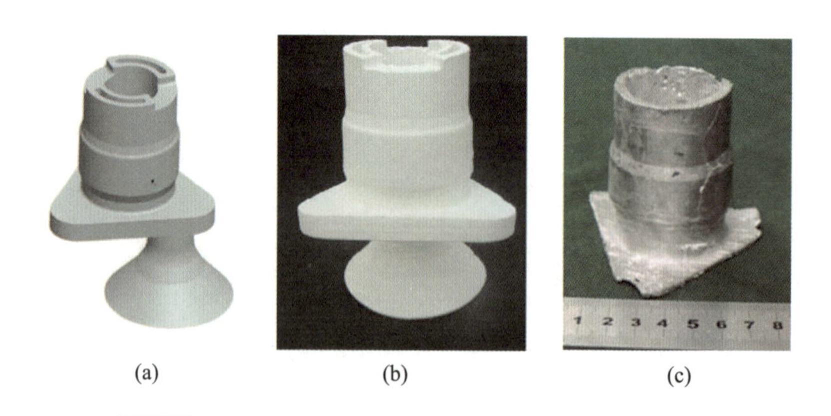

(a) (b) (c)

图 6-1 陶瓷铸型 CAD 模型、烧结后铸型及铝合金零件

(a)CAD 模型；(b)陶瓷铸型；(c)铝合金。

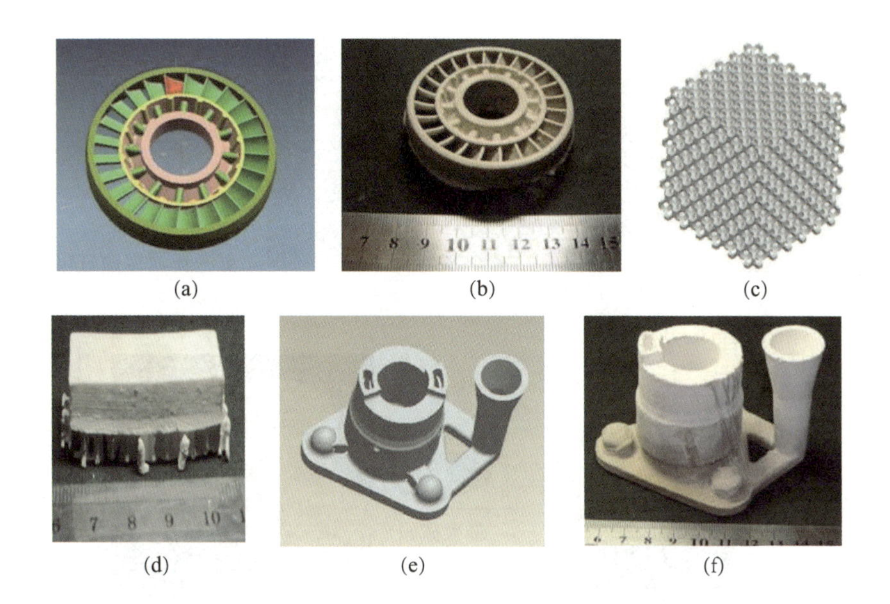

(a) (b) (c)

(d) (e) (f)

图6-2 基于陶瓷光固化工艺制造的陶瓷零件

(a)叶轮CAD模型；(b)陶瓷叶轮素坯；(c)光子晶体CAD模型；(d)光子晶体素坯；(e)陶瓷铸型CAD模型；(f)一体化陶瓷铸型。

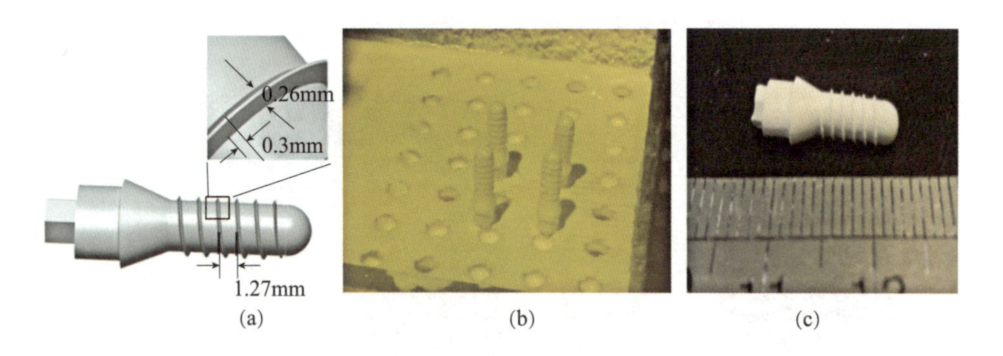

(a) (b) (c)

图6-3 陶瓷种植体的打印

(a)陶瓷种植体模型；(b)陶瓷种植体打印过程；(c)陶瓷种植体成品。

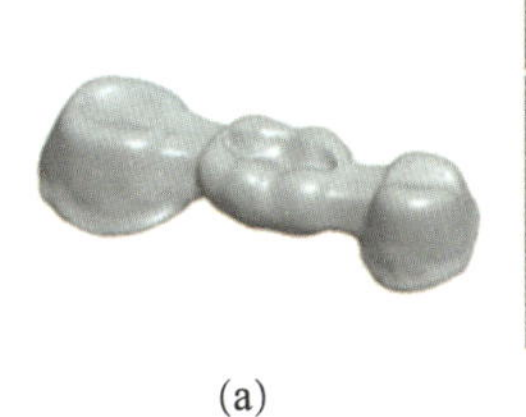

(a)

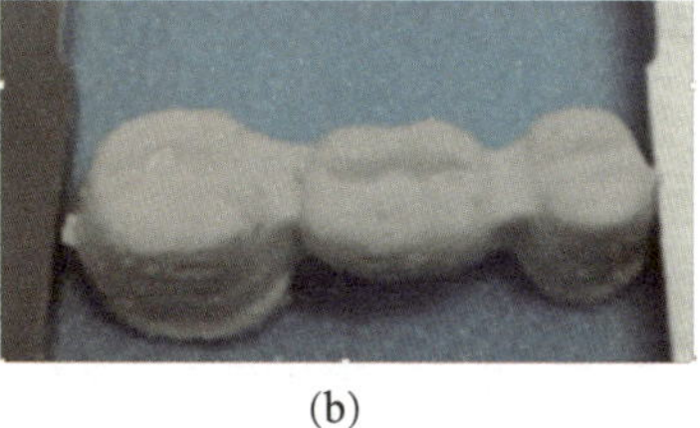

(b)

图6-4 陶瓷牙桥的打印

(a)牙桥模型；(b)打印实物图。

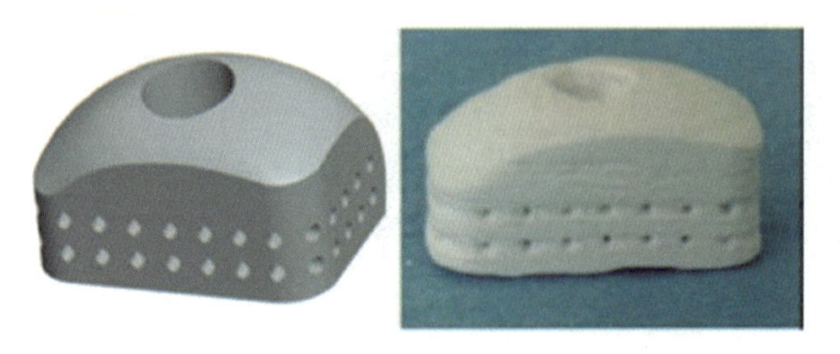

图 6-5
复杂曲面结构打印

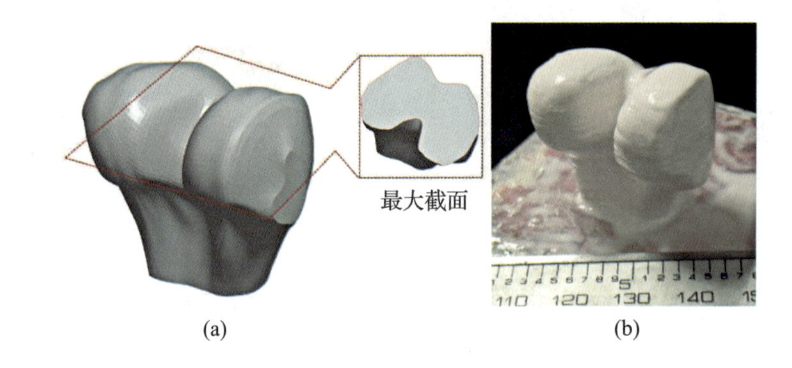

图 6-6　大尺寸骨陶瓷零件的打印
(a)打印模型；(b)大尺寸骨缺损陶瓷零件。

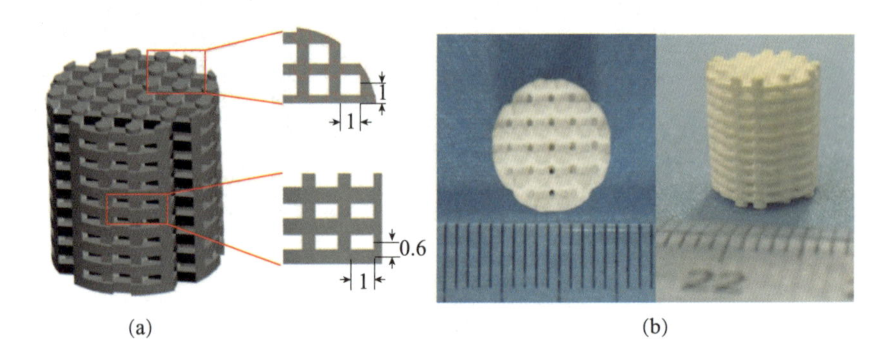

图 6-7　多孔陶瓷支架模型及打印的支架结构
(a)多孔陶瓷支架模型；(b)打印的多孔陶瓷支架。